高 等 院 校 程 序 设 计 **新 形 态 精 品** 系 列

Java Programming

Java程序设计 基础与项目实战

|微课版|

马宏茹 刘德山◎主编 金百东 黄晋阳 郑宏亮◎副主编

人 民 邮 电 出 版 社
北 京

图书在版编目（CIP）数据

Java程序设计基础与项目实战 ：微课版 / 马宏茹，刘德山主编. -- 北京 ：人民邮电出版社，2024.8
高等院校程序设计新形态精品系列
ISBN 978-7-115-64011-6

Ⅰ. ①J… Ⅱ. ①马… ②刘… Ⅲ. ①JAVA语言－程序设计－高等学校－教材 Ⅳ. ①TP312.8

中国国家版本馆CIP数据核字(2024)第060492号

内 容 提 要

本书以易于理解的语言表述方式，将理论知识融入程序案例，从基础入门到项目实战，系统地阐述了 Java 程序设计的相关知识，同时反映了其最新技术的发展情况。

本书共 14 章，分为 Java 语言基础知识、面向对象程序设计、Java 编程的核心知识、综合案例 4 个部分。本书着重介绍 Java 程序设计的基本概念、设计方法及具体应用，力图做到概念准确、条理清晰、内容精练、重点突出。本书内容以项目实操为主线，将理论知识讲解与程序案例实践紧密结合。为了更好地服务院校教学，本书还提供微课视频及移动端和 PC 端的教学测试平台。

本书可作为高等院校软件工程、计算机科学与技术、信息技术管理等专业的教材，也可供程序开发人员参考使用。

◆ 主　　编　马宏茹　刘德山
副 主 编　金百东　黄晋阳　郑宏亮
责任编辑　王　宣
责任印制　陈　犇

◆ 人民邮电出版社出版发行　　北京市丰台区成寿寺路 11 号
邮编　100164　　电子邮件　315@ptpress.com.cn
网址　https://www.ptpress.com.cn
三河市兴达印务有限公司印刷

◆ 开本：787×1092　1/16
印张：18.75　　2024 年 8 月第 1 版
字数：520 千字　　2025 年 3 月河北第 3 次印刷

定价：69.80 元

读者服务热线：(010)81055256　印装质量热线：(010)81055316
反盗版热线：(010)81055315

写作初衷

由于 Java 在前后端开发中展现出普适性、安全性、动态性、可移植性等优点，它已成为很受欢迎的计算机程序设计语言之一。但 Java 编程相对抽象，理解和掌握面向对象的概念、Java 基础类库及各种应用模块需要读者付出不懈的努力。为了让读者更加轻松地学习 Java 程序设计语言，编者决定编写本书。

本书在 Java 基础理论知识与工程应用实践结合方面做了以下 3 方面的尝试。

（1）本书中的案例或源于实际工程应用，或源于企业实战项目，贴近应用需求。

（2）本书选择有弹性、可扩展的案例，通过案例贯穿引领知识点，帮助读者更好地理解 Java 程序设计中的基本要素，理解面向对象程序设计的特点。

（3）本书围绕 Java 程序设计课程的教学要点精心编排习题与上机实验，以强化读者对基础内容的学习和应用。

本书内容

本书结构及主要内容如下。

第 1 ~ 3 章为第 1 部分，介绍 Java 语言基础知识。熟悉 Java 语言的读者可以略读这部分内容。

第 4 ~ 6 章为第 2 部分，介绍面向对象程序设计，包括类和对象、继承与多态、抽象类与接口等内容。这部分内容是本书的核心内容之一，深入掌握这部分内容会为读者学习后面的章节打好基础。

第 7 ~ 13 章为第 3 部分，介绍 Java 编程的核心知识，包括数组与常用类、集合类与泛型、异常处理、Java 的多线程、File 类及 I/O（Input/Output，输入/输出）操作、图形用户界面、Java 的数据库编程等内容。通过本部分的学习，读者应掌握 JDK（Java Development Kit，Java 开发工具包）文档的查阅方法，了解 Java 编程的特点，学会使用各种 Java 类库，进而提高编程效率。

第 14 章为第 4 部分，介绍贯穿本书知识点的综合案例，以及其进一步拓展和改进的建议。

本书特色

党的二十大报告提出“加快实施创新驱动发展战略”，为此，编者为本书的资源建设争取到了相关企业的支持，创新性地搭建了配套的教学测试平台，做到了“产学研深度融合”。

本书主要有以下特色。

1．项目引领全书内容，融入丰富实战案例

本书以 Java 程序设计知识为核心，用项目引领全书内容。“员工管理系统”与“可视化随机抽奖系统”两个项目贯穿全书，使读者对各章节知识点的理解不断深化，进而达到巩固读者所学理论知识的目的。本书在最后讲解了这两个项目的实现过程，并给出了进一步拓展和改进的建议。

2．建设数字化教学平台，助力培养实战型人才

结合本书内容，编者在程序设计自主练习平台开设了与本书配套的学习测试板块；同时，编者在头歌实践教学平台部署了与本书配套的慕课课程和用于在线练习的试题库，可以帮助读者系统化学习 Java 程序设计的相关知识，扎实锤炼实战技能。

3．提供立体化教学资源，支持开展混合式教学

本书提供了微课视频，深入讲解重点、难点知识，读者可以通过扫描书中二维码进行观看。此外，本书还提供了配套的 PPT、教学大纲、源代码、习题答案、测试样卷、样卷答案及 Java 扩展项目等教学资源，院校教师可以通过人邮教育社区（www.ryjiaoyu.com）获取相关教学资源。基于本书配套的立体化教学资源，院校教师可以轻松开展线上线下混合式教学。

■ 教学建议

Java 程序设计课程的授课学时因培养目标不同而略有区别。教学的基本要求（48 学时）和较高要求（64 学时）均在本书配套的教学大纲中作了详细说明。

根据本书的内容特点，编者建议采用本书进行教学的形式是理论→示例→练习→分析→练习。在院校教师具体授课过程中，编者建议从应用的角度介绍理论，并通过示例来说明编程的方法和过程；此外，对理论、方法和技术的介绍应力求概念明确、结构清晰、逻辑严谨。

■ 编者团队

本书由马宏茹、刘德山担任主编，金百东、黄晋阳、郑宏亮担任副主编。由于编者水平有限，书中难免存在不妥之处，敬请广大读者批评指正。

编　者

2024 年春于大连

目录

Contents

第 1 章

Java 语言概述

第 2 章

Java 语言基础

第3章

Java 程序流程控制

第5章

继承与多态

第6章

抽象类与接口

第7章

数组与常用类

第 8 章 集合类与泛型

第 9 章

异常处理

第 10 章

Java 的多线程

第11章 File类及I/O操作

第12章 图形用户界面

第 13 章 Java 的数据库编程

第1章 Java 语言概述

【本章导读】

Java 是面向对象的程序设计语言，具有简单、稳定、与平台无关、多线程等特点，广泛用于开发大型应用程序或开发手机、数字机顶盒、汽车等各种产品中的嵌入式软件。Java 平台包括 Java SE、Java EE、Java ME 3 种版本，Java SE 是 Java 的标准版。

本章介绍 Java 语言产生和发展的历史背景，以及 Java 程序的开发和运行环境。本章还介绍了员工管理系统和可视化随机抽奖系统的具体功能，这两个项目将在后续各章节具体实现。

1.1 初识 Java

1.1.1 Java 的产生

Java 语言的前身是 Oak 语言。1991 年，Sun 公司为了寻找适合在消费类电子产品上开发应用程序的程序设计语言，成立了由詹姆斯·高斯林（James Gosling）和帕特里克·诺顿（Patrick Naughton）领导的 Green 研究小组。消费类电子产品种类繁多，包括 PDA（Personal Digital Assistant，个人数字助理）、机顶盒、手机等，存在不同类产品跨平台的问题。即使是同一消费类电子产品所采用的处理芯片和操作系统也可能不同，也存在跨平台的问题。起初，Green 研究小组考虑采用 C++语言来编写消费类电子产品的应用程序，但对于嵌入式电子产品而言，C++语言过于复杂和庞大，不具备普适性，安全性也不令人满意。后来，Green 研究小组基于 C++语言开发出一种新的语言——Oak。该语言采用了许多 C 语言的语法，提高了安全性，并且是面向对象的语言，但是其在商业上并未获得成功。

随着互联网的蓬勃发展，Sun 公司发现 Oak 语言所具有的跨平台、面向对象、安全性高等特点非常符合互联网的需要，于是面向互联网应用进一步改进了该语言的设计，并最终将这种语言取名为 Java。1995 年，Sun 公司在 Sun World 95 大会上正式发布了 Java 语言。

2009 年 4 月，Oracle 公司出于自身业务发展的需要，收购了 Sun 公司，Java 成为 Oracle 公司企业级开发程序设计语言业务的重要组成部分。

1.1.2 Java 的特点

Java 具有简单易用、面向对象、分布式计算、解释执行、平台无关、健壮性、安全性、可移植性、多线程和动态性等特点。

1．简单易用

Java 作为面向对象的语言，提供最基本的方法来完成指定的任务，用户只需理解一些基本的概念，就可以编写出适合各种情况的应用程序。Java 程序对硬件环境的要求不高，在普通的计算机上就可以运行 Java 程序。

2．面向对象

Java 是纯面向对象的程序设计语言，不支持类似 C 语言那样面向过程的程序设计技术。Java 的设计集中于对象及接口，它提供了简单的类机制以及动态的接口模型。对象中封装了它的状态变量以及相应的方法，实现了模块化和信息隐藏；而类则提供了一类对象的原型，并且通过继承机制，子类可以使用父类所提供的方法，实现了源代码的复用。

3．分布式计算

Java 是面向网络的语言，包括支持 HTTP（Hypertext Transfer Protocol，超文本传输协议）和 FTP（File Transfer Protocol，文件传输协议）等基于 TCP/IP（Transmission Control Protocol/Internet Protocol，传输控制协议/互联网协议）的类库。通过它提供的类库，用户可以通过 URL（Uniform Resource Locator，统一资源定位器）地址在网络上很方便地打开并访问其他对象。

4．解释执行

Java 解释器直接对 Java 字节码进行解释执行。字节码本身携带了许多编译时的信息，使得链接过程更加简单。

5．平台无关

Java解释器可以生成与体系结构无关的字节码指令，这意味着只要安装了Java运行时系统，Java程序就可以在任意平台上运行。

6．健壮性

Java 程序运行时，提供垃圾自动回收机制来进行内存管理，不需要用户管理内存。Java 提供异常处理机制。在编译时，Java 会提示可能出现但未被处理的异常，帮助用户正确地选择处理方式，以防止系统崩溃。此外，在编译时，Java 还可捕获类型声明中许多常见的错误，防止动态运行时不匹配问题的出现。

7．安全性

Java 不支持指针和释放内存等操作，一切对内存的访问都必须通过对象的属性来实现，避免了进行非法内存操作和指针操作时容易产生的错误。此外，把字节码文件（.class 文件）加载到虚拟机中时，需要进行安全检查。上述方法保证了 Java 程序运行的安全性。

8．可移植性

与平台无关的特性使 Java 程序可以方便地被移植到网络上的不同机器（操作系统）中。而且，Java 类库还实现了针对不同平台的接口，使类库也可以被移植。另外，Java 编译器是由 Java 语言实现的，Java 运行时系统是由标准 C 语言实现的，这使得 Java 系统本身也具有可移植性。

9．多线程

多线程机制使应用程序能够并行执行，这种同步机制保证了多个线程对共享数据的正确操作。通过使用多线程，用户可以分别用不同的线程完成特定的行为，而不需要采用全局的事件循环机制，这样就很容易地实现网络上的实时交互行为。

10．动态性

Java 的动态性是其面向对象方法的扩展，更适合不断发展的环境。Java 的类库可以自由地加入新的方法和属性而不会影响用户程序的执行。并且 Java 通过接口来支持多重继承，使类继承具有更灵活的方式和更好的扩展性。

1.2 安装和配置 JDK

Java 编程包括编写源代码、编译生成字节码文件和解释运行字节码文件等步骤。在编写和运行程序时，首先要搭建 Java 开发和运行环境，即下载、安装和配置 JDK。

下载和安装 JDK

1.2.1 下载和安装 JDK

Java 程序的编译运行需要 JDK 的支持。JDK 是开发、运行 Java 程序的系统软件。当前普遍使用 JDK 11 以上的版本，本书使用的版本是 JDK 17。用户可以根据不同的操作系统从 Oracle 官网下载 JDK，JDK 17 的下载页面如图 1-1 所示。

从官网下载 jdk-17_windows-x64_bin.exe 文件后，双击运行该文件即开始安装。在安装过程中可以选择安装路径和安装组件，选择安装路径界面如图 1-2 所示。如果没有特殊要求，保留默认设置即可。本书 JDK 的安装路径是 C:\Program Files\Java\jdk-17。

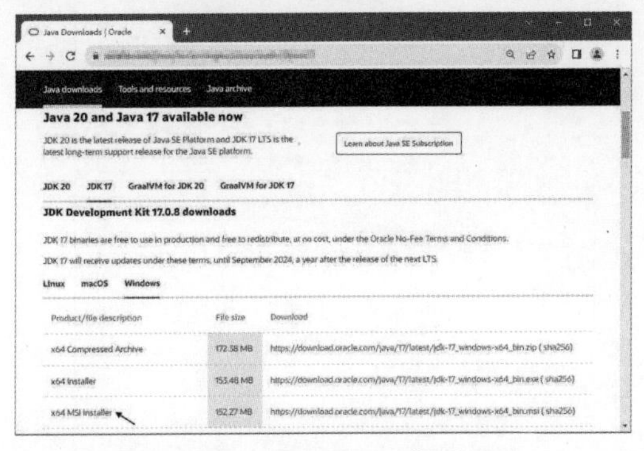

图 1-1　JDK 17 下载页面

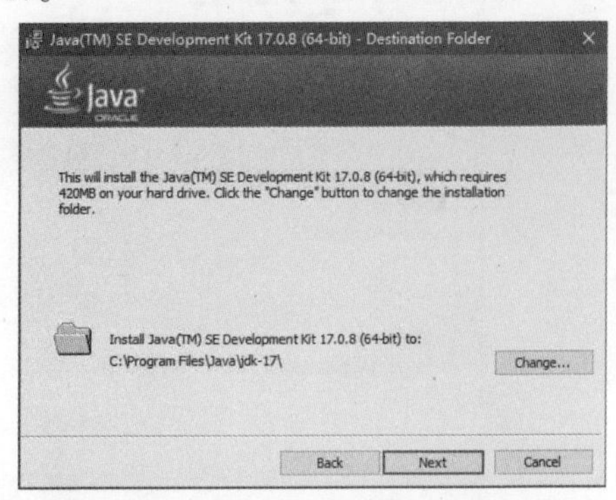

图 1-2　选择安装路径界面

JDK 安装完成后，出现如图 1-3 所示的安装完成界面。在 JDK 安装目录的 bin 文件夹下，javac.exe、java.exe 等文件用于编译和运行 Java 程序；JDK 安装目录中的 lib 文件夹用于存放 JDK 的一些补充 jar 包，安装目录中的压缩文件 src.zip 中含有 JDK 的源代码，用户可以打开该文件，阅读并学习其中的源代码。

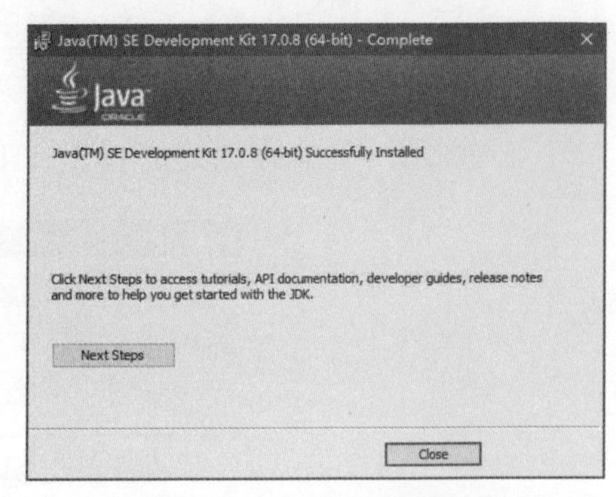

图 1-3　JDK 安装完成界面

为了使用方便，用户还应该在 Oracle 官网下载 JDK 文档。JDK 文档中包含了 JDK 涉及的全部类、接口和方法的介绍。下载的 JDK 文档解压缩后可以直接使用，用户在编程过程中需要经常查阅。

1.2.2　配置 JDK

安装完 JDK 后，通常还要配置环境变量 path。Java 编译器（javac.exe）和 Java 解释器（java.exe）位于 JDK 安装目录的 bin 文件夹中。为了能在任何文件夹中使用编译器和解释器，需要设置环境变量 path。此外，一些 Java 开发工具也依赖环境变量 path 来定位 JDK。

在配置环境变量 path 之前，可以创建系统环境变量 JAVA_HOME，用于保存 JDK 的安装目录。JDK 默认的安装路径为 C:\Program Files\Java\jdk-17。下面是在 Windows 10 操作系统下配置环境变量 path 的步骤。

① 用鼠标右键单击桌面上的“此电脑”图标，在出现的快捷菜单中选择“属性”命令，会出现 Windows 10 的“设置”对话框，如图 1-4 所示。

② 单击“高级系统设置”按钮，打开“系统属性”对话框，切换到“高级”选项卡，如图 1-5 所示。

③ 单击图 1-5 所示对话框中的“环境变量”按钮，出现如图 1-6 所示的“环境变量”对话框。该对话框的上

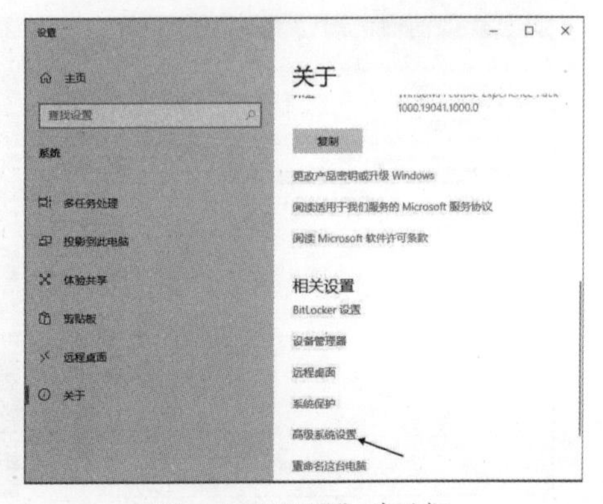

图 1-4　“设置”对话框

半部分是用户变量设置区域，在这里设置的变量只影响当前用户，而不会影响其他用户。“环境变量”对话框的下半部分是整个系统的环境变量设置区域，修改系统的环境变量，会影响到使用该操作系统的所有用户。

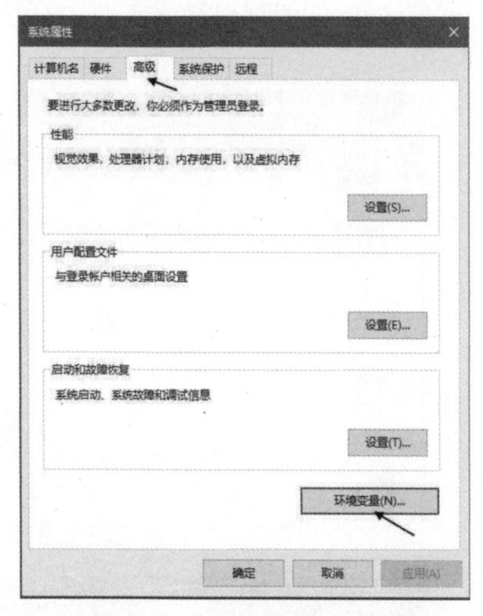

图 1-5 “系统属性”对话框

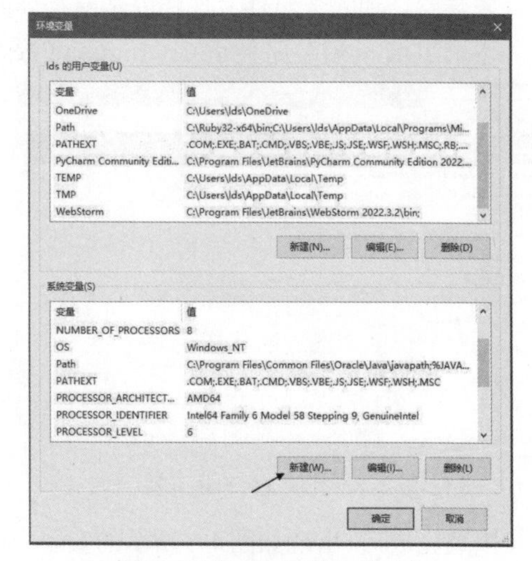

图 1-6 “环境变量”对话框

④ 单击图 1-6 中的“新建”按钮，创建变量 JAVA_HOME，如图 1-7 所示。

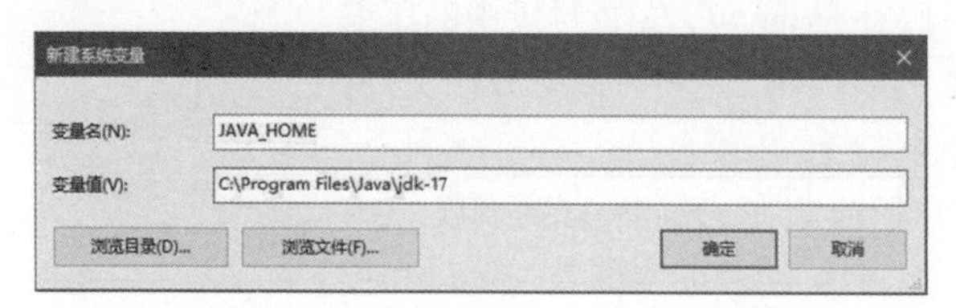

图 1-7 创建“环境变量”JAVA_HOME

⑤ 配置环境变量 path 时，如果环境变量 path 已经存在，双击 path 选项，会出现“编辑环境变量”对话框，如图 1-8 所示；在对话框的“变量值”文本框中添加“%JAVA_HOME%\BIN”，编辑完成后单击“确定”按钮。

如果环境变量 path 不存在，需要用户新建该变量。

⑥ 如果环境变量配置正确，启动 Windows 操作系统的命令行窗口后，在任何位置都可以运行 bin 文件夹中的应用程序，如编译 Java 程序的 javac.exe、执行 Java 程序的 java.exe 等，如图 1-9 所示。

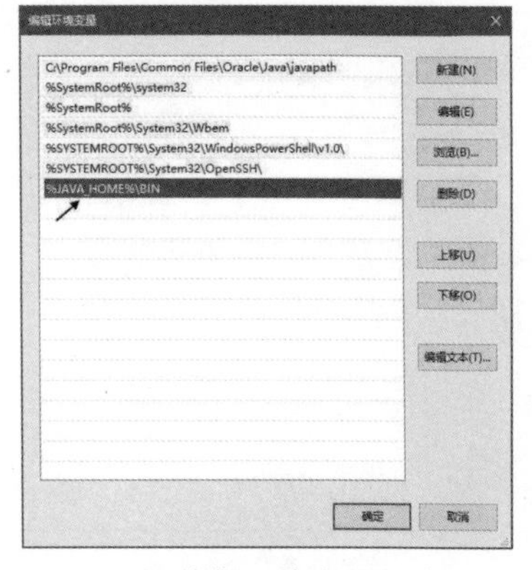

图 1-8 “编辑环境变量”对话框

图 1-9 在命令行窗口执行 javac 命令

1.3 编写 Java 程序

安装和配置好 Java 的开发环境之后，下面编写一个 Java 程序，进一步了解程序的结构和执行过程。

1.3.1 第一个 Java 程序

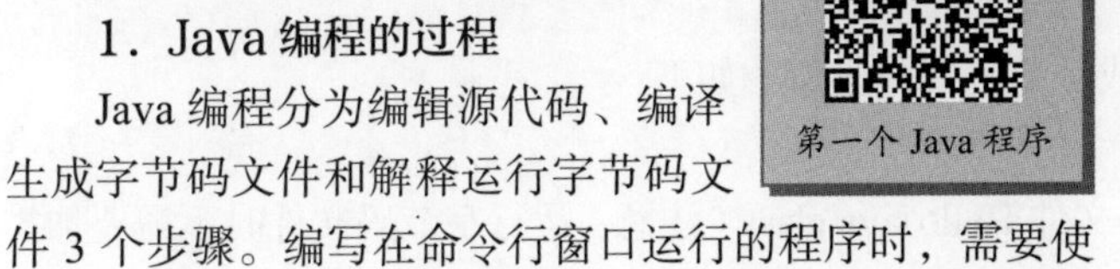

1．Java 编程的过程

Java 编程分为编辑源代码、编译生成字节码文件和解释运行字节码文件 3 个步骤。编写在命令行窗口运行的程序时，需要使用程序编辑软件、JDK 和命令行的运行环境。程序编写和运行的过程如图 1-10 所示。

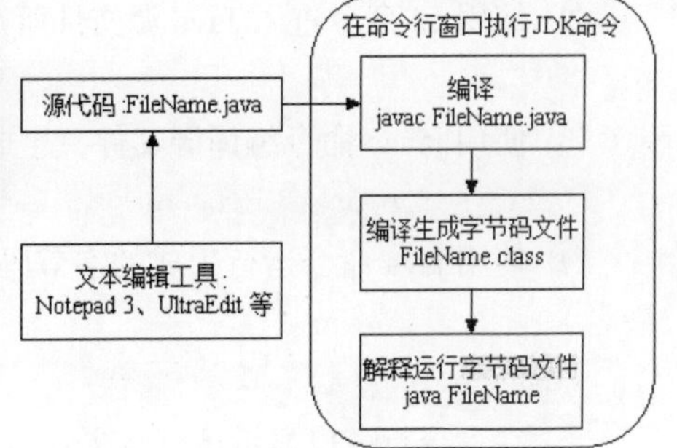

图 1-10 Java 程序编写和运行的过程

2．编写程序

编写 Java 程序时，首先启动记事本、Notepad 3 或 UltraEdit 等任意一个文本编辑工具，输入源代码并保存。一般对于初学者而言，程序文件名与类文件名一致，如果类被定义为 public，那么程序文件名一定要与类文件名一致。之后将 Java 的程序编译成扩展名为.class 的字节码文件，最后再运行这个字节码文件。

【例 1-1】编写第一个 Java 程序。（源代码：HelloJava.java）

```
public class HelloJava {
    public static void main(String[] args) {
        System.out.println("Hello Java!");
    }
}
```

例 1-1 的功能是输出一行信息："Hello Java!"。下面说明此程序的基本结构。

（1）类定义

Java 程序由类构成。本例中是 HelloJava 类，用关键字 class 来声明类，用 public 来指明该类是一个公共类。一个 Java 文件中可以定义多个类，但最多只能有一个公共类。

（2）main()方法

例 1-1 定义了一个 main()方法。main()方法必须用 public、static 和 void 指明，public 表示所有的类都可以使用这一方法；static 说明该方法是一个静态方法；void 指明本方法不返回任何值，可以通过类名直接调用。Java 解释器在没有生成任何对象时，以 main()方法作为入口来执行程序。

在 main()方法中，String[] args 是传递给 main()方法的参数。这个参数是 String 类型的数组，名称为 args。

（3）程序内容

main()方法中只包括一条语句，用来实现字符串的输出：

```
System.out.println("Hello Java!");
```

需要说明的是，用户编写的计算机语言程序也叫源程序或源代码。初学者在书写程序时要注意下面的问题：区分字母大小写，标点符号全部为英文输入法，正确拼写单词，源代码缩进，public 修饰的类名要和源文件名保持一致等。

1.3.2 编译和运行 Java 程序

如果要编译和运行这个程序，首先要保存文件，如例 1-1 的程序要保存在 HelloJava.java 文件中。需要注意的是，Java 的源文件名必须与 public 类名相同，因为 Java 解释器要求 public 类必须放在与之同名的文件中。

可以将源代码文件 HelloJava.java 保存在任意一个文件夹中，这里将其保存在 D:\java 文件夹中。在命令行窗口中，编译执行源代码文件的步骤如下。

① 启动命令行窗口。使用“Windows+R”快捷键打开运行窗口，在“打开”文本框中输入“cmd”命令，进入命令行窗口。

② 使用 cd 命令进入 Java 源文件所在文件夹：

```
cd java
```

③ 使用 javac 命令编译源文件，生成字节码文件，命令如下：

```
javac HelloJava.java
```

④ 使用 java 命令运行生成的字节码文件 HelloJava.class（注意：运行字节码文件时不需要加扩展名）：

```
java HelloJava
```

⑤ 在命令行窗口显示运行结果：

```
Hello Java!
```

进入 D:\java 文件夹（源文件在该文件夹中），编译和运行文件的过程如图 1-11 所示。如果是在集成开发环境（Integrated Development Environment，IDE）中，Java 程序的编译和运行过程更为简洁方便。

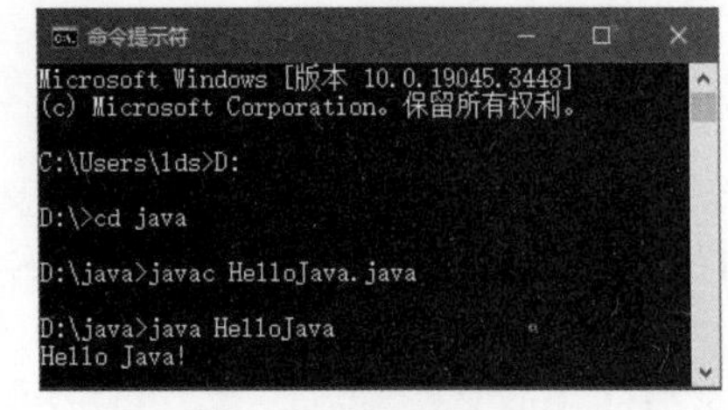

图 1-11　程序编译和运行过程

1.4　集成开发环境 IntelliJ IDEA

1.3 节使用文本编辑器编辑程序，然后在命令行窗口编译运行。文本编辑器适用于编写一些简单的程序。**集成开发环境**具有代码编写、编译、调试运行等功能，开发大型应用程序更为方便快捷。Java 常用的 IDE 有 IntelliJ IDEA、Eclipse、NetBeans 等。本书使用 IntelliJ IDEA 学习 Java 编程。

1.4.1　下载和安装 IntelliJ IDEA

下载和安装 IntelliJ IDEA

IntelliJ IDEA 是 JetBrains 公司的产品，提供智能代码助手、代码自动提示、重构等功能，是功能强大的 Java 开发工具。IntelliJ IDEA 插件丰富，支持目前主流的技术和框架，适用于企业应用、移动应用和 Web 应用开发。

可以从 JetBrains 官网下载 IntelliJ IDEA 开发包，步骤如下。

① 进入 JetBrains 官网主页，单击导航栏的“Developer Tools”选项，可以看到 JetBrains 的所有开发工具；选择“IntelliJ IDEA”，如图 1-12 所示。

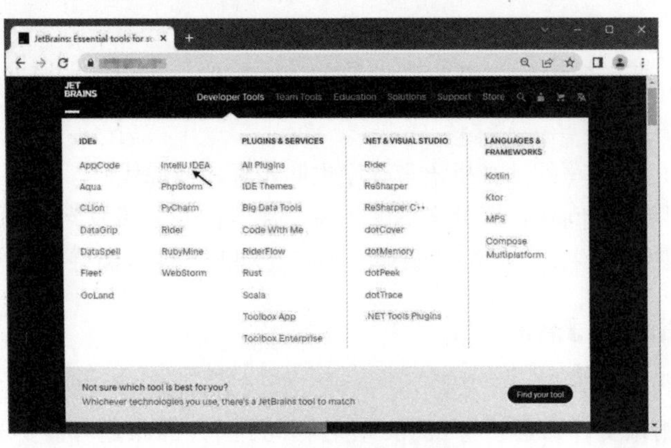

图 1-12　JetBrains 官网主页

② 进入 IntelliJ IDEA 产品页面，单击“Download”按钮，进入 IntelliJ IDEA 下载页面。

③ 在下载页面，可以选择 Windows、macOS、Linux 等不同操作系统的 IDEA 开发包。每种操作系统都有 Ultimate（旗舰版，付费）和 Community（社区版，免费）两个版本供下载，如图 1-13 所示。

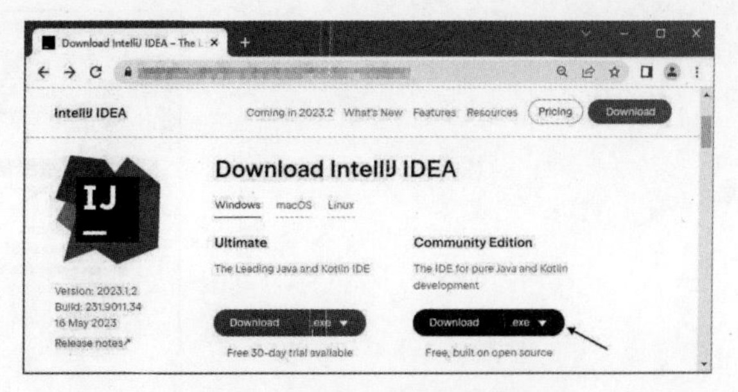

图 1-13　IntelliJ IDEA 下载页面

通常情况下，企业开发使用 Ultimate 版本，个人学习使用 Community 版本即可。用户可以根据具体需求选择适合自己的版本。本书使用 ideaIC-2023.2.2 版的 IntelliJ IDEA Community Windows 版本。

下载安装文件 ideaIC-2023.2.2.exe 后，双击该文件，启动安装向导，根据提示按顺序安装即可，初学者可以使用默认选项。然后就可以启动 IntelliJ IDEA，创建项目和文件了。

1.4.2　创建项目和文件

创建项目和文件

1．新建项目

打开 IDEA 窗口，在菜单栏中选择“File”→“New”→“Project”命令，弹出的对话框如图 1-14 所示。

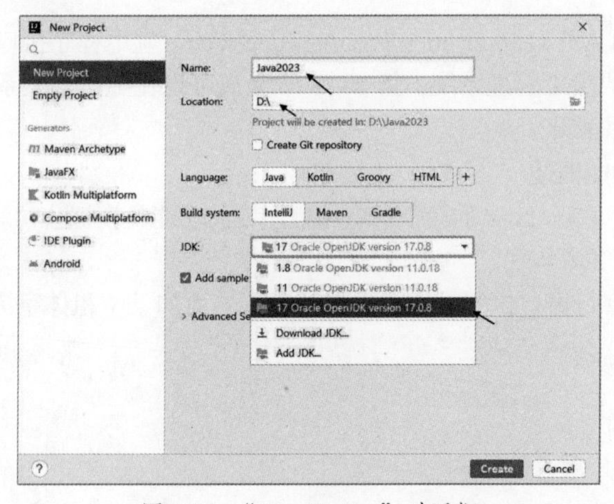

图 1-14　“New Project”对话框

在图 1-14 中，在“Name”文本框和“Location”文本框中输入项目名和项目路径，并在“JDK”下拉列表中选择要使用的 JDK 版本。如已经安装的版本没有出现在该下拉列表中，可以使用“Add JDK…”命令添加 JDK。最后单击“Create”按钮，完成项目的创建。

2．新建类

在项目名称下的 src 目录上单击鼠标右键，在弹出的快捷菜单中选择“New”→“Java Class”命令，在弹出的“New Java Class”（新建 Java 类）对话框中输入要新建的类名称（HelloWorldApp），如图 1-15 所示。

类名输入完成后按回车键，会在程序编辑窗口自动生成类的声明代码，如图 1-16 所示。

在代码编辑区输入源代码，输入完成后，执行“Run”菜单的“Run”命令运行该程序。也可直接在代码编辑区单击鼠标右键，在弹出的快捷菜单中选择“Run HelloWorldApp”命令，程序会自动编译并运行。程序运行结果会出现在“Run”窗口中。

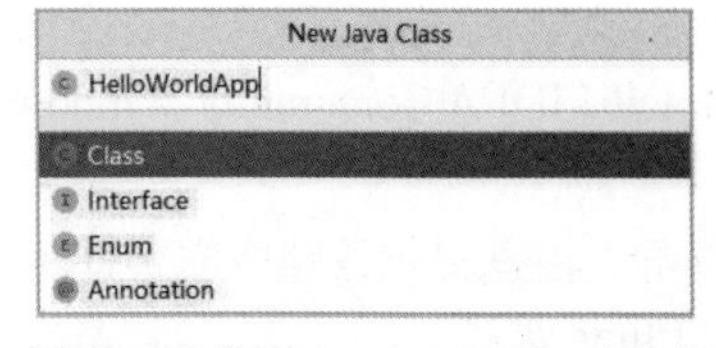

图 1-15 “New Java Class”对话框

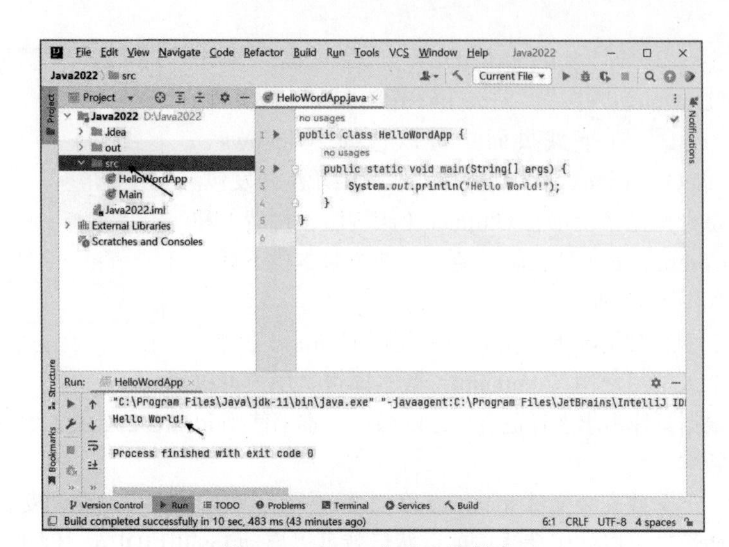
图 1-16 IDEA 的程序编辑窗口

在创建类之前，也可以先创建一个 package（包），再在 package 中创建类。创建包的过程和创建类的过程类似。

1.5 项目概述

本书使用 Java SE 的 API（Application Program Interface，应用程序接口）提供的类和接口完成两个项目。第 2~7 章完成员工管理系统，第 8~13 章完成可视化随机抽奖系统，后续章节的所有知识内容都围绕这两个项目展开。

1．员工管理系统功能概述

员工管理系统是一个基于 Java 的命令行应用程序，其功能是模拟公司对员工信息的管理操作。项目的部分功能在第 2 ~ 7 章实现。

员工管理系统在命令行窗口执行录入和查询的运行界面如下（粗体字为输入的测试用例）。

```
请选择功能：
1. 员工信息录入
2. 员工信息查看和编辑
3. 员工信息查询
4. 员工信息删除
5. 薪资管理
0. 退出程序
请选择：1
请输入员工姓名：Rose
请输入员工职务：经理
请输入请假天数：12
请输入基本工资：9200
员工信息录入成功
请选择功能：
1. 员工信息录入
2. 员工信息查看和编辑
3. 员工信息查询
4. 员工信息删除
5. 薪资管理
0. 退出程序
```

```
请选择：3
请选择查询方式：
1. 按职务查询
2. 按请假天数范围查询
0. 返回上一级菜单
请选择：1
请输入要查询的职务：经理
员工 ID：1
员工姓名：Rose
员工职务：经理
请假天数：12
基本工资：9200.0
薪资：10320.0
---------------------
```

程序启动并显示主功能菜单，根据菜单提示实现相应功能。通过命令行交互的方式，让用户可以录入、查询、编辑、删除员工信息及管理其薪资。

2. 可视化随机抽奖系统功能概述

可视化随机抽奖系统是利用 Java 开发的图形用户界面应用系统，功能是实现抽奖过程的模拟。项目的部分功能在第 8 ~ 13 章实现。可视化随机抽奖系统的启动界面如图 1-17 所示。

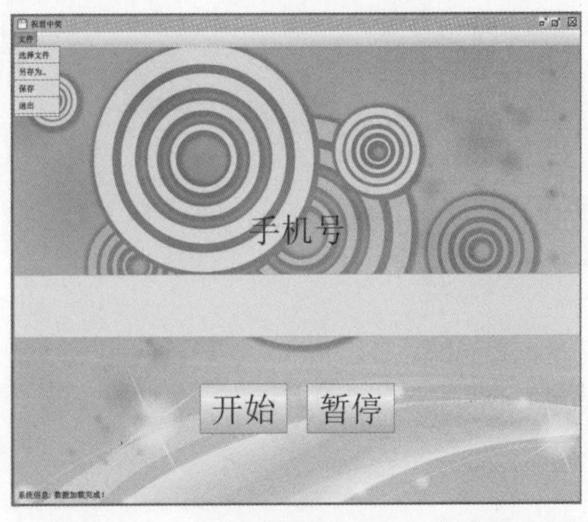

图 1-17　可视化随机抽奖系统的启动界面

项目运行后启动抽奖窗口，在抽奖窗口中单击“开始”按钮进入抽奖过程，单击“暂停”按钮抽取一名获奖者，按照三等奖、二等奖、一等奖的顺序依次抽奖。“文件”菜单中的“选择文件”选项用于加载存储抽奖数据的文本文件，“保存”选项用于将获奖数据保存到文件中。

本章小结

本章介绍了 Java 语言的历史及特点、Java 开发环境的搭建、编写和运行 Java 程序等内容，具体如下。

① Java 平台包括 Java SE、Java EE、Java ME 3 种版本，Java SE 是 Java 的标准版。

② Java 具有简单易用、面向对象、分布式计算、解释执行、平台无关、健壮性、安全性、可移植性、多线程和动态性等特点。

③ Java 程序的编译运行需要 JDK 的支持。可以从 Oracle 官网下载 JDK，安装完 JDK 后，通常还要配置环境变量。

④ Java 编程分为编辑源代码、编译生成字节码文件和解释运行字节码文件等步骤。

⑤ IntelliJ IDEA 是 Java 常用的集成开发环境之一，可以从 JetBrains 官网下载并安装。

本章还介绍了员工管理系统和可视化随机抽奖系统的功能，后续章节将完成这两个项目的开发。

习题

1．选择题

（1）下列关于 Java 特点的描述中，不正确的是（　　）。

A. 支持多线程　　B. 支持指针操作

C. 支持图形用户界面程序开发　　D. 解释执行字节码文件

（2）下列关于 Java main()方法的代码中，正确的是（　　）。

A. public static void main() {…}　　B. public static void main(String[] string) {…}

C. public static void main(String args) {…}　　D. static public int main(String[] args) {…}

（3）在命令行窗口，运行字节码文件 HelloJava.class 的命令是（　　）。

A. HelloJava.class　　B. java HelloJava　　C. HelloJava　　D. javac HelloJava

（4）下面关于 Java 程序的描述中，不正确的是（　　）。

A. Java 程序可以由一个类或多个类组成　　B. Java 源文件名应和类名一致

C. Java 源文件中可以没有 main()方法　　D. 一个源文件中只能有一个 public 类

2．简答题

（1）简述 Java 语言的主要特点。

（2）什么是 JDK？

（3）编译和执行 Java 程序的命令是什么？

（4）简述 Java 程序编译和运行的过程。

3．编程题

（1）编写程序，输出“Java 程序设计”。

（2）编写程序，根据三角形的底和高，计算并输出三角形的面积。

上机实验

实验 1：JDK 的下载和安装。

在 Oracle 官网下载并安装 JDK 17，再下载 JDK 17 的文档。

实验 2：下载和安装 IntelliJ IDEA。

从 JetBrains 官网下载 IntelliJ IDEA 并安装，在 IDEA 环境下编写程序，输出“踔厉奋发，勇毅前行”。

第2章 Java 语言基础

【本章导读】

本章介绍 Java 语言的基本语法，包括常量、变量、运算符和表达式等概念。理解和熟练使用基本语法是学习和掌握 Java 语言的关键。通过学习本章内容，读者能够熟练使用常量、变量、运算符和表达式，打下坚实的编程基础。

【本章实践能力培养目标】

从本章开始至第 7 章将开发员工管理系统，用于管理公司的员工信息，并在第 14 章实现完整的项目。该系统将提供以下功能。

① 员工信息录入：录入新员工的信息，包括姓名、性别、年龄、联系方式、职务等。系统为每个员工自动生成唯一的员工 ID。

② 员工信息查看和编辑：查看和编辑已录入的员工信息。用户输入员工 ID 或姓名可快速查找指定的员工，也可以编辑修改员工信息。

③ 员工信息查询：通过不同的条件（职务、请假天数范围等）来查询员工信息，查询完成后将返回符合条件的员工列表。

④ 员工信息删除：删除指定的员工信息。删除操作需要确认，以防止误删除。

⑤ 薪资管理：系统将记录每个员工的薪资信息，可以实现薪资的计算和调整。

该员工管理系统旨在提供一个集中的管理平台，方便完成对员工信息进行录入、查看、编辑和删除等操作。

通过本章内容的学习，读者应能完成员工管理系统中的薪资计算功能。

常量与变量

2.1 常量与变量

假设你正在玩一个游戏，游戏的通关规则是要走出一个迷宫，你需要记住迷宫出口的位置。这个位置是固定不变的，不管玩多少次，出口都在同一个地方。这个出口的位置就可以看作一个常量，因为它在整个游戏过程中都不会改变。

而变量则不同，在游戏中可能会遇到很多其他的情况，比如需要记录的金币数量。在游戏开始时，金币数量是 0。但在游戏过程中，可以通过各种方式获得更多的金币，也可以花费金币购买物品。所以金币数量是会变化的，它就是一个变量。

常量是固定不变的，而变量是可以根据情况不断改变的。在计算机编程中，可以使用常量来表示一些不会改变的值，比如数学中的圆周率。而变量则用来存储可能需要不断改变的值，比如游戏中的金币数量或者用户的输入。

通过使用常量和变量，程序员可以在程序中灵活地存储和处理不同用途的数据。

2.1.1 常量

常量就是一种固定的值，它在程序中是不可改变的。不同种类的常量用于表示不同类型的值。在 Java 中，有以下几种类型的常量。

1．数字常量

数字常量包括整数常量和浮点数常量两种类型。

整数常量有 4 种具体的表示形式：十进制、二进制、八进制、十六进制。

① 十进制整数常量由数字 0 ~ 9 组成，例如 123、879。

② 二进制整数常量由数字 0 和 1 组成，在书写时必须以“0b”或“0B”开头，例如 0b101、0B11。

③ 八进制整数常量由数字 0~7 组成，在书写时必须以“0”开头，例如 0123、067。

④ 十六进制整数常量由数字 0~9 和字符 A~F 组成，在书写时必须以“0x”或“0X”开头，例如 0x123、0XAF。

浮点型的常量表示带有小数点的数值。Java 提供了两种浮点型常量：float 和 double。

在表示浮点型的常量时，需要使用特定的表示方式。以下是一些常见的表示方式。

① 常用浮点型表示：可以直接使用小数点来表示 double 类型的常量，例如 3.14、2.5。

② 科学记数法表示：使用字母“E”或“e”来表示指数部分。例如，3.0E8 表示 3.0×10^8，即 300000000。

③ 后缀表示：使用后缀“f”或“F”表示 float 类型的常量，使用后缀“d”或“D”表示 double 类型的常量。如果没有后缀，默认为 double 类型。例如，3.14f 表示 float 类型的浮点常量，3.14 表示 double 类型的浮点常量。

2．字符常量

字符常量是用单引号（'）括起来的单个字符，例如'A'、'b'、'0'、'9'、'$'、'!'等。

除了普通字符常量，还包括用转义字符和 Unicode 字符表示的字符常量。

① 转义字符常量：使用转义字符来表示一些特殊字符，常见的转义字符有'\n'（换行符）、'\t'（制表符）、'\"（单引号）、'\\'（反斜杠）等。

② Unicode 字符常量：使用'\u'前缀后跟 4 位十六进制数来表示 Unicode 字符。例如，'\u0041'表示大写字母 A，'\u0030'表示数字字符 0。

字符型常量只能包含一个字符。如果需要表示一个字符串，应该使用字符串类型的常量，即用双引号（"）括起来。

3．字符串常量

字符串常量是由多个字符组成的常量，使用双引号括起来，例如"Hello"、"World"、"Java"等。字符串常量可以看作一个文本信息。

字符串中也可以使用转义字符，例如"Hello\nWorld"、"Hello\tJava"、"I said \"Hello\""、"C:\\Windows"等。还可以使用加号将多个字符串常量连接在一起，例如"Hello" + "World"，结果为"HelloWorld"。

字符串类型的常量广泛应用于文本处理、输入/输出、字符串操作等场景。

4．布尔常量

布尔常量取值为 true 或 false，分别表示真值或假值，在逻辑判断中经常使用。

5．空常量

空常量表示没有值的常量，用关键字 null 表示。null 通常被用来初始化一个变量，在变量还没有被赋予特定值时使用。

6．枚举常量

枚举（Enum）常量是一种特殊的数据类型，可以定义一组有限的命名常量。枚举常量在枚举类型中定义，常量之间用逗号分隔，并以分号结尾，示例如下：

```
enum Weekday {MONDAY, TUESDAY, WEDNESDAY, THURSDAY, FRIDAY};
```

7．final 常量

使用 final 关键字定义常量后，其值就不能再次被修改了。final 常量一般用大写字母命名，示例如下：

```
final int MAX_NUMBER = 100;
final String GREETING = "Hello";
```

2.1.2　变量

变量是一种存储数据的容器，可以存储各种不同的数据类型。变量的值可以在程序执行过程中被修改。

定义变量的语法格式如下：

```
数据类型 变量名 = 初始化值;
```

例如，定义一个 int 类型的变量 num，并给其赋值为 10，可以使用如下语句：

```
int num = 10;
```

需要注意的是，变量名在同一作用域内必须是唯一的，并且要遵循一定的命名规则，具体规则如下。

① 变量名必须以字母、下划线（_）或美元符号（$）开头。

② 变量名可以是包含字母、数字、下划线或美元符号的任意组合。

③ 变量名不能是 Java 的关键字或保留字，例如 int、for、if 等。

④ 变量名区分大小写，因此"age"和"Age"是不同的变量名。

⑤ 变量名最好采用驼峰命名法，即单词的首字母大写（除第 1 个单词），例如 myVariableName。

⑥ 变量名应尽量描述变量的用途和含义，以增加程序的可读性。

⑦ 尽量避免使用单个字符作为变量名，除非具有特殊含义。例如，常见的 i、j、k 可以用作循环计数器。

正确的命名规范可以提高程序的可读性和可维护性，因此在编写程序时需要遵循这些规则。

在编写程序时，应根据需要选择正确的变量类型，它们决定了变量可以存储的数据类型和范围以及对该数据的操作方式。

2.2　数据类型

数据类型可以分为两种：基本数据类型和引用数据类型。Java 是一种强类型语言，所以变量在声明时必须指定数据类型。图 2-1 给出了 Java 中的数据类型。

2.2.1　基本数据类型

Java 的基本数据类型有 8 种，分别为 byte、short、int、long、float、double、char 和 boolean。这些基本数据类型都是原始数据类型，也可以称为值类型，因为它们的值直接存储在内存中，而不是对象中。

数据类型
- 基本数据类型
  - 数值型
    - 整型
    - 浮点型
  - 字符型
  - 布尔型
- 引用数据类型
  - 类（Class）
  - 数组（Array）
  - 接口（Interface）
  - 枚举（Enum）

图 2-1　数据类型

1．整型

整型变量包括 byte、short、int、long 4 种类型。int 是最常用的整型变量，也是默认的整数数据类型。如果需要表示一个比较大的数据，需要使用 long 类型。在整数后面加字母 L 或 l 表示 long 类型的数据。short 类型和 byte 类型则用来表示数据量比较小的数据。表 2-1 给出了整型变量占用的字节数和表示的范围。

表 2-1　整型变量

类型	字节数	范围
byte	1	$-2^7 \sim 2^7-1$
short	2	$-2^{15} \sim 2^{15}-1$
int	4	$-2^{31} \sim 2^{31}-1$
long	8	$-2^{63} \sim 2^{63}-1$

2．浮点型

浮点型表示带有小数点的数值类型。Java 提供了 float 和 double 两种浮点型变量。

float 类型用于表示单精度浮点数，它占用 32 位（4 字节）内存，可以表示 6 ~ 7 个有效数字。使用 F 或 f 后缀来标识 float 类型。

double 类型用于表示双精度浮点数。它占用 64 位（8 字节）内存，可以表示大约 15 个有效数字（更加精确）。如果没有指定后缀，默认为 double 类型。

声明和使用浮点型变量的示例如下：

```
float f1 = 3.14f;                // 使用 f 后缀表示 float 类型
double d1 = 2.71828;             // 默认为 double 类型
double d2 = 1.0E-5;              // 使用科学记数法表示数字
```

浮点数的计算可能会产生舍入误差，这是由于浮点数的内部二进制表示导致的。因此，在涉及浮点数的比较时，通常使用足够小的误差范围来比较它们的近似值。浮点型变量在 Java 中广泛应用于各种需要处理浮点数的场景，如科学计算、物理计算、金融计算等。在选择浮点型变量时，要根据精度和内存消耗的需求进行合理选择。

3．字符型

字符型变量用关键字 char 声明，用于存储单个字符，它占用 16 位（2 字节）内存。

例如，下面是定义字符型变量的示例：

```
char c1 = 'A';                   // 存储一个普通字符
char c2 = '\n';                  // 存储转义字符，表示换行符
char c3 = '\u03B1';              // 存储 Unicode 字符，表示希腊字母 α
```

上面的程序中，c1 变量存储了一个字符'A'；c2 变量存储了转义字符'\n'，表示换行符，可以在字符串中用于换行操作；“\u”后跟着 4 位十六进制数用于表示 Unicode 字符，c3 变量存储了希腊字母' α '。

4．布尔型

布尔型变量用于表示真（true）或假（false）的值，用于存储逻辑判断的结果。声明布尔型变量的方式是使用关键字 boolean，示例如下：

```
boolean isTrue = true;
boolean hasPermission = false;
```

布尔型变量可以用于条件判断、逻辑运算等，示例如下：

```
int num = 10;
boolean isPositive = num > 0; // 判断 num 是否大于 0，将结果赋值给 isPositive
```

基本数据类型都有其特定的应用场景，应根据实际需要进行选择。在存储基本数据类型时，要考虑数据类型的长度和取值范围。如果存储的数据范围超过了数据类型的范围，则会出现数据溢出的情况。

引用数据类型

2.2.2　引用数据类型

引用数据类型是指在内存中保存对象引用的变量类型。它们由程序员定义，并在运行时被分配内存空间。引用数据类型包括类、数组、接口、枚举等。当使用这些类型时，实

际上是在使用一个引用，该引用指向实际的数据对象。

① 类：类是将数据和方法封装在一起的一种数据结构。

② 数组：数组是一种存储多个相同类型数据的容器。

③ 接口：接口是一种抽象数据类型，定义了一组方法和常量，没有具体的实现，只是规定了实现类需要遵循的接口规范。

④ 枚举：枚举是一组有限的值，可以用于定义特定的状态或选项。

引用数据类型的优点在于它的灵活性和可扩展性。它们可以被传递给方法或作为方法的返回值，也可以在运行时动态创建、修改和销毁。引用数据类型也可以设置为 null，表示不引用任何有效的对象，也表示回收不再使用的内存。

程序执行时，所有变量都被存储在堆栈区域和堆区域。基本数据类型的变量存储在堆栈区域中，而引用数据类型的变量存储在堆区域中。因为引用数据类型变量存储的实际内容并不是对象本身，而是对象的内存地址。

数据类型转换

2.2.3 数据类型转换

数据类型转换是一种常见的操作，可以通过自动类型转换和强制类型转换来实现。在进行强制类型转换时，需要注意数据可能出现精度丢失或溢出的问题；在进行混合类型运算时，需要注意类型转换的顺序。

1. 自动类型转换

自动类型转换也称隐式类型转换，是由编译器自动完成的，不需要进行显式转换。当程序需要将一个精度低的数据类型赋值给一个精度高的数据类型时，编译器会自动将精度低的数据类型转换为精度高的数据类型。

如果两个数据类型不一致，Java 会自动将低精度数据类型向高精度数据类型转换，比如将 byte 类型转换为 int 类型。在表达式求值过程中，会根据表达式中的最高精度进行自动类型转换，比如 int 类型和 double 类型参与运算时会首先将 int 类型转换为 double 类型，再进行运算：

```
int num1 = 10;
double num2 = num1;                                    // 自动类型转换
```

【例 2-1】自动类型转换的应用示例。（源代码：TestAutoType.java）

```
package ch02;

public class TestAutoType {
    public static void main(String[] args) {
        int num1 = 100;          // 定义一个 int 类型的变量
        double num2 = num1;      // 将 int 类型的变量自动转换成了 double 类型的变量
        System.out.println("num1 = " + num1);    // 输出：num1 = 100
        System.out.println("num2 = " + num2);    // 输出：num2 = 100.0
    }
}
```

程序运行结果如下：

```
num1 = 100
num2 = 100.0
```

例 2-1 中定义了一个 int 类型的变量 num1，并将其赋值为 100；然后将 num1 赋值给一个 double 类型的变量 num2，这个操作是一种自动类型转换。由于 double 类型的精度比 int 类型的精度高，因此自动将 int 类型的值转换成 double 类型的值参与运算，但变量 num1 和 num2 本身的数据类型不变。

2. 强制类型转换

强制类型转换即显式类型转换。这种类型转换是由程序员显式指定的，需要使用强制类型转换符来完成。将精度高的数据类型赋值给一个精度低的数据类型时，应使用强制类型转换。强制类型转换可能会导致数据丢失，因此需要谨慎使用，示例如下：

```
double num1 = 3.14;
int num2 = (int)num1;                           // 强制类型转换
```

【例 2-2】强制类型转换应用。（源代码：TestCastType.java）

```
package ch02;

public class TestCastType {
    public static void main(String[] args) {
        double num1 = 3.14159;                  // 定义一个 double 类型的变量
        int num2 = (int)num1;                   // 将 double 类型的数据强制转换成了 int 类型的数据
        System.out.println("num1 = " + num1); // 输出：num1 = 3.14159
        System.out.println("num2 = " + num2); // 输出：num2 = 3
    }
}
```

程序运行结果如下：

```
num1 = 3.14159
num2 = 3
```

例 2-2 定义了一个 double 类型的变量 num1，并将其赋值为 3.14159；然后将 3.14159 强制转换成了 int 类型的数据并赋值给变量 num2，这是一种强制类型转换。由于 int 类型的精度比 double 类型的精度低，因此在进行强制类型转换时可能会丢失精度。

【例 2-3】混合类型转换的应用。（源代码：TestAutoCase.java）

```
package ch02;

public class TestAutoCase {
    public static void main(String[] args) {
        int num1 = 10;                              // 定义一个 int 类型的变量
        double num2 = 3.14;                         // 定义一个 double 类型的变量
    // 将一个 int 类型的变量和一个 double 类型的变量相加，并将结果赋值给一个 double 类型的变量
        double result = num1 + num2;
        System.out.println("result = " + result); // 输出：result = 13.14
    }
}
```

程序运行结果如下：

```
result = 13.14
```

例 2-3 中定义了一个 int 类型的变量 num1，并将其赋值为 10；同时定义一个 double 类型的变量 num2，并将其赋值为 3.14；然后将 num1 和 num2 相加，并将结果赋值给一个 double 类型的变量 result。由于 Java 支持混合类型转换，这种情况下会自动将 int 类型的数据转换成 double 类型的数据，然后才进行相加运算，并得出结果。最后输出 result 的值。

2.3 表达式与运算符

运算符用于对一个或多个操作数执行特定的数学或逻辑操作，表达式是由运算符和操作数组成的。运算符都有特定的优先级和结合性，在编写表达式时需要注意运算符的先后顺序。

常见的运算符包括算术运算符、关系运算符、逻辑运算符、位运算符、赋值运算符、三元运算符等。

表达式

2.3.1 表达式

表达式就是一段程序，它可以计算出一个值。表达式由操作数和运算符组

成，通过运算符将操作数连接在一起形成一个完整的语句。

操作数可以是变量、常量、方法调用或者其他表达式。操作数是表达式的基本构成单元，用来参与各种计算和操作。比如，在计算两个数相加的结果时，这两个数就是操作数。无论是简单的数据还是复杂的数据，都可以作为操作数。

表达式有多种类型，包括算术表达式、逻辑表达式、条件表达式、位运算表达式等。

1．算术表达式

算术表达式使用算术运算符来执行计算功能，示例如下：

```
int a = 10 + 20;            // a 的值为 30
int b = a * 3;              // b 的值为 90
double c = b / 4.0;         // c 的值为 22.5
```

2．逻辑表达式

逻辑表达式用于判断两个值之间的关系。通常使用比较运算符来比较两个值，示例如下：

```
boolean a = (5 == 5);       // a 的值为 true
boolean b = (10 < 5);       // b 的值为 false
boolean c = (4 != 4);       // c 的值为 false
```

3．条件表达式

条件表达式（三元运算符）由问号和冒号组成，用于在两个选项中进行选择，示例如下：

```
int a = 10;
int b = (a < 5) ? 0 : 1;    // 如果 a 小于 5，b 的值为 0，否则为 1
```

4．位运算表达式

位运算表达式用于操作位，包括按位与、按位或、按位非、按位异或等运算，示例如下：

```
int a = 3;                  // 二进制为 0011
int b = 6;                  // 二进制为 0110
int c = a & b;              // 按位与操作，c 的值为 2 (二进制为 0010)
int d = a | b;              // 按位或操作，d 的值为 7 (二进制为 0111)
```

使用这些运算符可以创建更加复杂的表达式，用于条件判断、逻辑运算和控制流程。通过合理运用表达式，可以实现各种计算和逻辑操作，从而让程序更加强大和灵活。

算术运算符

2.3.2 算术运算符

算术运算符是一组用于执行数学运算的运算符，如表 2-2 所示。其中，*x* 和 *y* 是参与运算的变量，假设 *x* 的值为 5，*y* 的值为 3。

表 2-2 算术运算符

运算符	用法	描述	示例

+	x + y	用于执行加法操作。如果两个操作数都是数值，则执行数值相加；如果其中一个或两个操作数是字符串，则执行字符串连接操作	int a = x + y; // a 值为 8
			String s = "hello" + "world"; // s 值为"helloworld"

-	x - y	用于执行减法操作	int a =x - y; // a 值为 2
*	x * y	用于执行乘法操作	int a =x * y; // a 值为 15
/	x / y	用于执行除法操作	int a =x / y; // a 值为 1
%	x % y	用于执行模运算，即求除法的余数	int a =x % y; // a 值为 2
++	x++	用于增加变量的值	int a= x++; //a 值为 5，x 为 6
- -	x--	用于减小变量的值	int a= x--; //a 值为 5，x 为 4

使用算术运算符时应注意以下几点。

① 在进行整数相除时，“/”操作只保留整数部分，舍去小数部分。进行浮点数相除时，必须将操作数中的至少一个转换为浮点数。取余数（%）运算返回除法的余数，其结果的符号与被除数一致，操作数为整数。

② 递增（++）有前缀和后缀两种形式。前缀形式（++a）表示先将变量的值加 1，然后将加 1 后的值赋给变量，示例如下：

```
int a = 5;
int b = ++a;
// a 的值变为 6，b 的值也为 6
```

后缀形式（a++）表示先使用变量的值，然后将原变量的值加 1，示例如下：

```
int a = 5;
int b = a++;
// a 的值变为 6，b 的值为原来 a 的值 5
```

③ 递减（--）也有前缀和后缀两种形式。前缀形式（--a）表示先将变量的值减 1，然后将减 1 后的值赋给变量，示例如下：

```
int a = 5;
int b = --a;
// a 的值变为 4，b 的值也为 4
```

后缀形式（a--）表示先使用变量的值，然后将原变量的值减 1，示例如下：

```
int a = 5;
int b = a--;
// a 的值变为 4，b 的值为原来 a 的值 5
```

【例 2-4】递增、递减运算符的应用。（源代码：TestIncDec.java）

```
package ch02;
public class TestIncDec {
    public static void main(String[] args) {
            int x = 10;
            int y = 20;
            int i1 = x++;
            int i2 = ++x;
            int i3 = y--;
            int i4 = --y;
            System.out.println("x++ = " + i1);
            System.out.println("++x = " + i2);
            System.out.println("y-- = " + i3);
            System.out.println("--y = " + i4);
    }
}
```

程序运行结果如下：

```
x++ = 10
++x = 12
y-- = 20
--y = 18
```

2.3.3 关系运算符

关系运算符是一种用于比较操作数大小和是否相等的运算符，包括<、<=、>、>=、==和!=，如表 2-3 所示。其中，*x* 和 *y* 是参与运算的变量，假设 *x* 的值为 5，*y* 的值为 3。

表 2-3　关系运算符

运算符	用法	描述	示例
<	x < y	用于比较操作数左边的值是否小于右边的值	boolean result = x < y;　// result 值为 false
<=	x <= y	用于比较操作数左边的值是否小于或等于右边的值	boolean result = x <= y;　// result 值为 false
>	x > y	用于比较操作数左边的值是否大于右边的值	boolean result = x > y;　// result 值为 true
>=	x >= y	用于比较操作数左边的值是否大于或等于右边的值	boolean result = x >= y;　// result 值为 true
==	x == y	用于比较操作数左右两边的值是否相等	boolean result = x == y;　// result 值为 false
!=	x != y	用于比较操作数左右两边的值是否不相等	boolean result = x != y;　// result 值为 true

关系运算符的返回结果是布尔值 true（真）或 false（假）。在使用关系运算符时，操作数通常是数值或表达式，示例如下：

```
int a = 5;
int b = 10;
boolean result = (a + 3) < b;       // result 的值为 true
```

在比较两个浮点数时可能会出现精度误差。使用关系运算符比较两个字符串变量时，实际上比较的是这些变量的引用地址，而不是它们的内容。要比较两个字符串是否相等，推荐使用 equals()方法，示例如下：

```
String str1 = "hello";
String str2 = new String("hello");
if(str1.equals(str2)) {
    System.out.println("str1 和 str2 内容相同");
} else {
    System.out.println("str1 和 str2 内容不同");
}
```

【例 2-5】关系运算符综合应用。（源代码：TestRelational.java）

```
package ch02;

public class TestRelational {
    public static void main(String[] args) {
        int i = 10;
        int j = 20;
        char c1 = 'A';
        char c2 = 'B';
        System.out.println("10 == 20 : " + (i == j));
        System.out.println("10 != 20 : " + (i != j));
        System.out.println("A == B : " + (c1 == c2));
        System.out.println("A >= B : " + (c1 >= c2));
    }
}
```

程序运行结果如下：

```
10 == 20 : false
10 != 20 : true
A == B : false
A >= B : false
```

逻辑运算符

2.3.4　逻辑运算符

当编写程序时，经常会涉及逻辑运算，逻辑运算用于处理条件判断。Java 中有 3 种逻辑运算符：逻辑与（&&和&）、逻辑或（||和|）和逻辑非（!）。逻辑与运算符（&&和&）以及逻辑或运算符（||和|）用于处理条件判断。本小节主要介绍此二者，它们的主要区别在于对后续条件的处理方式不同以及是否有短路计算。根据情况选择适合的逻辑运算符，可以实现各种复杂的条件判断。

1．逻辑与运算符（&&和&）

逻辑与运算符（&&）用于判断多个条件是否同时满足。如果第一个条件为假（false），则不会再判断后面的条件，直接返回假；只有在第一个条件为真（true）的情况下，才会继续判断后面的条件。

【例 2-6】逻辑与运算符（&&）的应用。　　（源代码：TestLogicalAnd.java）

```
package ch02;

public class TestLogicalAnd {
    public static void main(String[] args) {
        int age = 25;
        boolean hasExperience = true;
        System.out.println("能否参加面试："+ (age >= 18 && hasExperience));
    }
}
```

程序运行结果如下：

```
能否参加面试：true
```

例 2-6 使用逻辑与运算符（&&）来判断一个人是否符合参加面试的条件。只有年龄大于或等于 18 且具有工作经验时，才输出可以参加面试的消息。

在使用&&运算符时，如果第一个条件为假，整个表达式的结果必定为假，所以后续的条件不会被执行，这就是短路现象。在某些情况下使用这种运算符可以提高效率，不必执行所有的条件判断。

【例 2-7】逻辑与运算符（&&）在短路现象中的应用。　　（源代码：TestShortCircuit.java）

```
package ch02;

public class TestShortCircuit {
    public static void main(String[] args) {
        int a = 5;
        int b = 0;
        boolean result = a < 0 && b++ > 0;
        System.out.println(result);     // 输出 false
        System.out.println(a);          // 输出 5
        System.out.println(b);          // 输出 0
    }
}
```

程序运行结果如下：

```
false
5
0
```

例 2-7 中定义了两个整型变量 a 和 b，并且初始化分别为 5 和 0；然后使用逻辑运算符（&&）进行比较，并将结果赋值给布尔变量 result。本例中使用了表达式 a < 0 && b++ > 0，其中 a < 0 的结果为 false，所以不需要计算第 2 个操作数 b++ > 0。第 2 个操作数 b++ > 0 没有被计算，变量 b 的值并没有发生改变，仍然是 0。

逻辑与运算符（&）也可以用于操作布尔型变量。对于布尔型变量的运算，&也表示逻辑与操作。它们的区别在于在进行逻辑与运算时，&会对两个操作数进行判断，并返回一个布尔型的结果，并无短路情况。

【例 2-8】逻辑与运算符（&）的应用。　　（源代码：TestLogicalBoolean.java）

```
package ch02;

public class TestLogicalBoolean {
    public static void main(String[] args) {
        boolean a = true;
        boolean b = false;
        boolean c = a & b;                // 逻辑与运算
```

```
        System.out.println(c);          // 输出 false
    }
}
```

程序运行结果如下：

```
false
```

例 2-8 中声明了两个布尔型变量 a 和 b，使用逻辑运算符（&）对它们进行比较；最后输出运算结果，逻辑与运算（&）的结果为 false。

2．逻辑或运算符（||和|）

逻辑或运算符（||）用于判断多个条件是否至少满足一个。它的特点是：如果第一个条件为真（true），则不会再判断后面的条件，直接返回真；只有在第一个条件为假（false）的情况下，才会继续判断后面的条件。

【例 2-9】逻辑或运算符（||）的应用。（源代码：TestLogicalOr.java）

```
package ch02;

public class TestLogicalOr {
    public static void main(String[] args) {
        int a = 5;
        int b = 0;
        boolean result = a > 0 || b++ > 0;
        System.out.println(result);    // 输出 true
        System.out.println(a);         // 输出 5
        System.out.println(b);         // 输出 0
    }
}
```

程序运行结果如下：

```
true
5
0
```

例 2-9 中定义了两个整数变量 a 和 b，并且初始化分别为 5 和 0；然后使用逻辑运算符（||）对它们进行比较，并将结果赋值给布尔变量 result。本例中使用了表达式 a > 0 || b++ > 0，其中 a > 0 的结果为 true，所以不需要计算第二个操作数 b++ > 0。因此，整个表达式的结果也就确定为 true。第二个操作数 b++ > 0 没有被计算，变量 b 的值并没有发生改变，依然是 0。

逻辑或运算符（|）用于判断两个表达式中是否至少有一个为 true，如果是则返回 true，否则返回 false，并且无短路情况。

【例 2-10】逻辑或运算符（|）的应用。（源代码：TestLogical_or.java）

```
package ch02;

public class TestLogical_or {
    public static void main(String[] args) {
        int a = 5;
        int b = 10;
        boolean result = a > 0 | b++ > 0;
        System.out.println(result);    // 输出 true
        System.out.println(a);         // 输出 5
        System.out.println(b);         // 输出 11
    }
}
```

程序运行结果如下：

```
true
5
11
```

例 2-10 中定义了两个整数变量 a 和 b，并且初始化分别为 5 和 10；然后使用逻辑运算符（|）对它们进行比较，并将结果赋值给布尔变量 result。本例中使用了表达式 a > 0 | b++ > 0，其中 a > 0 的结果为 true，b++ > 0 的结果也为 true，由于无短路情况，因此 a 的值为 5，b 的值为 11。

逻辑运算符（|）可以判断两个表达式中是否至少有一个为 true，如果其中已经有一个表达式为 true，那么整个表达式还会继续计算。

位运算符

2.3.5 位运算符

位运算符是一种操作二进制位的运算符，包括按位与（&）、按位或（|）、按位异或（^）、按位取反（~）、左移位（<<）和右移位（>>），如表 2-4 所示。其中，x 和 y 是参与运算的变量，假设 x 的值为 5，y 的值为 3。

表 2-4 位运算符

运算符	用法	描述	示例
&	x & y	按位与，两个操作数的对应位都为 1 才为 1，否则为 0	int a = x & y;　　// a 值为 1
|	x | y	按位或，两个操作数的对应位只要有一个为 1 就为 1，否则为 0	int a = x | y;　　// a 值为 7
^	x ^ y	按位异或，两个操作数的对应位不同则为 1，否则为 0	int a = x ^ y;　　// a 值为 6
~	~x	按位取反，操作数的每一位都取反	int a = ~x;　　// a 值为-6
<<	x << y	左移位，把操作数的二进制位全部左移，高位丢弃，低位补 0，相当于乘以 2 的 n 次方	int a = x << y;　　// a 值为 40
>>	x >> y	右移位，把操作数的二进制位全部右移，低位丢弃，高位的值由原来的最高位决定。对于正数，高位补 0；对于负数，高位补 1，相当于除以 2 的 n 次方后取整	int a = x >> y;　　// a 值为 0

位运算常用于编写底层系统程序，如操作系统或驱动程序等。

【例 2-11】位运算符的综合应用。　　（源代码：TestBit.java）

```
package ch02;

public class TestBit {
    public static void main(String[] args) {
        int x = 10;
        int y = 20;
        System.out.println("x << 2 : " + (x << 2));
        System.out.println("y >> 2 : " + (y >> 2));
        System.out.println("x & y : " + (x & y));
    }
}
```

程序运行结果如下：

```
x << 2 : 40
y >> 2 : 5
x & y : 0
```

赋值运算符

2.3.6 赋值运算符

赋值运算符是一种用于将值赋给变量的运算符。赋值运算符使用等号（=）表示，示例如下：

```
int a = 10;
double b = 3.14;
String c = "hello";
```

赋值运算符可用于给变量赋初值；在程序执行期间更新变量的值；将变量的值作为方法的参数进行传递；检查和设置变量的值。

除了等号（=），Java 还提供了许多复合赋值运算符，这些运算符允许用一个简短的语句完成多个操作，如表 2-5 所示。其中，x 和 y 是参与运算的变量，假设 x 的值为 5，y 的值为 3。

表 2-5　赋值运算符

运算符	用法	描述	示例
+=	x += y	将右侧表达式的值加到左侧变量上	x + = y;　　// x 值为 8
-=	x -= y	将右侧表达式的值从左侧变量中减去	x - = y;　　// x 值为 2
*=	x *= y	将右侧表达式的值乘到左侧变量上	x *= y;　　// x 值为 15
/=	x /= y	将左侧变量的值除以右侧表达式的值	x /= y;　　// x 值为 1
%=	x %= y	将左侧变量的值取模（求余）右侧表达式的值	x %= y;　　// x 值为 2

使用复合赋值运算符可以使程序更简洁、更易读，并且可以避免出现一些常见的错误。例如，将 a = a + 1 合并成 a += 1 能够避免由于多次输入 a 而导致的拼写和语法错误，同时也让程序更清晰易读。

【例 2-12】赋值运算符的综合应用。　　（源代码：TestAssignment.java）

```
package ch02;

public class TestAssignment {
    public static void main(String[] args) {
        int b1 = 2;
        int b2 = 4;
        System.out.println("b1 += b2 = " + (b1 += b2));
        System.out.println("b1 -= b2 = " + (b1 -= b2));
        System.out.println("b1 *= b2 = " + (b1 *= b2));
        System.out.println("b1 /= b2 = " + (b1 /= b2));
        System.out.println("b1 %= b2 = " + (b1 %= b2));
    }
}
```

程序运行结果如下：

```
b1 += b2 = 6
b1 -= b2 = 2
b1 *= b2 = 8
b1 /= b2 = 2
b1 %= b2 = 2
```

三元运算符

2.3.7　三元运算符

三元运算符是一种包含 3 个操作数的运算符，在程序设计语言中广泛使用，语法形式如下：

```
表达式 1 ? 表达式 2 : 表达式 3
```

其中，表达式 1 为判断条件。如果表达式 1 的值为 true，则运算结果为表达式 2 的值，否则为表达式 3 的值。

使用三元运算符判断某个数是否为正数的示例如下：

```
int num = -5;
System.out.println((num > 0) ? "positive" : "not positive");
```

程序运行结果如下：

```
not positive
```

虽然三元运算符可以节省程序行数，但过于复杂的多层嵌套会降低程序的可读性和可维护性，因此在使用三元运算符时需要谨慎。

【例 2-13】三元运算符的应用。　　（源代码：TestTernary.java）

```
package ch02;

public class TestTernary {
    public static void main(String[] args) {
        int b1 = 2;
        int b2 = 4;
```

```
        int b = b1 > b2 ? b1 : b2;
        System.out.println("b1 和 b2 中比较大的是" + b);
    }
}
```

程序运行结果如下：

```
b1 和 b2 中比较大的是 4
```

2.3.8 运算符的优先级

运算符的优先级决定了表达式中运算执行的先后顺序。例如，x < y && !z 相当于(x < y) && (!z)。在编写程序时请尽量使用括号来表明想要的运算次序，以免难以阅读或表达不清楚。运算符的结合性决定了并列级别的运算符的先后顺序。例如，算术运算符加减的结合性是由左至右，8-5+3 相当于(8-5)+3。表 2-6 给出了运算符的优先级与结合性，按优先级从高到低的顺序依次排列。

表 2-6 运算符的优先级与结合性

优先级	运算符	类	结合性
1	()	括号运算符	由左至右
1	[]	方括号运算符	由左至右
2	!、+（正号）、-（符号）	一元运算符	由右至左
2	~	位逻辑运算符	由右至左
2	++、--	递增与递减运算符	由右至左
3	*、/、%	算术运算符	由左至右
4	+、-	算术运算符	由左至右
5	<<、>>	位左移、右移运算符	由左至右
6	>、>=、<、<=	关系运算符	由左至右
7	==、!=	关系运算符	由左至右
8	&(位运算符号 AND)	位逻辑运算符	由左至右
9	^(位运算符号 XOR)	位逻辑运算符	由左至右
10	|(位运算符号 OR)	位逻辑运算符	由左至右
11	&&	逻辑运算符	由左至右
12	||	逻辑运算符	由左至右
13	? :	条件运算符	由右至左
14	=、+=、-=、*=、/=、%=、<<=、>>=、&=、^=、|=	赋值运算符	由右至左

当一个表达式中有多个不同优先级的运算符时，先计算优先级高的运算符，再计算优先级低的运算符。如果需要改变计算顺序，可以使用括号()。

【例 2-14】多种运算符优先级的应用。（源代码：TestMix.java）

```
package ch02;

public class TestMix {
    public static void main(String[] args) {
        int result = 10 + 2 * 6 / (4 - 2) % 3;
        System.out.println("Result: " + result);
        boolean isEqual = 5 < 7 && 8 >= 10 || !(4 != 4);
        // isEqual = (5 < 7) && (8 >= 10) || (!(4 != 4));
        System.out.println("isEqual: " + isEqual);
        int x = 5;
```

```
        int y = 10;
        int z = 15;
        boolean result2 = (x > y) ^ (y <= z) || (z > y) || !(x < z);
        //  result2 = (x > y) ^ (y <= z) || (z > y) || (!(x < z));
        System.out.println("Result 2: " + result2);
    }
}
```

程序运行结果如下：

```
Result: 10
isEqual: true
Result 2: true
```

例 2-14 中使用了算术运算符、关系运算符和逻辑运算符来连接不同条件。

2.4 标识符、关键字及注释

标识符、关键字和注释是 Java 编程中的重要语言元素。

2.4.1 标识符

标识符用来识别程序中的各种元素，如变量、方法、类、接口等。标识符需要遵循一些命名规则和规范。

1．标识符的命名规则

① 标识符可以由字母、数字、下划线（_）和美元符号（$）组成，并且不能以数字开头。

② Java 中的标识符区分大小写，并且不能是 Java 的关键字，例如 if、class。

2．标识符的命名规范

① 标识符应该具有描述性，便于理解和维护程序。

② 类名的首字母应该大写，采用驼峰命名法，例如 ExampleClass。

③ 方法名和变量名的首字母应该小写，采用驼峰命名法，例如 calculateArea、numberOfStudents。

④ 常量的命名应该全部大写，单词之间用下划线分隔，例如 MAX_VALUE、PI。

下面的程序遵循了标识符命名规范。类名 ExampleClass、变量 myVariable 和方法 calculateArea() 采用了驼峰命名法，而常量 MAX_VALUE 采用了下划线命名法。

```
public class ExampleClass {
    public static final int MAX_VALUE = 100;
    private int myVariable;
    private double calculateArea() {
        // 方法体
    }
}
```

2.4.2 关键字

关键字是预先定义的、具有特殊用途的保留字，用于表示语言的特定功能或特性。关键字具有特殊含义，不能被用作标识符，如变量名、方法名、类名等。Java 中的关键字如表 2-7 所示。

表 2-7 Java 中的关键字

类别	关键字
访问修饰符的关键字（3 个）	public、protected、private
定义类、接口、抽象类和实现接口、继承类的关键字、实例化对象（6 个）	class、interface、abstract、implements、extends、new
包的关键字（2 个）	import、package

续表

类别	关键字
数据类型的关键字（9个）	byte、char、boolean、short、int、float、long、double、void
条件循环（流程控制）（12个）	if、else、switch、case、default、while、for、do、break、continue、return、instanceof
修饰方法、类、属性和变量（9个）	static、final、super、this、native、strictfp、synchronized、transient、volatile
异常处理（5个）	catch、try、finally、throw、throws
其他（2个）	enum、assert

2.4.3 注释

注释用于向查看程序的读者提供有关程序的解释和说明，对于程序的可读性和可维护性起着重要的作用。Java 中有 3 种类型的注释：单行注释、多行注释和文档注释。

注释

1．单行注释

单行注释以双斜线（//）开头，用于注释单行程序，如下所示：

```
int x = 5;     // 定义一个整型变量 x，赋值为 5
```

2．多行注释

多行注释以斜线加星号（/*）开头，以星号加斜线（*/）结尾，用于注释多行程序，如下所示：

```
/*
这是一个多行注释
可以注释多行程序
int x = 5;
int y = 10;
*/
```

3．文档注释

文档注释以斜线加两个星号（/**）开头，以一个星号加斜线（*/）结尾，如下所示：

```
/**
 * 这是一个文档注释，可以用于生成程序的文档
 * @param name 名字
 * @return 拼接后的字符串
*/
public String sayHello(String name) {
    return "Hello, " + name + "!";
}
```

Java 文档注释是专门为 Javadoc 工具设计的，旨在自动生成文档，它是一种带有特殊功能的注释。如果编写 Java 程序时添加了合适的文档注释，通过 JDK 提供的 Javadoc 工具就可以直接将程序里的文档注释提取成一份系统的 API 文档。

项目实践：员工实发工资的计算

2.5 项目实践：员工实发工资的计算

员工管理系统根据设定的基本工资和本月的请假天数计算具体的实发工资。实发工资的计算方式如下：

```
实发工资=基本工资+奖金+交通补贴-请假的扣款
```

本系统中有 3 类员工，奖金标准不同，如下所示。

① 经理的奖金=基本工资×50%，交通补助为 200 元，请假的扣款按天扣除。

② 董事的奖金=基本工资×8%，交通补助为 2000 元，请假的扣款按天扣除。

③ 普通员工的奖金=基本工资×10%，交通补助为 1000 元，请假的扣款按天扣除。

每类员工实发工资的计算，源代码（Salary.java）如下。

```
    public class Salary {
         public static void main(String[] args) {
                 double salary1 = 0.0;
                 double salary2 = 0.0;
                 double salary3 = 0.0;
                 // 请假天数
                 int leaveDays = 2;
                 // 基本工资
                 double basicSalary1 = 9000;
                 double basicSalary2 = 15000;
                 double basicSalary3 = 5000;
                 // 经理的工资计算方式
                 salary1 = basicSalary1  + basicSalary1 *0.5 + 200 - leaveDays*
(basicSalary1/30);
                 System.out.println("经理实发工资为: "+salary1);

                 // 董事的工资计算方式
                 salary2 = basicSalary2  + basicSalary2 *0.08 + 2000 -  leaveDays*
(basicSalary2/30);
                 System.out.println("董事实发工资为: "+salary2);

                 // 普通员工的工资计算方式
                 salary3 = basicSalary3 + basicSalary3 *0.1 + 1000 -  leaveDays*
(basicSalary3/30);
                 System.out.println("普通员工实发工资为: "+salary3);
         }
    }
```

本章小结

本章介绍了 Java 的语言基础，包括常量、变量、数据类型、表达式、运算符、注释、关键字等内容。本章具体涉及的内容如下所示。

① 常量是固定的值，在程序中不可改变。不同种类的常量用于表示不同类型的值。

② 变量是一种存储数据的容器，可以存储各种不同的数据类型。变量的值可以在程序的执行过程中被修改。

③ 数据类型分为两种：基本数据类型和引用数据类型。Java 是一种强类型语言，变量在声明时必须指定数据类型。

④ 表达式是一段程序，可以计算出一个值。表达式由操作数和运算符组成，通过运算符将操作数连接在一起形成一个完整的语句。

⑤ 运算符是对操作数进行各种操作和计算的符号，可分为算术运算符、关系运算符、逻辑运算符、位运算符等。

⑥ 标识符是用来命名变量、方法、类、接口等各种程序元素的名称。关键字是预先定义的、具有特殊用途的保留字，用于表示语言的特定功能或特性。

⑦ 注释用于向查看程序的读者提供有关程序的解释和说明，包括单行注释、多行注释和文档注释。

习题

1. 选择题

（1）下列变量定义不正确的是（　　）。

A. int a;　　B. double b = 4.5;　　C. boolean b = true;　　D. float f = 9.8;

（2）下列数据类型的精度由高到低的顺序正确的是（　　）。

A. float,double,int,long　　B. double,float,int,byte

C. byte,long,double,float　　D. double,int,float,long

（3）对于一个三位的正整数 n，取出它的十位数字 k（k 为整数类型）的表达式是（　　）。

A. k = n / 10 % 10　　B. k = (n − n / 100 * 100) % 10

C. k = n % 10　　D. k = n / 10

（4）6 + 5 % 3 + 2 的值是（　　）。

A. 2　　B. 1　　C. 9　　D. 10

（5）下列选项中，正确的语句是（　　）。

A. byte x1 = 389;　　B. long x2 = 4.5;　　C. int x2 = 87L;　　D. long x4 = −20;

（6）下列类型转换中，正确的选项是（　　）。

A. int x1 = 'A'　　B. long x2 = 8.4f　　C. int x3 = (boolean) 8.9　D. int x4 = 8.3

（7）若定义 int i = 6，执行语句 i += i - 1 后，i 的值是（　　）。

A. 10　　B. 121　　C. 11　　D. 100

（8）若定义 float x = 3.5f, y = 4.6f, z = 5.7f，则以下的表达式中，值为 true 的是（　　）。

A. x > y || x> z　　B. x != y　　C. z > (y + x)　　D. x < y && !(x < z)

（9）以下错误的字符常量是(　　)。

A. '|'　　B. '\' '　　C. "\n"　　D. '我'

（10）执行下列程序段后，b、x、y 的值分别是（　　）。

```
int x = 6,y = 8;
boolean b;
b = x > y || ++x == --y;
```

A. true,6,8　　B. false,7,7　　C. true,7,7　　D. false,6,8

2．简答题

（1）什么是常量？常量有哪些特点？

（2）什么是变量？变量的命名规则有哪些？

（3）Java 中有哪些基本数据类型？它们有什么区别？

（4）什么是表达式？表达式有哪些常见的运算符？

（5）Java 中的注释有哪些？如何使用它们？

3．编程题

（1）对于给定的整数，分别求出其个位、十位数字并输出。

（2）编写程序计算并输出半径为 5 的圆的周长，计算公式为：周长=2 × 半径 × 圆周率。

上机实验

实验 1：计算身体质量指数（Body Mass Index, BMI）。

编写一个 Java 程序，通过用户设定的身高和体重计算并输出用户的 BMI。BMI 计算公式如下：

$$BMI = 体重/（身高 \times 身高）$$

其中，体重以 kg 为单位，身高以 m 为单位。

实验 2：将华氏温度转换为摄氏温度。

编写一个 Java 程序，要求将用户给定的华氏温度值转换为摄氏温度值并输出。转换公式如下：

$$C = (F - 32) \times 5 / 9$$

其中，C 表示摄氏温度值；F 表示华氏温度值。

第3章 Java程序流程控制

【本章导读】

程序流程控制决定了程序的执行顺序和条件，以实现各种复杂的逻辑功能。本章将介绍程序流程控制的基本概念、语法和应用，包括顺序结构、选择结构、循环结构、跳转语句等。

【本章实践能力培养目标】

通过本章内容的学习，读者应能完成员工管理系统中菜单的设计与实现，要求：①系统菜单包括员工信息录入、编辑、查询、删除等操作；②用户可以快速选择需要的操作，执行对应的功能。

3.1 语句与复合语句

语句可以完成各种任务，例如变量声明、赋值、条件判断、循环控制等。通过编写语句，可以定义程序的行为和逻辑。复合语句通常用于实现特定的功能或流程控制。

结构化编程旨在实现程序逻辑的抽象与封装，从而保证控制流具有单一入口和单一出口。

3.1.1 语句和复合语句的概念

语句是一系列指令的有序序列，用于完成特定的操作。语句可以分为基本语句和复合语句。基本语句用来执行一个具体的操作；复合语句则是由多个基本语句或其他复合语句组成的语句块，用来控制程序的流程。

语句和复合语句的概念

语句是程序的基本执行单元，通常按从上到下的顺序执行，一般以分号结尾。常见的语句类型如下。

① 表达式语句：由一个表达式组成，可计算表达式的结果。

② 声明语句：用于声明变量，可以是局部变量、成员变量或静态变量。

③ 控制流语句：用于控制程序的执行流程，包括条件语句、循环语句和跳转语句等。

④ 异常处理语句：用于处理异常情况，包括 try-catch、try-finally 和 try-catch-finally 等。

⑤ 空语句：表示一个空的语句，只有一个分号，不执行任何操作。

除了以上常见的语句类型，Java 还提供了其他一些特殊的语句，如断言语句和标签语句等。

复合语句通常用花括号{}括起来，其中的语句按从上到下的顺序执行。复合语句可以使程序更加清晰、易于理解和维护，提高程序的可读性和可重用性；还可以通过局部作用域限制变量的可见性，以便在程序中使用变量名时有效地避免命名冲突。

3.1.2 结构化编程

结构化编程

结构化编程也称为模块化编程，它是一种将程序分解为可重用、可读、易于维护的模块的编程方法和理论。Java 提供了一些基本的控制结构，如顺序结构、选择结构、循环结构等，这些结构可以用比较清晰的形式描述程序的行为，使程序更容易理解和修改。

① 顺序结构：程序中的每条语句按从上到下的顺序依次运行，是最基本的结构。

② 选择结构：根据条件的不同，程序会在两个或多个不同的代码块中选择一个执行。选择结构主要包括 if 结构和 switch 结构。

③ 循环结构：程序会重复执行一段程序，直到不满足某个条件或执行了指定的次数。循环结构有 for 循环、while 循环、do…while 循环等。

方法也称为函数，在结构化编程中通常不严格区分方法和函数。方法将程序分解成更小的模块，每个模块只负责一个功能，这样可以更好地组织和管理程序。

在结构化编程中，应该注意以下几点。

① 模块化：将程序划分为更小的、可重用的组件，每个组件只关心自己的功能。

② 抽象化：将具体的实例转换为更抽象的一般规则，减少重复程序，简化程序。

③ 信息隐藏：为了保护程序的私有性，应该尽量隐藏实现细节，只开放对外的接口。

④ 结构化：使用可以嵌套的顺序、选择、循环结构以及模块化程序，使程序更易于理解和维护。

3.2 输入/输出与顺序结构

输入和输出是程序设计最基本的功能之一，以便程序与外部设备进行数据传输。顺序结构是程序中最基本的控制结构，除非特别指明，否则程序会按照程序的编写顺序依次执行。

输入功能

3.2.1 输入功能

输入功能允许程序与外部环境进行交互，接收外部数据并进行计算、判断和输出等操作。程序的输入可以通过读取文件中的数据来实现。例如，在一个文本处理程序中，用户可以通过输入指定的文件，读取文件中的内容并进行编辑或处理。

Java 中的 Scanner 类用于获取用户输入的数据。使用 Scanner 类的具体步骤如下。

① 导入 Scanner 类：使用 import 语句导入 Scanner 类，以便在程序中使用。

② 创建 Scanner 对象：使用 new 操作符创建 Scanner 对象。构造方法的参数可以是 System.in（标准输入流，即键盘输入）或文件对象。

③ 获取用户输入：使用 Scanner 对象的方法（如 nextLine()、nextInt()等）获取用户输入的数据。例 3-1 中，使用 nextLine()方法获取用户输入的姓名，然后使用 nextInt()方法获取用户输入的年龄。其中，nextLine()方法可以获取包含空格的所有字符型的输入，而 nextInt()方法只能获取整型变量的输入。除了字符串和整数，Scanner 类还提供了许多其他的输入方法，用于读取不同类型的输入值。例如，读取浮点数可以使用 nextFloat()或 nextDouble()方法，读取布尔值可以使用 nextBoolean()方法，读取字符可以使用 next(). charAt(0)方法等。

④ 使用 close()方法关闭 Scanner 对象，以释放资源。

【例 3-1】使用 Scanner 类从控制台输入数据。（源代码：TestScanner.java）

```
package ch03;
import java.util.Scanner;
public class TestScanner {
    public static void main(String[] args) {
        Scanner scanner = new Scanner(System.in);    // 从键盘读取输入
        System.out.println("请输入姓名：");
        String name = scanner.nextLine();            // 获取一行输入
        System.out.println("请输入年龄：");
        int age = scanner.nextInt();                 // 获取整数输入
        System.out.println("姓名：" + name + "，年龄：" + age);
        scanner.close();
    }
}
```

程序运行结果如下（粗体字为输入的测试用例）：

```
请输入姓名：
Mandy
请输入年龄：
20
姓名：Mandy，年龄：20
```

例 3-1 中，首先使用语句 Scanner(System.in)创建一个 Scanner 对象，指定程序从键盘读取输入；然后通过 nextLine()方法获取一行输入，通过 nextInt()方法获取一个整数输入；最后将输入的姓名和年龄进行输出。

3.2.2 输出功能

输出功能允许程序将计算结果、变量值或其他需要显示给用户的内容输出到屏幕或文件中。在 Java 中，输出通常使用 System.out.println()、System.out.print()或 System.out.printf()语句来实现。

1. System. out. println ()

System.out.println()是 Java 中最常用的输出语句之一，用于将指定的变量或表达式输出到控制台，并在结尾添加一个换行符。

【例 3-2】 System.out.println()方法的应用。（源代码：Testprintln.java）

```
package ch03;
public class Testprintln {
    public static void main(String[] args) {
        System.out.println("Hello World!");      // 输出一个字符串
        System.out.println(123);                 // 输出一个整数
        System.out.println(3.14);                // 输出一个浮点数
        System.out.println(true);                // 输出一个布尔值
    }
}
```

程序运行结果如下：

```
Hello World!
123
3.14
true
```

例 3-2 中使用 System.out.println()方法进行输出，并依次输出了一个字符串、一个整数、一个浮点数和一个布尔值。

当需要输出多个变量或字符串时，可以直接使用加号进行拼接，具体如下：

```
int x = 1;
int y = 2;
System.out.println("x = " + x + ", y = " + y);
```

程序运行结果如下：

```
x = 1, y = 2
```

也可以在拼接的字符串中使用转义符来输出特殊字符，具体如下：

```
System.out.println("Hello\tworld!");
```

程序运行结果如下：

```
Hello    world!
```

2. System. out. print ()

System.out.print()与 System.out.println()的用法基本相同，不同的是 System.out.print()不会在结尾自动添加一个换行符。

【例 3-3】 System.out.print()方法的应用。（源代码：Testprint.java）

```
package ch03;
public class Testprint{
    public static void main(String[] args) {
```

```
        System.out.print("Hello ");       // 输出一个字符串，但不换行
        System.out.print("World!");       // 输出一个字符串，但不换行
    }
}
```

程序运行结果如下：

```
Hello World!
```

如果需要输出多个变量或字符串，需要手动添加空格等分隔符，具体如下：

```
int x = 1;
int y = 2;
System.out.print("x = " + x + ", y = " + y + ", sum = " + (x + y));
```

程序运行结果如下：

```
x = 1, y = 2, sum = 3
```

3．System. out. printf()

System.out.printf()可以使用格式化字符串输出数据，以控制输出的格式。

【例 3-4】System.out.printf()方法的应用。（源代码：Testprintf.java）

```
package ch03;
public class Testprintf {
    public static void main(String[] args) {
        String name = "Tom";
        int age = 20;
        double score = 89.5;
        System.out.printf("姓名：%s，年龄：%d，成绩：%.2f\n", name, age, score);
    }
}
```

程序运行结果如下：

```
姓名：Tom，年龄：20，成绩：89.50
```

%后面的字符表示输出的类型，常用的输出类型如下。

① %s：输出字符串。

② %d：输出整数。

③ %f：输出浮点数。

④ %c：输出字符。

⑤ %%：输出%字符。

可以使用多个格式化字符串，每个字符串对应一个参数。

顺序结构

3.2.3 顺序结构

顺序结构是指程序按照程序的书写顺序，由上到下依次执行每条语句，是最简单的程序结构之一。顺序结构的特点如下。

① 程序按照书写顺序依次执行，每一条语句都在上一条语句执行结束后才会开始执行。

② 顺序结构中没有分支和循环控制语句。

③ 顺序结构中程序的执行顺序是唯一的，不会因为不同的条件或执行次数而发生变化。

【例 3-5】顺序结构示例。（源代码：TestSequential.java）

```
package ch03;
import java.util.Scanner;
public class TestSequential {
    public static void main(String[] args) {
        Scanner scanner = new Scanner(System.in);
        System.out.println("请输入第一个数：");
        double num1 = scanner.nextDouble();
        System.out.println("请输入第二个数：");
        double num2 = scanner.nextDouble();
```

```
        System.out.println(num1 + " + " + num2 + " = " + (num1 + num2));
        System.out.println(num1 + " - " + num2 + " = " + (num1 - num2));
        System.out.println(num1 + " * " + num2 + " = " + (num1 * num2));
        System.out.println(num1 + " / " + num2 + " = " + (num1 / num2));
    }
}
```

程序运行结果如下（粗体字为输入的测试用例）：

```
请输入第一个数：
10
请输入第二个数：
20
10.0 + 20.0 = 30.0
10.0 - 20.0 = -10.0
10.0 * 20.0 = 200.0
10.0 / 20.0 = 0.5
```

例 3-5 中使用 Scanner 类获取用户输入的两个数值，依次进行加、减、乘、除运算，并将结果输出到控制台中。

3.3 选择结构

选择结构是一种基本的控制结构，用于在不同的条件下执行不同的操作。使用选择结构，程序可以在运行时自动选择不同的路径，来实现不同的功能。

if 语句

选择结构主要使用 if 语句和 switch 语句来实现。

3.3.1 if 语句

1. if 条件语句

if 语句是编程中用于控制程序执行流程的一种结构，它根据一个条件的真假来决定是否执行特定的代码块。if 语句的基本语法如下：

```
if(条件表达式) {
    // 条件成立时执行的代码块
}
```

条件表达式是一个返回值为布尔型（true 或 false）的表达式。如果条件表达式的值为 true，则执行花括号中的代码块；否则不执行。

【例 3-6】 if 条件语句的应用。（源代码：TestIF.java）

```
package ch03;
public class TestIF {
    public static void main(String[] args) {
        int score = 85;
        if (score >= 60) {
            System.out.println("及格了！");
        }
    }
}
```

程序运行结果如下：

```
及格了！
```

例 3-6 中通过 if 语句判断分数是否大于或等于 60。如果满足条件，则输出“及格了！”；否则不执行任何操作。

2. if…else 语句

if…else 语句可用于在条件成立和条件不成立时分别执行不同的程序，基本语法如下：

```
if(条件表达式) {
    // 条件成立时执行的代码块
} else {
    // 条件不成立时执行的代码块
}
```

当条件表达式的值为 true 时，执行 if 后的代码块；当条件表达式的值为 false 时，执行 else 后的代码块。

【例 3-7】 if...else 条件语句的应用。（源代码：TestIF_Else.java）

```
package ch03;
public class TestIF_Else {
    public static void main(String[] args) {
        int x = -3;
        if (x > 0) {
              System.out.println(x + "是正数");
        } else {
              System.out.println(x + "不是正数");
        }
    }
}
```

程序运行结果如下：

```
-3 不是正数
```

例 3-7 中，由于 x 的值为负数，所以条件表达式的值为 false，执行 else 后的代码块，输出“-3 不是正数”。

3. if...else if...else 语句

if...else if...else 语句可用于实现多条件选择的功能，基本语法如下：

```
if(条件表达式 1) {
    // 条件 1 成立时执行的代码块
} else if(条件表达式 2) {
    // 条件 2 成立时执行的代码块
} else if(条件表达式 3) {
    // 条件 3 成立时执行的代码块
}
…
else {
    // 所有条件都不成立时执行的代码块
}
```

如果条件表达式 1 的值为 true，则执行条件 1 成立时的代码块；如果条件表达式 1 的值为 false，而条件表达式 2 的值为 true，则执行条件 2 成立时的代码块……以此类推。如果所有条件都不成立，则执行 else 语句中的代码块。

【例 3-8】 if...else if...else 语句的应用。（源代码：TestIF_ElseIF_Else.java）

```
package ch03;
public class TestIF_ElseIF_Else {
    public static void main(String[] args) {
        int score = 85;
        if(score >= 90) {
            System.out.println("成绩优秀！");
        } else if(score >= 80) {
            System.out.println("成绩良好！");
        } else if(score >= 70) {
            System.out.println("成绩一般！");
        } else if(score >= 60) {
            System.out.println("及格了！");
        } else {
            System.out.println("不及格！");
```

```
            }
        }
    }
```

程序运行结果如下：

```
成绩良好！
```

例 3-8 中使用 if…else if…else 语句来判断学生的成绩等级。根据分数的大小依次进行判断，如果满足条件则输出对应的信息，否则继续判断下一个条件，直到找到满足条件的分支或者执行 else 代码块中的语句。

4．if 语句的嵌套使用

if 条件语句还可以嵌套使用。嵌套指的是 if 语句中嵌套了另外一个 if 语句，也就是将一个 if 语句放在另一个 if 语句的语句块内部，这种结构可以实现更加复杂的条件判断。

【例 3-9】 if 语句嵌套使用。　　　　（源代码：TestLeapYear.java）

输入一个年份，如果是闰年输出“是闰年”，否则输出“不是闰年”。其中，闰年的判断规则如下。

① 能被 4 整除但不能被 100 整除的年份是闰年；

② 能被 400 整除的年份也是闰年。

```
package ch03;

import java.util.Scanner;
public class TestLeapYear {
    public static void main(String[] args) {
        Scanner scanner = new Scanner(System.in);
        System.out.print("请输入一个年份：");
        int year = scanner.nextInt();
        if(year % 4 == 0) {                        // 能被 4 整除
            if(year % 100 != 0) {                  // 不能被 100 整除
                System.out.println(year + "年是闰年");
            } else if(year % 400 == 0) {           // 能被 400 整除
                System.out.println(year + "年是闰年");
            } else {
                System.out.println(year + "年不是闰年");
            }
        } else {
            System.out.println(year + "年不是闰年");
        }
    }
}
```

程序运行结果如下（粗体字为输入的测试用例）：

```
请输入一个年份：2023
2023 年不是闰年
```

例 3-9 中，通过两次 if 语句的嵌套实现了需要的条件判断。首先判断输入的年份能否被 4 整除，如果能被 4 整除，再进一步判断是否能被 100 整除以及是否能被 400 整除，从而判断输入的年份是否为闰年。

switch 语句

3.3.2　switch 语句

switch 是用于多分支选择的语句，它能根据表达式的值选择执行不同的分支。switch 可以替代 if…else if…else 多分支语句，使程序更简洁、易读。switch 的语法格式如下：

```
switch(表达式) {
    case 值 1:
        执行语句 1;
        break;
```

```
    case 值2:
        执行语句2;
        break;
    …
    default:
        执行语句n;
}
```

switch 语句中的表达式可以是 byte、short、int、char 及枚举和字符串类型。值 1、值 2 等表示不同的匹配项，每个匹配项后面跟一个冒号和执行语句。如果表达式的值与某个匹配项的值相等，那么从该处开始执行，遇到 break 时终止。

在每个匹配项的执行语句后面，需要使用关键字 break 来终止 switch 语句的执行。如果没有 break 语句，那么程序将会继续执行下一个匹配项的执行语句。

default 关键字表示默认情况下的执行语句。如果表达式的值与任何一个匹配项的值都不相等，那么就会从 default 开始执行。

【例 3-10】 switch 语句的应用。（源代码：TestSwitch.java）

```
package ch03;

public class TestSwitch {
    public static void main(String[] args) {
        int dayOfWeek = 5;
        String dayName;
        switch (dayOfWeek) {
            case 1:
                dayName = "Monday";
                break;
            case 2:
                dayName = "Tuesday";
                break;
            case 3:
                dayName = "Wednesday";
                break;
            case 4:
                dayName = "Thursday";
                break;
            case 5:
                dayName = "Friday";
                break;
            case 6:
                dayName = "Saturday";
                break;
            case 7:
                dayName = "Sunday";
                break;
            default:
                dayName = "Invalid day";
                break;
        }
        System.out.println("The day is " + dayName);
    }
}
```

程序运行结果如下：

```
The day is Friday
```

例 3-10 中使用一个变量 dayOfWeek 来表示星期几。根据 dayOfWeek 的值；使用 switch 语句把对应的星期几的名称赋值给 dayName 变量；当 dayOfWeek 的值为 5 时，switch 语句执行到“case 5:”这一行，把字符串“Friday”赋值给 dayName 变量，遇到“break;”结束 switch 语句；最后，程序输出“The day is Friday”。

如果 dayOfWeek 的值不在 1 ~ 7 的范围内，就会从 default 开始执行，并将字符串“Invalid day”赋值给 dayName 变量。

3.4 循环结构

循环结构也是一种基本的控制结构，用于说明在程序中需要重复执行某个功能的情况。使用循环结构可以复用程序，避免反复编写相同程序的情况，从而提高了编程效率。

循环结构包括 for 循环、while 循环和 do…while 循环。

3.4.1 for 循环

for 循环是一种重要的循环结构。通过 for 循环，可以重复执行一个代码块，直到不满足特定条件为止。for 循环常用于已知循环次数的情况，它是程序中常用的控制循环的语句之一。

for 循环的语法格式如下：

```
for(初始表达式;循环条件;循环变量) {
    // 循环体，重复执行的代码块
}
```

for 循环

for 循环的执行过程如下。

① 首先执行初始化表达式，可以用来初始化循环变量；

② 然后判断循环条件，如果条件满足，则执行循环体内的代码块；

③ 修改循环变量的值；

④ 然后再次判断循环条件，如果满足，则再次执行循环体内的代码块；

⑤ 当循环条件不再满足时退出循环。

【例 3-11】 for 循环的基本应用。（源代码：TestFor.java）

```
package ch03;
public class TestFor {
    public static void main(String[] args) {
        for(int i = 1; i <= 5; i++) {
            System.out.println("Iteration " + i);
        }
    }
}
```

程序运行结果如下：

```
Iteration 1
Iteration 2
Iteration 3
Iteration 4
Iteration 5
```

例 3-11 中使用 for 循环输出了数字 1 ~ 5 的迭代。循环的初始表达式 int i = 1 初始化了一个循环变量 i，将其初始值设为 1；条件表达式 i <= 5 在每次循环开始之前都会判断变量 *i* 是否小于或等于 5，如果为 true，就执行循环体内的程序；再执行表达式 i++，在每次循环结束之后将变量 *i* 的值加 1。

【例 3-12】 for 循环中嵌套 if 语句的应用。（源代码：TestFor_IF.java）

```
package ch03;
public class TestFor_IF {
    public static void main(String[] args) {
        int count = 0;
        for(int i = 1; i <= 10; i++) {
            if(i % 2 != 0) {
                count++;
            }
```

```
        }
        System.out.println("1 到 10 之间的奇数个数为: " + count);
    }
}
```

程序运行结果如下：

```
1 到 10 之间的奇数个数为: 5
```

例 3-12 中定义了一个整型变量 count 并初始化为 0，用于统计奇数的个数。首先使用 for 循环初始化一个循环变量 i，并设置循环条件 i <= 10，每次循环后，*i* 的值会递增 1；然后在每次循环中使用 if 条件判断语句判断 *i* 是否为奇数，如果是奇数，则将 count 递增 1；最后，输出语句和 count 的值。

3.4.2 while 循环

while 循环也是一种重要的循环结构，常用于循环次数未知的情况。while 循环的语法格式如下：

```
while(循环条件) {
    // 要重复执行的代码块
}
```

while 循环

while 循环的执行过程如下。

① 判断循环条件，如果满足，则执行循环体内的代码块。

② 不断重复执行代码块，当循环条件不再满足时退出循环。

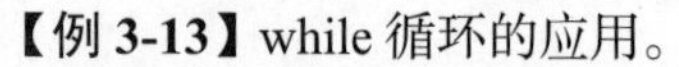

【例 3-13】 while 循环的应用。（源代码：TestWhile.java）

```
package ch03;
public class TestWhile {
     public static void main(String[] args) {
         int sum = 0;
         int num = 1;
         while(num <= 10) {
               sum += num;
               num++;
         }
         System.out.println("1 到 10 的和为: " + sum);
     }
}
```

程序运行结果如下：

```
1 到 10 的和为: 55
```

例 3-13 中使用 while 循环来重复执行一段程序，以计算整数 1 ~ 10 的和。循环条件为 num <= 10，只要 num <= 10，就会不断执行循环体。在每次循环中，将 num 加到 sum 上，并将 num 自增 1，这样就可以逐步完成 1 ~ 10 的求和过程。

【例 3-14】 while 循环中嵌套 if 语句的应用。（源代码：TestWhile_IF.java）

```
package ch03;
import java.util.Scanner;
public class TestWhile_IF {
    public static void main(String[] args) {
        Scanner scanner = new Scanner(System.in);
        System.out.print("请输入一个正整数: ");
        int num = scanner.nextInt();
        int count = 0;
        int i = 1;
        while(i <= num) {
            if(num % i == 0) {
                count++;
            }
```

```
            i++;
        }
        System.out.println(num + "的因数个数为: " + count);
    }
}
```

程序运行结果如下（粗体字为输入的测试用例）:

```
请输入一个正整数: 12
12 的因数个数为: 6
```

例 3-14 中，首先使用 Scanner 获取用户输入的一个正整数，并将其保存在 num 变量中；然后定义一个整型变量 count 并初始化为 0，用于统计因数的个数；同时定义一个循环变量 *i* 并初始化为 1。

接下来，使用 while 循环判断 *i* 的值是否小于或等于 num，循环终止条件为 i > num。在每次循环中，使用 if 条件判断语句判断 num 是否能被 *i* 整除；如果可以整除，则将 count 递增 1；然后递增 *i* 的值，以便下一次循环。

在循环结束后，通过打印语句输出结果，即输入该整数的因数个数。

用户输入的数为 12，则控制台会输出“12 的因数个数为：6”。这是因为 12 可以被 1、2、3、4、6、12 整除，所以因数的个数为 6。

do…while 循环

3.4.3 do…while 循环

do…while 循环是另一种重要的循环结构。与 while 循环和 for 循环不同，do…while 循环先执行循环体内的代码块，再判断循环条件是否满足。它通常用于需要至少执行一次循环体的情况。

do…while 循环的基本语法如下：

```
do{
    // 要重复执行的代码块
} while(循环条件);
```

do…while 循环的执行过程如下。

① 首先执行代码块内的语句。

② 然后判断循环条件是否成立，如果成立，继续执行循环体内的代码块。

③ 不断重复执行代码块，当循环条件不再满足时退出循环。

【例 3-15】 do…while 循环的应用。（源代码：TestDO_While.java）

```
package ch03;
public class TestDO_While {
    public static void main(String[] args) {
        int sum = 0;
        int num = 1;
        do{
            sum += num * num;
            num++;
        } while(num <= 10);
        System.out.println("1 到 10 的平方和为: " + sum);
    }
}
```

程序运行结果如下：

```
1 到 10 的平方和为: 385
```

例 3-15 中使用 do…while 循环来重复执行一段程序，以计算整数 1 ~ 10 的平方和。循环条件为 num <= 10，在每次循环中，将 num 的平方加到 sum 上，并将 num 自增 1，这样就可以逐步完成 1 ~ 10 的平方和的计算。由于使用的是 do…while 循环，循环体至少会被执行一次，因此即使初始 num 已经大于 10，循环体仍会执行一次，然后再检查循环条件。

【例 3-16】do…while 循环中嵌套 if 语句的应用。　　　　　　　　（源代码：TestDO_While_IF.java）

```
package ch03;
import java.util.Scanner;
public class TestDO_While_IF {
    public static void main(String[] args) {
        Scanner scanner = new Scanner(System.in);
        int answer = (int) (Math.random() * 100) + 1;
        int guess = 0;
        int count = 0;
        do{
            System.out.print("请输入你猜的数字（1~100）：");
            guess = scanner.nextInt();
            count++;
            if(guess < answer) {
                System.out.println("你猜的数字太小了！");
            } else if(guess > answer) {
                System.out.println("你猜的数字太大了！");
            }
        } while(guess != answer);
        System.out.println("恭喜你猜对了！你共猜了" + count + "次。");
    }
}
```

程序运行结果如下（粗体字为输入的测试用例）：

```
请输入你猜的数字（1~100）：20
你猜的数字太小了！
请输入你猜的数字（1~100）：50
你猜的数字太大了！
请输入你猜的数字（1~100）：30
你猜的数字太小了！
请输入你猜的数字（1~100）：40
你猜的数字太大了！
请输入你猜的数字（1~100）：35
你猜的数字太大了！
请输入你猜的数字（1~100）：32
你猜的数字太小了！
请输入你猜的数字（1~100）：33
你猜的数字太小了！
请输入你猜的数字（1~100）：34
恭喜你猜对了！你共猜了 8 次。
```

例 3-16 中首先使用 Math.random()方法生成一个[0,1]之间的数，再将该区间扩大 100 倍，以生成 0 ~ 99 之间的随机数，加 1 后得到 1 ~ 100 内的数，并将其保存在 answer 变量中；然后定义一个整型变量 guess，用于保存用户输入的猜测数字；同时定义一个计数器 count 并初始化为 0。

接下来，使用 do…while 循环来获取用户输入的猜测数字，并通过 if 条件判断来判断用户输入的数字与随机数 answer 的大小关系。如果用户输入的数字比随机数小，就输出“你猜的数字太小了！”；如果用户输入的数字比随机数大，就输出“你猜的数字太大了！”。在循环末尾，判断用户输入的数字是否等于随机数 answer，如果相等就退出循环。循环结束后输出结果，即用户猜对了，共猜了几次。

嵌套循环

3.4.4　嵌套循环

嵌套循环是一种常用的循环结构，是指循环体中还包含另一个循环。在一个循环内部嵌套另一个循环时，内层循环完全执行结束，外层循环才开始执行一次。以 for 循环为例，其基本语法如下所示：

```
for(int i = 0; i < m; i++) {
    for(int j = 0; j < n; j++) {
        // 要重复执行的代码块
    }
}
```

【例 3-17】嵌套循环的应用。 （源代码：TestNest.java）

```
package ch03;
public class TestNest {
     public static void main(String[] args) {
         for(int i = 1; i <= 9; i++) {
             for(int j = 1; j <= i; j++) {
                    System.out.print(i + "*" + j + "=" + i*j + " ");
             }
             System.out.println();
         }
     }
}
```

程序运行结果如下：

```
1*1=1
2*1=2 2*2=4
3*1=3 3*2=6 3*3=9
4*1=4 4*2=8 4*3=12 4*4=16
5*1=5 5*2=10 5*3=15 5*4=20 5*5=25
6*1=6 6*2=12 6*3=18 6*4=24 6*5=30 6*6=36
7*1=7 7*2=14 7*3=21 7*4=28 7*5=35 7*6=42 7*7=49
8*1=8 8*2=16 8*3=24 8*4=32 8*5=40 8*6=48 8*7=56 8*8=64
9*1=9 9*2=18 9*3=27 9*4=36 9*5=45 9*6=54 9*7=63 9*8=72 9*9=81
```

【例 3-18】使用循环嵌套输出沙漏形状的示例。 （源代码：TestHourglass.java）

```
package ch03;
public class TestHourglass {
    public static void main(String[] args) {
        int num = 5;
        for(int i = 0; i < num; i++) {
            for(int j = 0; j < i; j++) {
                System.out.print(" ");
            }
            for(int k = 2 * (num - i) - 1; k > 0; k--) {
                System.out.print("*");
            }
            System.out.println();
        }
        for(int i = num-2; i >= 0; i--) {
            for(int j = 0; j < i; j++) {
                System.out.print(" ");
            }
            for(int k = 2 * (num - i) - 1; k > 0; k--) {
                System.out.print("*");
            }
            System.out.println();
        }
    }
}
```

程序运行结果如下：

```
*********
 *******
  *****
   ***
    *
   ***
  *****
 *******
*********
```

3.5 跳转语句

跳转语句用于实现循环执行过程中程序流程的跳转。跳转语句可以使程序跳过某些特定的代码块或者直接进入某个代码块，从而提高程序的运行效率和灵活性。

3.5.1 break 语句

break 语句是一种控制语句，用于在循环或 switch 语句中立即停止执行，并跳出当前的循环或 switch 语句。break 语句用于结束任何标签所指定的语句块，其语法格式如下：

```
break;
```

在使用 break 语句时，需要注意以下几点。

① break 语句只能用于循环语句和 switch 语句。

② 在循环中使用 break 语句时，会立即退出循环，并开始执行下面的程序。

③ 在 switch 语句中使用 break 语句时，可以跳出 switch 语句，执行后续的程序。

【例 3-19】在循环中使用 break 语句的示例。（源代码：TestBreak.java）

```
package ch03;
public class TestBreak{
    public static void main(String[] args) {
        for(int i = 1; i <= 10; i++) {
              if(i == 5) {
                    break;
              }
              System.out.print(i + " ");
        }
    }
}
```

程序运行结果如下：

```
1 2 3 4
```

例 3-19 中使用 for 循环输出 1～4 的数字。当 i 等于 5 时，break 语句会跳出循环，并执行后续的程序。

当在嵌套循环中使用 break 语句时，可以使程序跳出当前循环体，并继续执行下一条语句。例如，假设要在九宫格中找到某个特定的值，并且在找到后立即退出所有循环，可以使用嵌套循环以及 break 语句来实现这个需求。

【例 3-20】在双重循环中使用 break 语句的示例。（源代码：TestDouCir.java）

```
package ch03;
public class TestDouCir {
    public static void main(String[] args) {
        int target = 5;
        boolean found = false;
        for(int i = 1; i <= 3; i++) {
              for(int j = 1; j <= 3; j++) {
                    if(i * j == target) {
                      found = true;
                      break;
                    }
              }
              if(found) {
                  break;
              }
        }
        if(found) {
             System.out.println("找到目标值：" + target);
```

```
        } else {
            System.out.println("未找到目标值：" + target);
        }
    }
}
```

程序运行结果如下：

```
未找到目标值：5
```

例 3-20 中使用一个布尔变量 found 来标识是否找到了目标值。在内部循环中，通过判断 i * j 是否等于目标值 target 来确定是否找到目标值。若找到，将 found 变量置为 true 并使用 break 语句退出内部循环。在外部循环中检查 found 的值，如果为 true，则表示找到了目标值，使用 break 语句退出外部循环。在找到目标值后，立即退出所有循环，避免继续执行不必要的循环操作。

3.5.2 continue 语句

continue 语句也是一种控制语句，用于在循环语句中跳过当前循环的剩余部分，并继续执行下一次循环。和 break 语句不同的是，continue 语句并不会中止整个循环，而是跳过指定的代码块，然后继续执行后面的程序。

continue 语句

continue 语句的语法如下：

```
continue;
```

【例 3-21】continue 语句在循环中的应用。（源代码：TestContinue.java）

```
package ch03;
public class TestContinue {
    public static void main(String[] args) {
        for(int i = 1; i <= 10; i++) {
            if(i % 2 == 0) {
                continue;
            }
            System.out.println(i);
        }
    }
}
```

程序运行结果如下：

```
1
3
5
7
9
```

例 3-21 中使用 for 循环迭代数字 1 ~ 10。当 *i* 是偶数时执行 continue 语句，跳过当前迭代，然后继续下一次迭代。因此，只有奇数被输出。

在嵌套循环中，continue 语句用于跳过内层循环的当前迭代，直接进入下一次迭代，从而简化了循环的逻辑。

break 语句和 continue 语句都可以用于控制循环的执行流程，但它们有着不同的作用。

① break 语句用于完全退出当前循环，不再执行后续的迭代。

② continue 语句用于跳过当前迭代，继续下一次迭代，但不会退出整个循环。

根据具体的需求，可以选择使用 break 语句或 continue 语句来控制循环的执行流程。通常，continue 语句更适合用于跳过特定条件的迭代，而 break 语句更适合用于满足某个条件后完全退出循环的情况。

【例 3-22】break 语句和 continue 语句的应用。（源代码：TestBreakContinue.java）

```
package ch03;
public class TestBreakContinue{
    public static void main(String[] args) {
```

```
        for(int i = 1; i <= 10; i++) {
            if(i == 5) {
                break;      // 结束循环
            }
            if(i % 2 == 0) {
                continue; // 跳过偶数
            }
            System.out.print(i + " ");
        }
    }
}
```

程序运行结果如下：

```
1 3
```

例 3-22 中使用 for 循环输出 1 ~ 4 之间的奇数。当 *i* 等于 5 时，break 语句会终止循环，整个代码块都将结束；当 *i* 是偶数时，continue 语句将跳过当前循环的剩余部分，直接进入下一个循环。因此，程序仅输出 1 ~ 4 之间的奇数。

3.6 方法

方法是一段封装特定任务的代码块，可以完成各种不同的操作。通过定义方法，可以将程序的功能分割成多个独立的部分，使程序具有模块化特性，便于维护。

方法的定义与调用

3.6.1 方法的定义与调用

方法可以带有参数和返回值，分别用于传递数据和返回处理结果。

定义方法的格式如下：

```
返回值类型 方法名(参数列表) {
    方法体;
    return 返回值;
}
```

其中，返回值类型指明方法返回值的数据类型，可以是基本数据类型、对象类型或 void（无返回值）；方法名用于标识方法的名称；参数列表指定方法输入的参数类型和参数名，多个参数之间用逗号分隔；方法体用于实现方法的功能，包含各种语句和逻辑；返回值用于返回方法执行结果的值，与返回值类型相匹配。

下面是一个简单的方法定义：

```
int add(int a, int b) {
    int sum = a + b;
    return sum;
}
```

该方法定义了返回值类型为 int，方法名为 add，参数列表为两个 int 类型的参数 a 和 b，方法体语句实现了将 a 和 b 相加的功能，并返回相加的结果。

1．返回值类型

返回值类型指定方法返回值的数据类型，可以是基本数据类型、对象类型或 void。如果方法没有返回值，则返回值类型为 void。在方法定义时需要在方法名前指定返回值类型。示例如下：

```
public class MethodDemo {
    int add(int a, int b) {
      …
    }
    String getName() {
      …
    }
```

```
    void printMessage() {
        …
    }
}
```

上述程序中，add()方法的返回值为 int 类型；getName()方法的返回值为 String 类；printMessage()方法的返回值为 void 类型。

2．方法的形参

在方法的定义中，可以声明一个或多个参数，用于接收调用方法时传递的值。在方法中，这些参数称为形参。形参是在方法中用来接收传入参数值的局部变量，形参的数据类型和名称在方法定义时确定。示例如下：

```
public class MethodDemo {
    void printName(String name) {        // 形参为 String name
        …
    }
    int add(int a, int b) {              // 形参为 int a, int b
        …
    }
    // 形参为 String firstName, String lastName
    String getFullName(String firstName, String lastName) {
        …
    }
}
```

3．方法体

方法体包含了方法内部的执行语句，以实现方法的功能。方法体可以包含控制语句、循环语句、条件语句等，示例如下：

```
public class MethodDemo {
   void printName(String name) {
        // 方法体
        System.out.println("The name is: " + name);
    }
    public int add(int a, int b) {
        // 方法体
        return a + b;
    }
   String getFullName(String firstName, String lastName) {
        // 方法体
        String fullName = firstName + " " + lastName;
        if(fullName.length() > 20) {
            return "The name is too long";
        } else {
            return fullName;
        }
    }
}
```

4．方法调用

要调用方法，需要指定方法名和输入参数。可以通过类的实例对象或类名来访问一个方法。如果方法的访问权限为 public，则可以从其他类中调用该方法。在调用方法时，参数的数量和类型必须与方法定义中指定的参数列表相匹配。

【例 3-23】方法的调用。（源代码：TestMethodDemo.java）

```
package ch03;
public class TestMethodDemo {
    void printName(String name) {
        System.out.println("The name is: " + name);
    }
```

```
    int add(int a, int b) {
        return a + b;
    }
    String getFullName(String firstName, String lastName) {
        return firstName + " " + lastName;
    }
}
public class MethodCaller {
    public static void main(String[] args) {
        TestMethodDemo demo = new TestMethodDemo ();
        demo.printName("Jack");
        int result = demo.add(5, 6);
        System.out.println("Result: " + result);
        String fullName = demo.getFullName("John", "Doe");
        System.out.println("Full Name: " + fullName);
    }
}
```

程序运行结果如下：

```
The name is: Jack
Result: 11
Full Name: John Doe
```

return 语句

3.6.2 return 语句

return 语句是一种控制语句，用于在方法中返回一个值，并结束当前方法的执行。与 break 语句和 continue 语句不同，return 语句用于终止整个方法的执行，向调用者返回指定的值或对象。

return 语句是 Java 中最常用的控制语句之一，也是方法实现的核心之一。

在使用 return 语句时，需要注意以下几点。

① return 语句只能用在方法中，不能用于循环或条件语句。

② 在方法中使用 return 语句时，会返回指定的值或对象，并终止当前方法的执行。

③ return 语句返回值的类型必须与方法返回值的类型相同，或者可以自动转换为方法返回值的类型。

return 语句的语法格式如下：

```
return 返回值;
```

上面的语句中，返回值可以是一个值、一个变量或一个对象，它表示方法的返回结果。如果方法的返回值类型为 void，那么 return 语句可以不包含任何返回值，仅用于控制程序流程，示例如下：

```
public void printHello() {
    System.out.println("Hello World!");
     return;                  // 方法结束
}
```

上述语句中，方法 printHello()不需要返回值。方法体执行完毕后，可以直接使用 return 语句退出方法的执行。

return 语句用于在方法内部退出方法并返回一个值。如果方法的返回值类型不为 void，则 return 语句必须返回一个与方法返回值类型兼容的值。在方法中可以使用多个 return 语句，但只有一个 return 语句可以执行，它会退出该方法并返回指定的值，示例如下：

```
public class MethodDemo {
    int divide(int a, int b) {
        if(b == 0) {
            return 0;      // 如果除数为 0，则方法返回 0
        } else {
            return a / b; // 如果除数不为 0，则方法返回 a/b 的值
```

```
        }
    }
}
```

3.6.3 变量作用范围

变量作用范围是指变量在程序中的可见性和访问性。在方法内部定义的局部变量只在该方法内部可见，方法外部的程序无法访问；类成员变量的作用范围在整个类中都可见。

变量作用范围分为以下几种。

1．成员变量

成员变量声明位于类中、方法之外，可以被类中的所有方法访问，示例如下：

```
public class MyClass {
    int count;
    void increment() {
        count++;
    }
}
```

上述程序中，count 是一个成员变量，本类的方法都可以直接访问。

2．局部变量

局部变量声明位于方法或代码块中，它们只能在声明它们的作用域内访问。局部变量没有默认值，必须在使用之前进行初始化，示例如下：

```
public class MyClass {
    int count;
    void increment() {
        count++;
    }
    void myMethod() {
        int number = 10;
        System.out.println(number);
    }
}
```

上述程序中，number 是一个局部变量，它只能在 myMethod()方法中访问，而不能在 increment()方法中访问。

3．方法的形参

方法的形参也是一种局部变量，只能在方法中使用。方法形参用于从方法的调用者向方法体传递数据，示例如下：

```
public class MyClass {
    int count;
    void increment() {
        count++;
    }
void myMethod(int number) {
        System.out.println(number);
    }
}
```

上述程序中，number 是 myMethod()方法的形参，它只能在 myMethod()方法中访问，不能在 increment()方法中访问。

4．代码块中的变量

代码块是由一对花括号括起来的程序，可以在其中定义局部变量。这些变量只能在代码块内访问，示例如下：

```
public class MyClass {
    void myMethod(int number) {
```

```
            System.out.println(number);
            {
                int x = 5;
                System.out.println(x);
            }
        }
}
```

上述程序中，x 是一个在代码块中定义的局部变量，它只能在该代码块内访问。

变量作用范围由变量的声明位置决定。成员变量可以在整个类中访问，局部变量和方法的形参只能在声明它们的作用域内访问，代码块中的变量只能在代码块内访问。

3.7 项目实践：员工管理系统中的选择菜单

项目实践：员工管理系统中的选择菜单

员工管理系统中设定的选择菜单可以方便用户快速选择需要执行的操作：首先显示功能选择界面，方便用户了解每项输入实现的具体功能；然后提示用户输入序号，根据输入的序号调用对应的功能；最后添加循环结构，完成多次执行。具体过程如下。

1．设计功能选择界面

功能选择界面是在控制台输出一系列选项，让用户选择要执行的操作。这些操作如下。

1．员工信息录入
2．员工信息查看和编辑
3．员工信息查询
4．员工信息删除
5．薪资管理
6．退出程序

用户可以通过输入相应的数字来选择要执行的操作，源代码如下：

```
System.out.println("请选择功能：");
System.out.println("1. 员工信息录入");
System.out.println("2. 员工信息查看和编辑");
System.out.println("3. 员工信息查询");
System.out.println("4. 员工信息删除");
System.out.println("5. 薪资管理");
System.out.println("0. 退出程序");
System.out.print("请选择：");
```

2．选择处理过程

根据用户输入的选项执行不同的操作，源代码如下：

```
switch(option) {
        case 1:
              System.out.print("请输入员工姓名：");
              String name = scanner.nextLine();
              System.out.print("请输入员工职务：");
              String position = scanner.nextLine();
              System.out.print("请输入请假天数：");
              int leaveDays = scanner.nextInt();
              System.out.print("请输入基本工资：");
              double basicSalary = scanner.nextDouble();
              // 此处完成创建对象，并把信息录入
              System.out.println("----已完成员工信息录入-----");
              System.out.println("员工信息录入成功");
              break;

        case 2:
```

```
                System.out.print("请输入要查看和编辑的员工 ID: ");
                int employeeID = scanner.nextInt();
               // 此处完成查看和编辑员工 ID
                System.out.println("----已完成员工信息查看和编辑录入-----");
        case 3:
                System.out.println("请选择查询方式: ");
               // 此处完成查询功能
                System.out.println("----已完成员工信息的查询-----");
                break;
        case 4:
                System.out.print("请输入要删除的员工 ID: ");
                int deleteEmployeeID = scanner.nextInt();
                // 此处完成按员工 ID 删除员工信息
                System.out.println("----已完成员工信息删除-----");
                break;
        case 5:
                System.out.print("请输入要调整薪资的员工 ID: ");
                // 此处完成按员工 ID 调整薪资
                System.out.println("----已完成员工薪资调整-----");
                break;
        default:
                break;
}
```

3．实现本系统的多次使用

创建控制台应用程序，在相应的注释位置添加上面的两部分源代码，完成本系统的功能，具体如下。

```
import java.util.Scanner;
public class Main {
    public static void main(String[] args) {
        Scanner scanner = new Scanner(System.in);
        int option = 0;
        do{
            // 此处加入 1.设计功能选择界面源代码
            option = scanner.nextInt();
            scanner.nextLine(); // 清除缓冲区换行符
          // 此处加入 2. 选择处理过程源代码
        } while(option != 0);
        scanner.close();
        System.out.println("程序已退出");
    }
}
```

本章小结

本章主要介绍了 Java 程序流程控制的基本概念、语法和应用，主要内容包括顺序结构、选择结构、循环结构、跳转语句等。本章具体涉及的内容如下所示。

① 语句是一系列指令的有序序列，用于完成特定的操作。语句可以分为基本语句和复合语句。

② 顺序结构是指程序按照程序的书写顺序，由上到下依次执行每条语句。

③ 选择结构主要包括 if 语句、if…else 语句、if…else if…else 语句、switch 语句。本章介绍了选择结构的基本语法以及如何在程序中使用条件结构实现不同的逻辑操作。

④ 循环结构主要包括 while 循环、do…while 循环、for 循环。本章介绍了循环结构的基本语法以及如何使用循环结构实现重复执行的功能。

⑤ 跳转语句主要包括 break 语句、continue 语句、return 语句。本章介绍了跳转语句的基本概

念和用法，以及如何在程序中使用跳转语句控制程序的流程。

⑥ 方法是一段封装特定任务的代码块，可以完成各种不同的操作。方法包括返回值类型、方法名、参数列表、方法体等。

习题

1. 选择题

（1）下列不属于 Java 中输出方法的是（　　）。

A. System.out.print()　　B. System.out.println()

C. System.out.printf()　　D. System.out.write()

（2）下列可以用于在 Java 中实现选择结构的是（　　）。

A. for　　B. while　　C. if　　D. do…while

（3）下列可以用于在 Java 中实现循环结构的是（　　）。

A. if　　B. where　　C. for　　D. switch

（4）下列关键字用于在 Java 中退出循环的是（　　）。

A. break　　B. continue　　C. return　　D. exit

（5）下列关键字用于在 Java 中跳过循环中余下的语句、执行下一次循环的是（　　）。

A. break　　B. continue　　C. return　　D. exit

（6）下面的 do...while 循环执行的次数为（　　）。

```
int i = 5;
do{
   System.out.println(i);
   i--;
} while(i > 0);
```

A. 0　　B. 1　　C. 4　　D. 5

（7）下面的程序中，循环执行的次数为（　　）。

```
int i = 0;
while(i < 5) {
   System.out.println(i);
   i += 2;
}
```

A. .0　　B. 2　　C. 3　　D. 5

（8）下列关键字用于阻止方法继续执行的是（　　）。

A. break　　B. continue　　C. return　　D. exit

（9）下列方法可以用于读取一个字符串的是（　　）。

A. System.in.read()　　B. Scanner.next()

C. BufferedReader.readLine()　　D. Console.readLine()

（10）下列方法可以用于读取一个整数的是（　　）。

A. System.in.read()　　B. Scanner.nextInt()

C. BufferedReader.readLine()　　D. Console.readLine()

2. 简答题

（1）Java 中的输出方法有哪些？请简要描述。

（2）简述选择结构在 Java 中的使用方法。

（3）简述循环结构在 Java 中的使用方法。

（4）break 关键字在 Java 中的作用是什么？

（5）方法定义在 Java 中有什么作用？

3．编程题

（1）输入 n 个整数并输出其中最大的数。

（2）输入一个数字 n，输出 1 ~ n 之间所有的偶数。

（3）输入一个数字 n，判断其是否为质数（只能被 1 和自身整除的数）。

（4）输入一个数字 n，输出 1 ~ n 之间所有能被 3 整除但不能被 5 整除的数。

上机实验

实验 1：模拟计算器。

编写一个简单的计算器程序，要求用键盘输入两个整数和运算符号（仅限于+、−、×、/）后，程序能根据运算符对两个整数进行相应的计算。

实验 2：猜数字游戏。

编写一个程序，随机生成一个数字，然后用户猜这个数字，每次猜测后给出提示，最后统计猜测的次数。

说明：随机生成 1 ~ 100 之间整数的程序为：(int)(Math.random()*100) + 1。

第4章 类和对象

【本章导读】

在面向对象程序设计中，类定义了对象所具备的属性（数据成员）和行为（方法）。

在本章中，读者将学习如何定义类和创建对象、了解类的构造方法以及 this 和 static 关键字的使用。

【本章实践能力培养目标】

通过本章内容的学习，读者应能完成员工管理系统中经理类（Manager）、董事类（Director）和普通员工类（Staff）这 3 个类的设计。每个类的属性和方法如下。

属性：employeeID（员工 ID）、name（姓名）、position（职务）、leaveDays（请假天数）、basicSalary（基本工资）。

方法：calculateSalary()（计算工资）。

4.1 面向对象的基本思想

面向对象程序设计是一种主流的编程范式，它把相关的数据和方法组织为一个整体，从更高的层次来进行系统建模，更贴近事物的自然运行模式。面向对象程序设计提供了一种更加直观、易于理解的编程模型。

4.1.1 面向对象的概念

面向对象的概念

1．面向对象程序设计

面向对象程序设计的核心思想是将程序中的数据和行为封装到对象中，在程序设计过程中将问题抽象成类，并通过类创建具体的对象来解决问题。每个对象都有自己的状态（数据）和行为（方法），而对象之间通过消息传递来进行交互。

面向对象程序设计的主要优点包括程序的可重用性、可维护性、可扩展性和可理解性。通过将程序组织成类和对象，可以更好地管理和组织程序，实现程序的模块化和可重用性。面向对象程序设计还提供了一些强大的特性，例如封装、继承和多态，这些特性有助于程序员编写出更加灵活和高效的程序。

在面向对象程序设计中，类定义了对象的属性和行为。而对象则是类的实例，它具有类定义的属性和行为。通过创建多个对象，每个对象都可以拥有自己的状态和行为。

通过类和对象的概念，可以将复杂的问题划分为更小的、可管理的单元，通过定义类来创建并操作对象。

面向对象程序设计的思想贯穿于许多程序设计语言中，其中 Java 就是一种面向对象程序设计语言。学习 Java 可以更好地理解和实践面向对象的概念，从而编写出高质量、可维护和可扩展的程序。

2．与面向过程程序设计的比较

面向对象程序设计和面向过程程序设计是两种不同的编程范式，可以从以下几个方面进行比较。

（1）程序组织方式

面向对象程序设计将数据和操作封装到类和对象中，使得程序更容易组织、重用和扩展。

面向过程程序设计通过一系列的函数、过程或方法来执行一系列步骤，数据和操作之间的关联较弱。

（2）抽象级别

面向对象程序设计使用类和对象的概念，能够更直观地显示现实世界的实体和关系，从而更容易理解和设计程序。

面向过程程序设计着重于算法和步骤的实现，对于问题的抽象程度相对较低。

（3）程序的可重用性

面向对象程序设计可通过继承等机制方便地重用已有的程序，并且能够使程序更加简洁和可维护。

对于面向过程程序设计来说，其程序的可重用性主要依赖于函数或方法的提取，但相对于面向对象程序设计来说，可重用性较差。

（4）设计思路

面向对象程序设计更注重问题的分析和建模，通过封装、继承和多态等概念，使程序更易于理解、扩展和维护。

面向过程程序设计更注重算法和步骤的实现，侧重于问题的分解和解决过程。

（5）解决复杂问题的能力

面向对象程序设计使用对象协作和消息传递机制，能够更好地解决复杂问题，并提供更高的灵活性和可扩展性。

面向过程程序设计适用于较简单、直接的问题，相对于面向对象程序设计来说，对于复杂问题的解决能力较弱。

面向对象程序设计和面向过程程序设计并不是对立的选择，而是针对不同问题需求和开发环境的选择。在实际的软件开发中，可以根据实际需求选择合适的编程方式。

3．对象和类

类定义了对象所具备的属性（数据成员）和行为（方法）。可以将类视为一个自定义的数据类型，它定义了对象的结构和行为规范。

对象是类的具体化，通过类创建一个具体的实例，该实例拥有类中定义的属性和行为。每个对象都有自己的状态（即数据成员的值）以及行为（即方法的实现）。对象是类的实例，可以通过调用对象的方法来访问和操作对象的状态。

例如，可以将汽车看作一个类，它定义了汽车的属性和行为，如颜色、品牌、型号、最高速度等。这里的汽车类就是一个抽象的概念，描述了一类具有相同特征和行为的对象。

而当购买一辆具体的汽车时，如一辆红色的奔驰 C200，那么这辆汽车就是类的一个实例，一个具体的对象。它具备了类中定义的属性（红色、奔驰、C200）和行为（加速、刹车、转弯等）。这辆具体的汽车就是通过类来创建的一个对象。

通过类和对象的关系，可以使用类作为模板，创建多个类的实例（对象）。每个对象都拥有自己的状态（属性值）和行为（方法实现），可以独立地执行相应的操作。例如，如果想对一辆汽车（对象）执行加速操作，可以调用对象的加速方法；如果想比较两辆汽车的最高速度（对象的属性），可以访问对象的最高速度属性进行比较。

面向对象的思想就是使计算机中对事物的描述与现实世界中对该事物的描述尽可能保持一致。面向对象的设计方法更符合人们的思维方式，并且从分析到设计再到编程采用一致的模型表示，具有高度连续性，软件可重用性好。

4.1.2 面向对象程序设计的特点

面向对象程序设计的特点

Java 程序的基本组成单位为类，所有的程序都放置在类中。面向对象程序设计的特点主要可以概括为封装、继承和多态。下面对这 3 种特性进行简单介绍。

1．封装

将数据和对数据的操作组织在一起并定义成一个新类的过程就是封装。封装是面向对象程序设计的核心思想。通过封装，对象向外界隐藏了实现细节，对象以外的事物不能随意获取对象的内部属性，提高了对象的安全性，有效地避免了外部错误对它产生的影响，减少了软件开发过程中可能发生的错误，降低了软件开发的难度。

例如，用户利用手机的功能菜单就可以操作手机，而不必知道手机内部的工作细节，这就是一种封装。

2．继承

继承描述了类之间的关系。在这种关系中，一个类共享了一个或多个其他类定义的数据和操作。继承的类（子类）可以对被继承的类（父类）的操作进行扩展或重定义。

通过继承，可以在无须重新编写原有类的情况下，对原有类的功能进行扩展。例如，有一个汽车的类，该类中描述了汽车的公共属性和方法。而轿车的类中不仅应该包含汽车的属性和方法，还应该增加轿车特有的属性和方法。这时，可以让轿车类继承汽车类，在轿车类中单独添加轿车特有的属性和方法。

继承不仅增强了程序的可重用性，提高了开发效率，而且为程序的修改补充提供了便利。但继承增加了对象之间的联系，使用时需要考虑父类改变对子类的影响。

3．多态

多态就是指把相同的消息给予不同的对象时会引发不同的动作。计算机程序运行时，相同的消息可能会送给多个不同类别的对象。而系统可依据对象所属类别，引用对应类别的方法，从而执行不同的行为。

多态更多体现在继承过程中。当一个类中定义的属性和方法被其他类继承后，它们可以具有不同的数据类型或表现出不同的行为，这使得同一个属性和方法在不同的类中具有不同的语义。例如，当听到“Cut”这个单词时，理发师的行为是剪发，演员的行为是停止表演。不同的对象，所表现的行为是不一样的。

4.2 类的定义

类是将数据和方法封装在一起的一种数据类型，其中数据表示类的属性，方法表示类的行为，因此定义类实际上就是定义类的属性和方法。用户定义一个类实际上就是定义一个新的数据类型。在使用类之前，必须先定义该类，然后才可以利用所定义的类声明相应的变量并创建对象。

类可以分为普通类、抽象类等。本章介绍普通类的使用，抽象类在第 6 章具体讲解。

4.2.1 类的结构

类用来表示客观事物的类别，类中声明的变量表示该类事物的属性信息，类中定义的方法用来表示该类事物的行为。同时，属性和行为相互作用，相互影响。

类的定义格式如下：

```
[类修饰符]  class 类名 {
    成员变量（属性）
    成员方法（方法）
}
```

类的结构

类是面向对象程序设计的基本组成单位，它由以下几个主要组成部分构成。

① 类修饰符：类可以使用 public 或默认方式来控制类的访问级别。使用 public 修饰的类，类名需要与文件同名。

② 类名：类的名称遵循标识符的命名规则，通常采用驼峰命名法，每个单词的首字母大写。

③ 成员变量：也称为字段或属性，用于存储对象的状态信息。类的成员变量可以拥有不同的访问修饰符，如 public、private、protected 等。

④ 成员方法：用于定义类的行为和功能，通过调用方法来访问和操作对象的状态。方法可以拥有不同的访问修饰符，如 public、private、protected 等。

4.2.2 成员变量

成员变量

成员变量的定义格式如下：

```
[修饰符] 数据类型  成员变量名 = [初始值];
```

① 修饰符：可以使用访问修饰符（如 public、private、protected 等）来控制成员变量的访问级别和继承关系。如果没有指定访问修饰符，成员变量具有默认的访问权限，即只允许同一包中的其他类访问。

② 数据类型：成员变量必须具有明确的数据类型，用来指定成员变量可以存储的数据类型，如整数、浮点数、字符、字符串等。

③ 成员变量名：成员变量使用标识符来表示变量的名称。命名遵循标识符的命名规则，通常采用首单词字母小写和驼峰命名法。

④ 初始值：成员变量可以初始化一个初始值。如果没有初始化，默认会被赋予该数据类型的默认值，如数值类型的默认值是 0，布尔型的默认值是 false，引用类型的默认值是 null 等。

通过成员变量，可以在类中存储和访问对象的状态信息。成员变量通常定义在类的顶层，即类的内部，但在构造方法和其他方法之外。在创建类的对象时，每个对象都会有自己的一组成员变量，这些成员变量的值可以通过对象进行访问和修改。此外，静态成员变量通过类名直接访问，不需要创建对象。

成员变量常用修饰符的含义如表 4-1 所示。

表 4-1　成员变量常用修饰符的含义

修饰符	含义
public	公有类型，本类、本包或其他包都可以访问用 public 修饰的成员变量
protected	保护类型，本类、本包数据可见或者其子类访问时数据可见
private	私有类型，只有本类才可以访问该成员变量
缺省	默认，本类、本包数据可见
final	最终修饰符，指定此成员变量的值不能改变
static	静态修饰符，指定该成员变量被所有对象共享

在定义类的成员变量时，可以同时赋初值，表明成员变量的初始化状态，但对成员变量的操作只能放在方法中。定义成员变量的程序如下：

```
class Test {
    int num;
    private int a = 20;
}
```

4.2.3 成员方法

当定义一个类时，可以在类中定义成员变量和成员方法。成员方法也被称为实例方法，成员方法由访问修饰符、返回值类型、方法名、参数列表和方法体组成。

成员方法

成员方法的定义如下所示：

```
访问修饰符 返回值类型 方法名(参数列表) {
    // 方法体
}
```

① 访问修饰符：成员方法也可以使用 public、protected、private 和默认访问修饰符来修饰。这些访问修饰符控制了方法的可见性和访问级别。具体含义与成员变量的访问修饰符相同。

② 返回值类型：返回值类型指定了方法返回结果的类型。如果方法不返回任何值，则返回值类型是 void；如果方法返回一个值，则返回值类型是一个具体的数据类型。

③ 方法名：方法名是一个唯一的标识符，用于在程序中调用方法。

④ 参数列表：参数是方法接收的输入值。参数列表是一组用逗号分隔的参数，每个参数由参数类型和参数名组成。如果方法不接收任何参数，则参数列表为空。

⑤ 方法体：方法体包含了一系列语句，它们定义了方法的功能和实现逻辑。

成员方法可以使用对象名或类名（如果方法是静态方法）后跟方法名来调用。如果方法有参数，则需要传递相应的参数值。

【例 4-1】成员方法的应用。（源代码：TestMethods.java）

```
package ch04;

class MyClass {
    public void printMessage(String message) {
        System.out.println("Message: " + message);
    }
    public int addNumbers(int a, int b) {
        int sum = a + b;
        return sum;
    }
}
public class TestMethods{
    public static void main(String[] args) {
        MyClass obj = new MyClass();
        obj.printMessage("Hello, world!");
        int result = obj.addNumbers(5, 10);
        System.out.println("Result: " + result);
    }
}
```

程序运行结果如下：

```
Message: Hello, world!
Result: 15
```

例 4-1 中，MyClass 类包含了两个成员方法 printMessage()和 addNumbers()。printMessage()方法接收一个字符串参数，并在控制台输出消息；addNumbers()方法接收两个整数参数，将它们相加后返回结果。TestMethods 类的 main()方法创建了一个 MyClass 类的对象 obj，并调用了 printMessage()和 addNumbers()方法。

4.2.4 重载方法

重载方法

方法重载（Method Overloading）是指在同一个类中，可以定义多个同名的方法，但它们的参数列表必须不同。具体说明如下。

① 参数列表：方法的重载需要根据参数的个数、类型或者顺序来区分，具有不同参数列表的方法是重载方法。

② 方法名：重载方法具有相同的方法名。

③ 返回值类型：重载方法可以具有不同的返回值类型，但重载方法不能仅根据返回值类型的不同来区分。

④ 访问修饰符：重载方法可以具有相同或不同的访问修饰符。

⑤ 方法体：重载方法的方法体可以不同。

⑥ 方法的调用：在调用一个重载方法时，编译器会根据实际传入参数的个数和类型确定，并调用与之匹配的重载方法。

【例 4-2】重载方法的定义。（源代码：TestClass.java）

```
package ch04;

class TestClass {
    public void printMessage(String message) {
        System.out.println("Message: " + message);
    }
    public void printMessage(int number) {
        System.out.println("Number: " + number);
    }
    public void printMessage(String message, int number) {
        System.out.println("Message: " + message);
        System.out.println("Number: " + number);
    }
    public int addNumbers(int a, int b) {
        int sum = a + b;
        return sum;
    }
    public double addNumbers(double a, double b) {
        double sum = a + b;
        return sum;
    }
}
```

例 4-2 中，TestClass 类包含了多个同名的方法，包括 printMessage()和 addNumbers()方法。printMessage()方法根据参数的类型和个数不同实现重载，分别接收一个字符串参数、一个整数参数、一个字符串参数和一个整数参数；addNumbers()方法根据参数的类型不同实现重载，分别接收两个整数参数和两个浮点数参数。

【例 4-3】重载方法的调用。（源代码：ch04\d3）

在同一文件夹下不能出现相同的文件名。为避免类名冲突，可以使用 package 关键字创建包。这相当于创建文件夹，一个应用程序可以存放在一个独立的包中，程序如下：

```
package ch04.d3;  // 创建包

public class  Main{
    public static void main(String args[]){
        MyClass d1 = new MyClass();
        System.out.println(d1.add(3,2));
        System.out.println(d1.add(3));
        System.out.println(d1.add(3.2f,2.0));
        System.out.println(d1.add(3,2.0));
    }
}
class MyClass{
    int a,b;
    int add(int a,int b){
        return a + b;
    }
```

```
        int add(int a){
            return ++a;
        }
        double add(float a,double b){
            return a - b;
        }
        double add(int a,double b){
            return a * b;
        }
    }
```

程序运行结果如下：

```
5
4
1.2000000476837158
6.0
```

上述程序中，add()方法被重载了 4 次。第 1 个 add()方法接收两个整数，执行“+”运算；第 2 个 add()方法接收一个整数，进行“++”运算；第 3 个 add()方法接收一个 float 型数据和一个 double 型数据，进行“−”运算；第 4 个 add()方法接收一个 int 型数据和一个 double 型数据，进行“×”运算。重载方法与返回值的类型无关，返回值的类型与重载方法的选择也无关。当一个重载方法被调用时，程序会在调用方法的参数和方法的自变量之间进行匹配。

在 main()方法中，d1.add(3,2)调用的是第 1 个 add()方法，执行“+”运算；d1.add(3)的调用过程只有一个参数与第 2 个 add()方法匹配，执行“++”运算；d1.add(3.2f,2.0)调用过程中的 3.2f 是 float 型数据，所以与第 3 个 add()方法的参数匹配，执行“−”运算；d1.add(3,2.0)中第 1 个数是 int 型，第 2 个数是 double 型，所以执行第 4 个 add()方法。这种匹配并不是完全精确的，自动类型转换也适用于重载方法。

根据不同的参数列表，编译器会自动判断并调用对应的重载方法。同一个类中可以有两个或者两个以上的方法使用相同的方法名，但是它们的参数列表不同，这个过程称为方法重载。方法重载是实现多态的一种方式。在方法重载中，参数的类型是关键，但仅参数的变量名不同是不行的。也就是说，参数的列表必须不同：或者参数个数不同，或者参数类型不同，或者参数顺序不同。

当重载方法被调用时，会根据传递的参数类型、个数以及顺序判断与哪一个重载方法的参数匹配，就实际调用对应的重载方法。

4.3 创建和使用对象

在面向对象程序设计中，创建和使用对象是核心的操作。对象的创建过程通常是通过调用类的构造方法来完成的。一旦对象被创建，可以使用点运算符“.”来访问其属性和方法。

创建对象

4.3.1 创建对象

类是对同一类事物的描述，可以理解为模板；而对象是实际存在的某类事物的个体，也称为实例。例如，“张同学”“李同学”都具有学生的特点，学生是类别，是相同属性和方法的集合，所以学生是类；而其中的“张同学”是一个具体的学生，该学生可以看作一个实例，即对象。对象可以执行具体的动作。

可使用 new 关键字创建对象，new 后面是类的名称，并紧跟圆括号。

创建对象的格式如下：

```
类名 对象名 = new 类名();
```

new 后面的类名()可以理解为调用该类的构造方法。如果类的构造方法有参数，可以在圆括号中传递相应的参数。

【例 4-4】创建对象。 （源代码：ch04\d4）

```
package ch04.d4;  // 创建包

public class Main {
    public static void main(String[] args) {
        Student s1 = new Student();
    }
}
class Student {
    int num;
    String name;
    char sex;
    double score;
    void study() {
        System.out.println(name+"正在学习中！");
    }
}
```

上述程序在 main()方法中使用 Student 类创建了对象 s1，对象 s1 中包括要执行的方法和属性。

声明、创建 Student 类的一个对象 s1，示例如下：

```
Student s1 = new Student();
```

对象也可以先声明，再创建，示例如下：

```
Student s1;
S1 = new Student();
```

成员变量和方法的调用

4.3.2 成员变量和方法的调用

创建对象后，就可以对对象的成员进行访问。通过对象来调用对象成员的格式如下：

```
对象名.对象成员
```

在对象名和对象成员之间用“.”相连，通过这种方式可以访问对象成员。如果对象的成员是成员变量，通过这种引用方式可以获取或修改该对象中成员变量的值。示例如下：

```
s1.name="张同学";
```

如果引用的是成员方法，只要在成员方法名的圆括号内提供所需要的参数即可。如果方法不需要参数，则用空括号。调用 s1 的 study()方法如下：

```
s1.study();
```

成员变量和成员方法是属于对象的，所以需要通过对对象的引用来访问和调用。

1．访问成员变量

成员变量是类的属性，存储对象的具体信息，可以使用对象的引用来访问和修改。

【例 4-5】访问成员变量。 （源代码：ch04\d5）

```
package ch04.d5;  // 创建包

public class Main {
    public static void main(String[] args) {
        Student s1 = new Student();
        s1.num = 1001;
        s1.name = "张同学";
        s1.sex = '男';
        s1.score = 90.0;
        s1.show();
        s1.study();
    }
}
```

```
class Student {
    int num;
    String name;
    char sex;
    double score;
    void study() {
        System.out.println(name+"正在学习中！");
    }
    void show() {
        System.out.println("学号："+num+"  姓名："+name+"  性别："+sex+"  成绩："+score);
    }
}
```

程序运行结果如下：

```
学号：1001  姓名：张同学  性别：男  成绩：90.0
张同学正在学习中!
```

成员变量可以是私有的、保护的、公共的或默认的。对于私有的成员变量，通常会使用公共的访问方法（getter()和 setter()）来读取和修改它们的值。

【例 4-6】访问私有成员变量。（源代码：ch04\d6）

```
package ch04.d6;                                            // 创建包

class  MyClass {
    private String name;
    public int age;
    public String getName() {
        return name;
    }
    public void setName(String name) {
        this.name = name;
    }
}
public class Main {
    public static void main(String[] args) {
          MyClass obj = new MyClass ();
          // 无法访问私有成员变量 name，下行程序取消注释后会在编译时报错
          // obj.name = "John";
          obj.age = 20;                                     // 访问公共成员变量 age
          System.out.println("Name: " + obj.getName());     // 使用公共访问方法获取 name 的值
          obj.setName("Alice");                             // 使用公共访问方法设置 name 的值
          System.out.println("Name: " + obj.getName());
    }
}
```

程序运行结果如下：

```
Name: null
Name: Alice
```

2．成员方法的调用

成员方法是一个对象的行为，可以使用对象的引用来调用。成员方法的访问权限控制也可以是私有的、保护的、公共的或默认的。

【例 4-7】调用对象的方法。（源代码：ch04\d7）

```
package ch04.d7;                                            // 创建包

class MyClass {
     private void privateMethod() {
         System.out.println("Private method");
     }
     public void publicMethod() {
```

```
        System.out.println("Public method");
    }
}
public class  Main {
    public static void main(String[] args) {
        MyClass obj = new MyClass ();
        // 无法访问私有方法，下行程序取消注释后会在编译时报错
        // obj.privateMethod();
        obj.publicMethod(); // 访问公共方法
    }
}
```

例 4-7 中定义了一个 MyClass 类，其中包含私有方法 privateMethod()和公共方法 publicMethod()。Main 类的 main()方法创建了一个 MyClass 对象 obj，尝试访问不同权限的成员方法。

4.4 构造方法

构造方法是一种特殊的方法，该方法主要是用来初始化对象的，一般定义为 public 访问权限。

在定义构造方法时，构造方法无返回值类型，包括 void 也不能使用，一个类的构造方法的返回值类型就是该类本身。构造方法定义后，创建对象时自动被调用，不能在程序中使用“.”调用。

构造方法的特征

4.4.1 构造方法的特征

创建对象时也可以按指定的构造方法创建，所以必须调用匹配形式的构造方法，格式如下：

```
类型名 对象名 = new 构造方法();
```

1．构造方法的特点

① 构造方法的名称与类名完全相同，且没有返回值类型（包括 void）。

② 构造方法在使用 new 关键字创建对象时自动被调用，用于初始化对象。

③ 构造方法不能被 static、final、synchronized、abstract 等关键字修饰。

④ 构造方法可以重载，即一个类可以定义具有多个不同参数列表的构造方法。

⑤ 如果没有显式地定义构造方法，Java 会提供一个默认的无参构造方法。

2．构造方法的使用

① 构造方法可以用来初始化对象的成员变量。可在构造方法中设置对象的初始状态，为成员变量赋值。

② 构造方法可以通过传递参数来初始化对象的成员变量。每次创建对象时，可以为对象提供不同的初始值。

【例 4-8】构造方法的应用。（源代码：ch04\d8）

```
package ch04.d8;  // 创建包

class Student {
    private String name;
    private int age;
    // 无参构造方法
    public Student() {
        // 初始化成员变量为默认值
        name = "Unknown";
        age = 0;
    }
    // 有参构造方法
    public Student(String name, int age) {
```

```
        // 初始化成员变量为传入的参数值
        this.name = name;
        this.age = age;
    }
    public void displayInfo() {
        System.out.println("Name: " + name);
        System.out.println("Age: " + age);
    }
}
public class  Main {
    public static void main(String[] args) {
        // 使用无参构造方法创建对象
        Student student1 = new Student();
        student1.displayInfo();
        // 使用有参构造方法创建对象
        Student student2 = new Student("John", 20);
        student2.displayInfo();
    }
}
```

程序运行结果如下：

```
Name: Unknown
Age: 0
Name: John
Age: 20
```

例 4-8 中定义了一个 Student 类，它有一个无参构造方法和一个有参构造方法，还有一个 displayInfo()方法，用于显示学生信息。Main 类的 main()方法创建了两个 Student 类的对象 student1 和 student2，分别调用无参构造方法和有参构造方法初始化对象；然后，对象调用 displayInfo()方法展示该对象的信息。

默认构造方法

4.4.2　默认构造方法

Java 为每一个类都会提供构造方法。如果某个类没有显式的构造方法，则会为该类提供无参的默认构造方法。默认构造方法在其方法体中没有任何程序，即不执行任何操作。

默认构造方法是特殊类型的构造方法。它没有任何参数，也没有任何语句要执行，在创建对象时自动被调用。

默认构造方法的作用是初始化对象的成员变量，同时还可以执行一些必要的初始化操作，例如将成员变量设置为默认值或者调用其他方法进行进一步的初始化。

【例 4-9】默认构造方法的应用。　　　　（源代码：ch04\d9）

```
package ch04.d9;  // 创建包

public class Main {
    public static void main(String[] args) {
        // 使用默认构造方法创建对象，此行程序将编译错误
        // Person person1 = new Person();
        // 使用自定义构造方法创建对象
        Person person2 = new Person("Alice", 25);
        person2.introduce(); // 输出: My name is Alice, and I am 25 years old.
    }
}
class Person {
    private String name;
    private int age;
    // 有参构造方法
    public Person(String name, int age) {
        this.name = name;
        this.age = age;
```

```
    }
    // 成员方法
    public void introduce() {
        System.out.println("My name is " + name + ", and I am " + age + " years old.");
    }
}
```

例 4-9 中，Person 类定义了一个有参构造方法；在 main()方法中创建 person1 对象时调用的是无参构造方法，此时会出现编译错误的情况。因为如果 Person 类没有定义任何构造方法，则系统会自动为 Person 类提供默认构造方法；如果在类中显式地定义了一个或多个构造方法，而没有定义无参构造方法，那么在创建对象时就不能调用无参构造方法。在设计类时，如果该类定义了有参构造方法，但仍然希望能够调用无参构造方法创建对象，应提供无参构造方法的定义，程序如下：

```
public Student() {
}
```

4.4.3 构造方法重载

构造方法重载就是指在同一个类中可以有多个构造方法，每个构造方法具有不同的参数列表。构造方法重载有以下特点。

① 构造方法的名称必须与类名相同。

② 构造方法没有返回值类型。

③ 通过不同的参数列表，构造方法重载可以应用不同参数创建对象，满足不同对象的初始化需求。

构造方法重载

【例 4-10】构造方法重载。（源代码：ch04\d10）

```
package ch04.d10;  // 创建包

public class Main {
    public static void main(String[] args) {
        // 使用不同构造方法创建对象
        Person person1 = new Person();
        person1.introduce();
        Person person2 = new Person("Alice");
        person2.introduce();
        Person person3 = new Person("Bob", 25);
        person3.introduce();
    }
}
class Person {
    private String name;
    private int age;
    // 无参构造方法
    public Person() {
        name = "Unknown";
        age = 0;
    }
    // 带一个参数的构造方法
    public Person(String name) {
        this.name = name;
        age = 0;
    }
    // 带两个参数的构造方法
    public Person(String name, int age) {
        this.name = name;
        this.age = age;
    }
    // 其他方法
    public void introduce() {
```

```
        System.out.println("My name is " + name + ", and I am " + age + " years old.");
    }
}
```

程序运行结果如下：

```
My name is Unknown, and I am 0 years old.
My name is Alice, and I am 0 years old.
My name is Bob, and I am 25 years old.
```

例 4-10 中，Person 类包含 3 个构造方法：无参构造方法、带一个参数的构造方法、带两个参数的构造方法。通过提供不同数量和类型的参数，程序员在创建对象时可以选择合适的构造方法进行初始化。

4.5 this 关键字

this 关键字表示当前对象。this 关键字在程序中的使用较为灵活，可以调用类中的成员变量，也可调用本类中其他的构造方法。

访问成员变量

4.5.1 访问成员变量

当成员变量和局部变量重名时，通过 this 关键字访问成员变量，可以解决局部变量和成员变量名称冲突的问题。

【例 4-11】访问当前类中的成员变量。（源代码：ch04\d11）

```
package ch04.d11;  // 创建包

public class Main {
    public static void main(String[] args) {
        Student s1 = new Student("张三丰");
        Student s2 = new Student("李同学");
    }
}
class Student {
    String s = "张同学";
    public Student(String s) {
        System.out.println("S = " + s);
        System.out.println("1 -> this.s = " + this.s);
        this.s = s;
        System.out.println("2 -> this.s = " + this.s);
    }
}
```

程序运行结果如下：

```
S = 张三丰
1 -> this.s = 张同学
2 -> this.s = 张三丰
S = 李同学
1 -> this.s = 张同学
2 -> this.s = 李同学
```

例 4-11 使用构造方法的参数为成员变量赋值。在例 4-11 所示的构造方法中，参数变量 s 与类的成员变量 s 同名，此时如果直接写 s = s，则这两个 s 都表示参数变量 s。若要给成员变量 s 赋值，可使用 this.s 指代成员变量 s。

4.5.2 调用类的成员方法

关键字 this 用于引用当前对象。使用 this 可以在一个方法内部调用当前类的成员方法。通过使用 this 关键字，可以明确指定调用的方法属于当前对象。

【例 4-12】使用 this 调用类的成员方法。（源代码：ch04\d12）

```
package ch04.d12;  // 创建包

public class Main {
    public static void main(String[] args) {
        Student s1 = new Student("张三");
         s1.sayHello();
    }
}
class Student {
     String name = "张三";
     public Student(String name) {
          this.name = name;
     }
     public void sayHello() {
          System.out.println("你好! ");
          this.show();
     }
     public void show() {
        System.out.println("我的名字是: " + this.name);
     }
}
```

程序运行结果如下：

```
你好!
我的名字是: 张三
```

例 4-12 在 sayHello()方法中调用本类 show()方法，可以使用 this.show()指代本类 show()方法。

4.5.3 实现参数传递

实现参数传递

在类中把本类的对象作为参数传递时，也可以用 this 关键字。例如，若在 B 类中定义 A 类的对象作为成员变量，在 B 类的构造方法中需要传递 A 类对象，为成员变量赋初值；而在 A 类的方法中创建 B 类对象时，需调用 B 类构造函数，此时，需要使用 this 作为参数指代 A 类对象。

【例 4-13】使用 this 作为本类对象进行参数传递。（源代码：ch04\d13）

```
package ch04.d13;  // 创建包

public class Main {
    public static void main(String[] args) {
        A a1 = new A();
        a1.show();
        B b1 = new B(a1);
        b1.show();
    }
}
class A {
    public A() {
        new B(this).show();
    }
    public void show() {
        System.out.println("A类的 show 方法");
    }
```

```
    }
    class B {
        A a;
        public B(A a) {
            this.a = a;
        }
        public void show() {
            a.show();// 调用A的方法
            System.out.println("B类的show方法");
        }
    }
```

程序运行结果如下：

```
A类的show方法
B类的show方法
A类的show方法
A类的show方法
B类的show方法
```

例 4-13 中，A 类的构造方法使用 new B(this)把当前 A 类对象作为参数传递给 B 类的构造方法。

4.5.4 调用本类中其他的构造方法

在构造方法中，通过 this()可以调用本类中其他的构造方法。在使用 this()调用本类中其他的构造方法时，只能在构造方法中使用，不能在成员方法中使用。此外，使用 this()调用本类中其他构造方法的语句必须位于构造方法中第 1 条非注释性语句的位置，且只能出现一次。

【例 4-14】使用 this()调用本类中其他的构造方法。（源代码：ch04\d14）

```
package ch04.d14;  // 创建包

public class Main {
    public static void main(String[] args) {
        Test a1 = new Test(3);
        Test a2 = new Test(4,5);
        a1.show();
        a2.show();
    }
}
class Test {
    int x;
    int y;
    public Test(int x) {
        this.x = x;
    }
    public Test(int x,int y) {
        this(x);
        this.y = y;
    }
    public void show() {
        System.out.println("x="+x+"  y="+y);
    }
}
```

程序运行结果如下：

```
x=3  y=0
x=4  y=5
```

4.6 static 关键字

static 可以表示“静态”，也可以表示“全局”。使用 static 关键字可以修饰类的成员变量和成员方法，也可以修饰代码块。被 static 关键字修饰的成员变量和方法称为静态成员变量和方法，也称为类成员变量和方法，而不用 static 关键字修饰的成员变量和方法称为实例成员变量和方法。在一个类中，被 static 关键字修饰的成员变量和方法独立于该类的任何对象。也就是说，它在调用时不依赖类的对象，它被该类创建出来的所有对象所共享。被 static 关键字修饰的代码块称为静态代码块。

4.6.1 静态成员变量

静态成员变量

类的成员变量按照是否被 static 关键字修饰可以分为两种：被 static 关键字修饰的称为静态成员变量，没有被 static 关键字修饰的称为非静态成员变量。

在内存中，只会为一个类的静态成员变量分配一个内存空间，该类的实例对象共享该内存空间。在加载类的过程中完成静态成员变量的内存分配，分配之后可用类名直接访问，也可以通过对象来访问，使用格式如下：

```
类名.静态成员变量名;
对象名.静态成员变量名;
```

对于非静态成员变量，每创建一个对象，就会为该对象分配一个内存空间，每个对象都有自己独立的内存空间，使用“对象名.成员变量名”访问。而基于 static 关键字修饰的静态成员变量，一般在对象之间需要共享内存空间。

定义静态成员变量的程序如下：

```
class Student {
    String name;              // 每个学生都有自己的姓名，所以该变量定义为非静态成员变量
    static int count = 0;     // 学生的人数定义为静态成员变量
}
```

用该类创建 3 个对象，分别为 s1、s2 和 s3，程序如下：

```
Student s1 = new Student();
Student s2 = new Student();
Student s3 = new Student();
```

s1 所指的堆空间有 name 变量，s2 所指的堆空间有 name 变量，s3 所指的堆空间也有 name 变量，如下所示：

```
s1.name = "张同学";
s2.name = "李同学";
s3.name = "王同学";
```

当显示 s1、s2 和 s3 的 name 变量时，会分别显示各自的 name 变量值。

而 s1、s2 和 s3 共享 count 空间，即

```
s1.count++;
s2.count++;
s3.count++;
```

当显示 s1、s2 和 s3 的 count 变量时，是执行 3 次“++”后的变量值。count 变量也可以使用类名直接访问。

由于静态成员变量是该类所有对象的公共内存空间，因此使用静态成员变量的另一个优点是可以节省内存空间，尤其是在大量创建对象的情况下。

4.6.2 静态成员方法

与静态成员变量相似，用 static 关键字修饰符修饰的方法属于类的静态成员方法，又称为类的成员方法。静态成员方法的实质是整个类的成员方法，而不加 static 关键字修饰符的方法是属于某个具体对象的方法。静态成员方法可以直接通过类名调用，由该类创建出的对象也可以调用。静态成员方法中不能用 this 和 super 关键字；也不能访问非静态成员，只能访问所属类的静态成员变量和静态成员方法。但在非静态成员方法中既可以访问静态成员，也可以访问非静态成员。

【例 4-15】静态成员变量和静态成员方法的应用。（源代码：ch04\d15）

```
package ch04.d15;  // 创建包

import java.util.Scanner;
public class Main {
    public static void main(String args[]) {
        Student s[] = new Student[5];
        Scanner scan = new Scanner(System.in);
        for(int i=0;i<5;i++){
             System.out.println("新同学姓名：");
            String str = scan.next();
            s[i] = new Student(str);
            System.out.println("新同学报数："+Student.getCount());
        }
        System.out.println("共有"+Student.getCount()+"名同学，他们分别是：");
        for(int i=0;i<5;i++){
             System.out.print(" "+s[i].getName()+" ");
        }
    }
}
class Student {
    String name;
    static int count=0;
    Student(String name1) {
        this.name = name1;
        count++;
    }
    static int getCount() {
        return count;
    }
    String getName() {
        return name;
    }
}
```

程序运行结果如下（粗体字为输入的测试用例）：

新同学姓名：
张同学
新同学报数：1
新同学姓名：
李同学
新同学报数：2
新同学姓名：
王同学
新同学报数：3
新同学姓名：
赵同学
新同学报数：4
新同学姓名：
刘同学

```
新同学报数：5
共有 5 名同学，他们分别是：
张同学　李同学　王同学　赵同学　刘同学
```

例 4-15 中每创建一个对象，该对象就有自己的内存空间，所以可以存储每一个对象的不同姓名信息。而 count 是静态成员变量，是类内共享的空间，整个类的所有对象都调用同一个内存空间，每一个对象虽然只“+1”，即只执行 1 次，但是 5 个对象就会对同一个 count 内存空间执行 5 次“+1”，所以 count 值为 5。

实例方法中可以访问实例成员和静态成员；静态成员方法只能访问静态成员，而不能访问实例成员，因为实例成员属于某个特定的对象，而不属于类。静态成员被类中所有对象所共享，所以静态成员方法不能访问类中的实例对象。

静态代码块

4.6.3 静态代码块

static 关键字修饰的代码块也叫静态代码块，是类中独立于类成员的语句块，可以有多个，位置也可以任意。它不在任何方法体内，其作用与类的构造方法相似，都是用来完成初始化工作的。如果静态代码块有多个，系统将按照它们在类中出现的先后顺序依次执行，每个代码块只会被执行一次。

【例 4-16】 静态代码块的应用。　　（源代码：TestStatic.java）

```
package ch04;

public class TestStatic {
    private static int a;
    private int b;
    static{
        a = 2;
        System.out.println(a);
        TestStatic t = new TestStatic();
        t.f();
        t.b = 100;
        System.out.println(t.b);
    }
    static{
        a = 5;
        System.out.println(a);
    }
    public static void main(String[] args) {
    }
    static{
        a = 7;
        System.out.println(a);
    }
    public void f() {
        System.out.println("main()方法");
    }
}
```

程序运行结果如下：

```
2
main()方法
100
5
7
```

项目实践：面向对象的员工管理系统

4.7 项目实践：面向对象的员工管理系统

员工管理系统主要涉及 3 类员工，分别是经理类、董事类、普通员工类。本章完成 3 个员工类、系统管理类和测试类的创建，并根据员工的不同职务采用不同的工资计算标准。

1．经理类

① 属性：employeeID（员工 ID）、name（姓名）、position（职务）、leaveDays（请假天数）、basicSalary（基本工资）。

② 方法：calculateSalary()，根据基本工资、奖金比例及请假天数计算经理的工资。

经理类的程序如下：

```
import java.util.Scanner;

public class Manager {
    int employeeID;
    String name;
    String position;
    int leaveDays;
    double basicSalary;
    public Manager(int employeeID, String name, String position, int leaveDays,
    double basicSalary) {
        this.employeeID = employeeID;
        this.name = name;
        this.position = position;
        this.leaveDays = leaveDays;
        this.basicSalary = basicSalary;
    }
    public double calculateSalary() {
        // 经理的工资计算方式
        double salary = 0.0;
        salary = basicSalary + basicSalary *0.5 + 200 - this.leaveDays* (basicSalary/30);
        return salary;
    }
}
```

2．董事类

① 属性：employeeID（员工 ID）、name（姓名）、position（职务）、leaveDays（请假天数）、basicSalary（基本工资）。

② 方法：calculateSalary()，根据基本工资、奖金比例及请假天数计算董事的工资。

董事类与经理类的属性和方法基本相同，但实发工资的计算方法与经理类不同。董事类的程序如下：

```
// 董事类
public class Director {
    int employeeID;
    String name;
    String position;
    int leaveDays;
    double basicSalary;
    public Director(int employeeID, String name, String position, int leaveDays,
    double basicSalary) {
        this.employeeID = employeeID;
        this.name = name;
        this.position = position;
        this.leaveDays = leaveDays;
        this.basicSalary = basicSalary;
    }
    public double calculateSalary() {
        // 董事的工资计算方式
        double salary = 0.0;
        salary = basicSalary + basicSalary * 0.08 + 2000 - this.leaveDays *
        (basicSalary / 30);
        return salary;
    }
}
```

3．普通员工类

① 属性：employeeID（员工 ID）、name（姓名）、position（职务）、leaveDays（请假天数）、basicSalary（基本工资）。

② 方法：calculateSalary()，根据基本工资、奖金比例及请假天数计算普通员工的工资。

普通员工类与经理类的属性和方法基本相同，但实发工资的计算方法与经理类不同。普通员工类的程序如下：

```
// 普通员工类
public class Staff {
    int employeeID;
    String name;
    String position;
    int leaveDays;
    double basicSalary;
    public Staff(int employeeID, String name, String position, int leaveDays,
    double basicSalary) {
        this.employeeID = employeeID;
        this.name = name;
        this.position = position;
        this.leaveDays = leaveDays;
        this.basicSalary = basicSalary;
    }
    public double calculateSalary() {
        // 普通员工的工资计算方式
        double salary = 0.0;
        salary = basicSalary + basicSalary * 0.1 + 1000 - this.leaveDays *
        (basicSalary / 30);
        return salary;
    }
}
```

4．系统管理类

创建系统管理类，用于实现员工的添加与员工信息的显示，具体程序如下：

```
import java.util.Scanner;

public class EmployeeManagementSystem {
    Director director;
    Manager manager;
    Staff staff;
    static int employeeCount = 0;
    EmployeeManagementSystem() {
        employeeCount++;
    }
    void addEmployee(int employeeID) {
        Scanner scanner = new Scanner(System.in);
        System.out.print("请输入员工姓名：");
        String name = scanner.nextLine();
        System.out.print("请输入员工职务：");
        String position = scanner.nextLine();
        System.out.print("请输入请假天数：");
        int leaveDays = scanner.nextInt();
        System.out.print("请输入基本工资：");
        double basicSalary = scanner.nextDouble();
        scanner.close();
        if(position.equals("经理")) {
             manager = new Manager(employeeCount,name,position,leaveDays,basicSalary);
        }
        else if(position.equals("董事")) {
          director = new Director(employeeCount,name,position,leaveDays,basicSalary);
        }
        else {
           staff = new Staff(employeeCount,name,position,leaveDays,basicSalary);
```

```
        }
        System.out.println("信息已录入");
        return;
    }
    public void displayEmployeesByPosition() {
        System.out.println("--------经理信息如下：--------------");
        System.out.println("员工 ID：" + manager.employeeID);
        System.out.println("员工姓名：" + manager.name);
        System.out.println("员工职务：" + manager.position);
        System.out.println("请假天数：" + manager.leaveDays);
        System.out.println("基本工资：" + manager.basicSalary);
        System.out.println("薪资：" + manager.calculateSalary());
        System.out.println("----------------------");
        System.out.println("--------董事信息如下：--------------");
        System.out.println("员工 ID：" + director.employeeID);
        System.out.println("员工姓名：" + director.name);
        System.out.println("员工职务：" + director.position);
        System.out.println("请假天数：" + director.leaveDays);
        System.out.println("基本工资：" + director.basicSalary);
        System.out.println("薪资：" + director.calculateSalary());
        System.out.println("----------------------");
        System.out.println("-------其他员工信息如下：--------------");
        System.out.println("员工 ID：" + staff.employeeID);
        System.out.println("员工姓名：" + staff.name);
        System.out.println("员工职务：" + staff.position);
        System.out.println("请假天数：" + staff.leaveDays);
        System.out.println("基本工资：" + staff.basicSalary);
        System.out.println("薪资：" + staff.calculateSalary());
        System.out.println("----------------------");
    }
}
```

5．测试类

测试类 Main 用于创建员工管理系统对象，并调用方法添加员工及显示员工信息，程序如下：

```
// 测试类
public class Main {
    public static void main(String[] args) {
        EmployeeManagementSystem ems = new EmployeeManagementSystem();
        ems.addEmployee(1);
        ems.displayEmployeesByPosition();
    }
}
```

本章小结

本章主要介绍面向对象程序设计的基本知识，包括面向对象的基本思想、类的定义、创建和使用对象、构造方法、构造方法的重载、this 关键字、static 关键字等。本章具体涉及的内容如下所示。

① 类是将数据和方法封装在一起的一种数据类型，其中数据表示类的属性，方法表示类的行为。

② 类中的数据成员称为“成员变量”，类中的方法成员称为“成员方法”。访问对象的某个成员变量时，使用对象名.成员变量名；访问对象的某个成员方法时，使用对象名.成员方法()。

③ 对象是类所创建的实例。可使用 new 关键字创建类的对象。

④ 在类的方法中，用来初始化对象的方法被称为构造方法。构造方法在定义时必须与类同名，并且无返回值的类型。

⑤ 方法重载是指在同一个类中，可以定义多个同名的方法，但它们的参数列表不同。

⑥ this 关键字表示当前对象或实例。static 关键字修饰的成员变量和成员方法称为静态成员变量和静态成员方法，可以直接通过类名来访问。

习题

1．选择题

（1）下列不属于面向对象程序设计特点的是（　　）。

A. 封装　　B. 继承　　C. 动态　　D. 多态

（2）下述概念中不属于面向对象程序设计的是（　　）。

A. 对象、消息　　B. 继承、多态　　C. 类、封装　　D. 过程调用

（3）下面有关变量及其作用域的陈述哪一项是不正确的？（　　）

A. 在方法里面定义的局部变量在方法退出的时候被撤销

B. 局部变量只在定义它的方法内有效

C. 在方法外面定义的成员变量在对象被构造时创建

D. 在方法中定义的方法参数变量只要该对象被需要就一直存在

（4）下列方法的声明中不合法的是（　　）。

A. float play() { return 1; }　　B. void play(int d,e) { }

C. double play(int d) { return 2.0; }　　D. int play(int r) { return 1; }

（5）下列哪个方法不能与方法 public void add(int a) { }重载？（　　）

A. public int add(int b) { }　　B. public void add(double b) { }

C. public void add(int a,int b) { }　　D. public void add(float g) { }

（6）类 Test 定义如下：

```
1 public class Test {
2   float use(float a,float b) {
3
4   }
5
6 }
```

将以下哪种方法插入第 5 行是不合法的？（　　）

A. float use(float a,float b,float c) { }　　B. float use(float c,float d) { }

C. int use(int a,int b) { }　　D. float use(int a,int b,int c) { }

（7）为了区分多态中同名的不同方法，要求（　　）。

A. 采用不同的参数列表　　B. 返回值类型不同

C. 调用时用类名或对象名作前缀　　D. 参数名不同

（8）下列关于构造方法的叙述中，不正确的是（　　）。

A. 构造方法名与类名必须相同　　B. 构造方法没有返回值，但不用 void 声明

C. 构造方法不可以重载　　D. 构造方法只能通过 new 关键字自动调用

（9）设 A 为已定义的类名，下列声明对象 a 的语句中正确的是（　　）。

A. public A a = new A();　　B. A a = A();

C. A a = new A();　　D. a A;

（10）给出如下类定义：

```
public class Test {
     Test(int i) {
     }
}
```

如果要创建一个该类的对象，正确的语句是（　　）。

A. Test t = new Test();　　B. Test t = new Test(5);

C. Test t = new Test("5");　　D. Test t = new Test(3.4);

2．简答题

（1）简述类和成员方法的概念。

（2）什么是构造方法？如何使用构造方法创建对象？什么是默认构造方法？

（3）什么是 this 关键字？

（4）什么是方法重载？

（5）什么是静态成员变量？什么是静态成员方法？如何调用静态成员方法？

3．编程题

（1）定义立方体类 Cube，具有边长和颜色的属性，具有设置颜色和计算体积的方法；在该类的 main()方法中创建一个立方体对象，将该对象的边长设置为 3，颜色设置为“green”，输出该立方体的体积和颜色。

（2）编写 Java 应用程序，该程序中有梯形类和主类，要求如下。

梯形类属性：上底、下底、高。

梯形类方法：计算面积的方法；构造方法（对上底、下底和高进行初始化）。

主类用来测试梯形类的功能，计算梯形的面积。

（3）按要求编写 Java 应用程序，具体要求如下。

① 定义描述学生的 Student 类，有一个构造方法（用于对属性进行初始化）和一个 output()方法（用于输出学生的信息）。

② 定义主类，创建两个 Student 类的对象，测试其功能。

（4）定义 Point 类，表示直角坐标系中的一个点，属性有横坐标 x 和纵坐标 y，还有用来获取和设置坐标值以及计算到原点距离的方法；定义一个构造方法，初始化 x 和 y；在主类中创建两个点对象，分别使用两个对象调用相应方法，输出 x 和 y 的值以及到原点的距离。

（5）按要求编写 Java 应用程序，具体要求如下。

① 定义《西游记》人物类，属性有名字、身高和武器，构造方法包括初始化属性以及输出人物详细信息的方法。

② 在主类的 main()方法中创建两个《西游记》人物对象，分别调用方法输出各自的详细信息。

上机实验

实验 1：设计购物车。

设计一个简单的购物车，包含商品类（Product）和购物车类（ShoppingCart）。商品类具有属性名称、价格和库存数量，购物车类具有属性总金额和商品列表，要求实现以下功能。

（1）可以向购物车中添加商品，每次添加商品时，购物车中的总金额自动更新；

（2）可以从购物车中移除商品，每次移除商品时，购物车中的总金额自动更新；

（3）可以显示购物车中的所有商品信息和总金额。

实验 2：设计学生选修课程系统。

学生类（Student）有学生姓名、学生年龄、学生所选的课程等属性，课程类（Course）有课程名称、授课老师、上课时间等属性。要求实现以下功能。

（1）可以创建多个学生对象和多个课程对象；

（2）可以为学生选择课程；

（3）可以为学生修改所选的课程；

（4）可以显示学生的个人信息和所选的课程信息。

第5章 继承与多态

【本章导读】

继承是一种对象之间的关系，通过继承，一个类可以继承另一个类的属性和方法，并且可以添加自己特定的属性和方法。在继承关系中，被继承的类称为父类，由继承得到的类称为子类。

多态指对同一个方法的调用可以在不同的对象上产生不同的行为。通过使用继承和方法重写，程序即使是在编译时无法确定其具体类型的情况下，也可以根据具体的对象类型来调用相应的方法。

在本章中，读者将理解继承与多态的概念，学习使用关键字 extends 来建立继承关系、重写父类以及通过引用来调用对象的方法。

【本章实践能力培养目标】

通过本章内容的学习，读者应能掌握采用继承的方式对员工管理系统进行改进的能力。第 4 章的实例中将员工管理系统分为 3 类角色，分别是经理、董事、普通员工。而这 3 个类的属性基本相同，所拥有的方法也基本一样，可以使用继承的方式改进设计模式。

5.1 类的继承

通过继承，可以创建出与现有类相似但功能有所不同的新类，而无须从零开始编写所有的程序。由于子类继承了父类所有的公有属性和方法，因此可以在子类中添加新的功能，或者重写父类中的方法，以适应新的需求。但是过度使用继承也可能会导致程序变得复杂且难以理解。

5.1.1 继承的概念

继承的概念

继承描述了类与类之间的关系，在这种关系中，一个类共享了一个或多个其他类定义的数据和操作。继承是一种对象之间的关系，允许一个类继承另一个类的属性和方法，并且在此基础上可以添加自身特有的属性和方法。继承用于实现类之间的层次结构，其中被继承的类称为父类（也称为基类或超类），由继承得到的类称为子类（也称为派生类）。

在继承关系中，子类可以访问和使用父类中的非私有（public、protected 和默认）属性和方法，可以继承父类的行为，并可以在其基础上进行修改、扩展或添加新的行为。如果多个类有共同的属性和方法，可以将这些共同的部分提取到一个父类中，并让其他类继承这个父类。例如构建一个汽车管理系统，其中有多种类型的汽车，包括轿车和卡车。所有的汽车都有一些共同的属性和方法，如品牌、颜色和行驶方法。可以使用继承来构建这些汽车的层次结构。

可使用关键字 extends 来建立继承关系。子类通过 extends 关键字来声明继承自哪个父类。子类只可以单继承，即每个类只能直接继承一个父类。但是，Java 支持多层继承，即一个类可以作为另一个类的子类，也可以进一步成为另一个类的父类。这样的继承关系形成了类的层次结构。

子类继承了父类的属性和方法后，可以重写父类中的方法，即子类用自己的方法来替代父类中的方法。重写方法允许我们根据子类的特定需求来定制父类的行为。

【例 5-1】 Dog 类继承 Animal 类。（源代码：ch05\d1）

```
package ch05.d1;
class Animal {
```

```
    String name;
    public void eat() {
        System.out.println("Animal is eating.");
    }
}
class Dog extends Animal {
    public void bark() {
        System.out.println("Dog is barking.");
    }
}
public class Main {
    public static void main(String[] args) {
        Dog dog = new Dog();
        dog.name = "Bobby";
        dog.eat();
        dog.bark();
    }
}
```

程序运行结果如下：

```
Animal is eating.
Dog is barking.
```

例 5-1 中，Dog 类继承了 Animal 类，并且拥有自己的方法 bark()。当创建一个 Dog 对象时，可以给它的 name 属性赋值，并且可以调用 eat()方法和 bark()方法。

5.1.2 构造方法在继承中的调用

构造方法在继承中的调用

构造方法在创建对象时被调用，负责对象的初始化。在继承中，子类的构造方法会自动调用父类的构造方法来完成父类的初始化。

当创建子类对象时，构造方法的调用顺序如下。

① 子类构造方法被调用。

② 子类构造方法使用 super 关键字来显式地调用父类构造方法。如果子类构造方法没有显式地调用父类构造方法，则会调用父类的默认无参构造方法。

③ 父类构造方法被调用。

④ 子类的构造方法继续执行。

子类构造方法调用父类构造方法的语句应该放在子类构造方法的第一条非注释性语句的位置。这是因为在对象创建的过程中，首先是父类的初始化，然后才是子类的初始化。通过调用父类构造方法，可确保父类的属性和方法在子类构造方法之前得到初始化。

【例 5-2】构造方法的调用顺序。（源代码：ch05\d2）

```
package ch05.d2;
class Animal {
    String name;
    public Animal() {
        System.out.println("Animal类的构造方法被调用");
        name = "Unknown";
    }
}
class Dog extends Animal {
    int age;
    public Dog() {
        System.out.println("Dog类的无参构造方法被调用");
        age = 1;
    }
    public Dog(String name, int age) {
        super.name = name;
        System.out.println("Dog类的有参构造方法被调用");
```

```
        this.age = age;
    }
}
public class Main{
    public static void main(String[] args) {
        Dog dog1 = new Dog();
        Dog dog2 = new Dog("Bobby", 3);
    }
}
```

程序运行结果如下：

```
Animal类的构造方法被调用
Dog类的无参构造方法被调用
Animal类的构造方法被调用
Dog类的有参构造方法被调用
```

例 5-2 中，当创建 Dog 对象时，会先调用父类 Animal 的构造方法，然后调用子类 Dog 的构造方法。程序运行结果显示了构造方法的调用顺序。创建 dog1 对象时，先调用父类 Animal 的构造方法，然后调用子类 Dog 的无参构造方法；创建 dog2 对象时，先调用父类 Animal 的构造方法，再调用子类 Dog 的有参构造方法。

【例 5-3】 构造方法的执行顺序。（源代码：ch05\d3）

```
package ch05.d3;
public class Main {
    public static void main(String args[]) {
        C c = new C();
    }
}
class A {
    A() {
        System.out.println("A类构造方法");
    }
}
class B extends A {
     B() {
         System.out.println("B类构造方法");
     }
}
class C extends B {
     C() {
         System.out.println("C类构造方法");
     }
}
```

程序运行结果如下：

```
A类构造方法
B类构造方法
C类构造方法
```

例 5-3 中，创建 C 类对象时，会调用 C 类的构造方法；由于 C 类是 B 类的子类，所以会先调用 B 类的构造方法；而 B 类又是 A 类的子类，所以在调用 B 类的构造方法时会先调用 A 类的构造方法。

【例 5-4】 在子类中通过 super()语句调用特定的构造方法。（源代码：ch05\d4）

```
package ch05.d4;
public class Main {
     public static void main(String args[]) {
          Student s1 = new Student();
          s1.setName("张同学");
          s1.setAge(20);
          s1.show();
          Student s2 = new Student("王芳",22,"计算机系");
          s2.show();
```

```
        }
    }
    class Person {
        private String name;
        private int age;
        public Person() {
            System.out.println("调用了父类无参构造方法");
        }
        public Person(String name,int age) {
            System.out.println("调用了父类有参构造方法");
            this.name = name;
            this.age = age;
        }
        public void setName(String name) {
            this.name = name;
        }
        public void setAge(int age) {
            this.age = age;
        }
        public void show() {
            System.out.println("姓名: "+name+"  年龄: "+age);
        }
    }
    class Student extends Person {
         private String department;
         public Student() {
             System.out.println("调用了子类无参构造方法");
         }
         public Student(String name,int age,String department) {
             super(name,age);
             this.department = department;
             System.out.println("调用了子类有参构造方法");
         }
    }
```

程序运行结果如下：

```
调用了父类无参构造方法
调用了子类无参构造方法
姓名：张同学  年龄：20
调用了父类有参构造方法
调用了子类有参构造方法
姓名：王芳  年龄：22
```

例 5-4 中，Person 类及其子类 Student 类均有两个构造方法，一个是无参构造方法，另一个是有参构造方法。创建子类对象 Student s1 = new Student()时，调用子类无参构造方法；而在子类无参构造方法中没有显式地调用父类构造方法，因此系统自动调用父类无参构造方法，实现父类的初始化。相当于子类构造方法第一条非注释性语句为 super()，然后再执行子类构造方法的其他语句。创建子类对象 Student s2 = new Student("王芳",22,"计算机系")时，调用子类有参构造方法；在子类有参构造方法中显式地调用父类特定的构造方法 super(name,age)，然后再执行子类构造方法的其他语句。如果在子类中显式地调用父类构造方法，必须使用 super()语句，而且该语句应放置在第一条非注释性语句处。

在子类中使用 super()语句调用父类构造方法的具体情况如下。

① 在子类构造方法中如果省略了 super()语句，则父类中的无参构造方法还是会被调用的。示例如下：

```
    class Person {
        public Person() {
            System.out.println("调用了父类无参构造方法");
        }
```

```
    }
    class Student extends Person {
         public Student() {
              System.out.println("调用了子类无参构造方法");
         }
    }
    public class Main {
         public static void main(String args[]) {
               Student s1 = new Student();
         }
    }
```

程序运行结果如下：

```
调用了父类无参构造方法
调用了子类无参构造方法
```

② 调用父类构造方法的 super()语句必须写在子类构造方法的第一条非注释性语句处，否则编译时将出现错误信息。示例如下：

```
class Person {
    public Person() {
        System.out.println("调用了父类无参构造方法");
    }
}
class Student extends Person {
     public Student() {
          System.out.println("调用了子类无参构造方法");
          super();// 此处编译错误
     }
}
```

上述程序会出现编译错误，这是因为super()语句没有写在子类构造方法的第一条非注释性语句处。

③ 在子类中访问父类的构造方法时，其格式为 super(参数列表)。super()语句会根据参数的个数与类型执行父类相应的构造方法。示例如下：

```
class Person {
    String name;
    int age;
    public Person() {
        System.out.println("调用了父类无参构造方法");
    }
    public Person(String name,int age) {
        System.out.println("调用了父类有参构造方法");
        this.name = name;
        this.age = age;
    }
}
class Student extends Person {
     public Student() {
          super();
          System.out.println("调用了子类无参构造方法");
     }
     public Student(String name,int age) {
          super(name,age);
          System.out.println("调用了子类有参构造方法");
     }
}
public class Main {
     public static void main(String args[]) {
           Student s1 = new Student();
           Student s2 = new Student("王芳",22);
     }
}
```

程序运行结果如下：

```
调用了父类无参构造方法
调用了子类无参构造方法
调用了父类有参构造方法
调用了子类有参构造方法
```

④ 在执行子类的构造方法之前，如果没有用 super()语句来调用父类中特定的构造方法，则编译器就会把“super();”作为构造方法的第一条语句，调用父类中的无参构造方法。因此，如果父类中只定义了有参构造方法，而在子类的构造方法中又没有用 super()语句调用父类中特定的构造方法，则程序在编译时将发生错误，因为在父类中找不到“无参构造方法”来执行。例如如下程序：

```
class Person {
    String name;
    int age;
    public Person(String name,int age) {
        System.out.println("调用了父类有参构造方法");
        this.name=name;
        this.age=age;
    }
}
class Student extends Person {
     public Student() { // 此处编译错误
         System.out.println("调用了子类无参构造方法");
     }
     public Student(String name,int age) {
         super(name,age);
         System.out.println("调用了子类有参构造方法");
     }
}
public class Main {
     public static void main(String args[]) {
          Student s1 = new Student();
          Student s2 = new Student("王芳",22);
     }
}
```

上述程序出现了编译错误，解决办法是在父类中加上一个“不做事”且没有参数的构造方法，如 public Person(){}。

⑤ super()语句与 this()语句的功能相似，但 super()语句用于在子类的构造方法中调用父类的构造方法，而 this()语句则用于在同一个类内调用本类其他的构造方法。当构造方法有重载时，super()语句与 this()语句均会根据所给出的参数类型与个数，正确地执行相对应的构造方法。示例如下：

```
class Person {
    String name;
    int age;
    public Person() {
        System.out.println("调用了父类无参构造方法");
    }
    public Person(String name,int age) {
        System.out.println("调用了父类有参构造方法");
        this.name = name;
        this.age = age;
    }
}
class Student extends Person {
     public Student() {
         this("无名",0);
         System.out.println("调用了子类无参构造方法");
```

```
    }
    public Student(String name,int age) {
        super(name,age);
        System.out.println("调用了子类有参构造方法");
    }
}
public class Main {
    public static void main(String args[]) {
         Student s1 = new Student();
         Student s2 = new Student("王芳",22);
    }
}
```

程序运行结果如下：

```
调用了父类有参构造方法
调用了子类有参构造方法
调用了子类无参构造方法
调用了父类有参构造方法
调用了子类有参构造方法
```

⑥ super()语句与 this()语句均须放在构造方法的第一条非注释性语句处，所以 super()语句与 this()语句无法同时存在于同一个构造方法内。如果存在，则会出现编译错误，示例如下：

```
class Person {
    public Person() {
        System.out.println("调用了父类无参构造方法");
    }
    public Person(String name,int age) {
        System.out.println("调用了父类有参构造方法");
    }
}
class Student extends Person {
    public Student() {
        this("无名",0);
        super();                // 此处编译错误
        System.out.println("调用了子类无参构造方法");
    }
    public Student(String name,int age) {
        super(name,age);
        System.out.println("调用了子类有参构造方法");
    }
}
```

⑦ 与 this 关键字一样，super 指的也是对象，所以 super 同样不能在 static 环境中使用。如果使用，则会出现编译错误，示例如下：

```
class Person {
    String name;
    public Person() {
        System.out.println("调用了父类无参构造方法");
    }
}
class Student extends Person{
    public Student() {
        System.out.println("调用了子类无参构造方法");
    }
    public static void main(String args[]) {
        super.name = "Mandy";      // 此处编译错误
    }
}
```

5.1.3 访问父类成员

使用关键字 super 可以调用父类的构造方法、父类的成员方法，访问父类的成员变量。

1．调用父类的成员方法

在子类中，可使用 super 关键字来调用父类的成员方法，这样可以在子类中重写父类的方法，然后在子类中调用父类的方法。

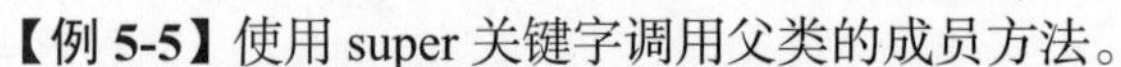

【例 5-5】使用 super 关键字调用父类的成员方法。（源代码：ch05\d5）

```
package ch05.d5;
class Parent {
        public void printMessage() {
            System.out.println("Parent message");
        }
}
class Child extends Parent {
        @Override
        public void printMessage() {
            super.printMessage();// 调用父类的 printMessage 方法
            System.out.println("Child message");
        }
}
public class Main {
        public static void main(String[] args) {
            Child child = new Child();
            child.printMessage();
        }
}
```

程序运行结果如下：

```
Parent message
Child message
```

例 5-5 中，Child 类继承了 Parent 类，并重写了父类中的 printMessage()方法。子类的 printMessage()方法使用 super.printMessage()方法调用父类中的 printMessage()方法，同时在子类方法中添加了额外的功能。

2．访问父类的成员变量

在子类中，也可以直接通过 super()语句来访问父类的成员变量，这样可以在子类中获取父类的成员变量的值。

【例 5-6】访问父类的成员变量。（源代码：ch05\d6）

```
package ch05.d6;
class Parent {
        protected int value;
        public Parent(int value) {
            this.value = value;
        }
}
class Child extends Parent {
        public Child(int value) {
            super(value);
        }
        public void printValue() {
            System.out.println("Parent value: " + super.value);
        }
}

 public class Main{
        public static void main(String[] args) {
            Child child = new Child(10);
            child.printValue();
```

```
    }
}
```

程序运行结果如下：

```
Parent value: 10
```

例 5-6 中，Child 类继承了 Parent 类，并且父类的成员变量 value 被声明为 protected，因此在子类中可以使用 value 来访问父类的成员变量。

属性隐藏是指在子类中重新定义一个与父类中同名的属性，且使用 private 访问修饰符修饰。子类将隐藏父类中同名的属性，使得程序在子类中无法直接访问父类中被隐藏的属性。

【例 5-7】属性隐藏的应用。（源代码：ch05\d7）

```
package ch05.d7;
class Parent {
    private int age;
    public Parent(int age) {
        this.age = age;
    }
    public void displayAge() {
        System.out.println("Parent: " + age);
    }
}
class Child extends Parent {
    private int age;
    public Child(int age) {
        super(age);
        this.age = age;
    }
    public void displayAge() {
        System.out.println("Child: " + age);
    }
}
public class Main {
    public static void main(String[] args) {
        Parent parent = new Parent(40);
        parent.displayAge();   // 输出: Parent: 40
        Child child = new Child(10);
        child.displayAge();    // 输出: Child: 10
    }
}
```

程序运行结果如下：

```
Parent: 40
Child: 10
```

例 5-7 中，Parent 类有一个私有属性 age，并使用 displayAge()方法来显示该属性的值。Child 类继承自 Parent 类，并重新定义了一个同名的私有属性 age，同样提供了一个 displayAge()方法。

Main 类的 main()方法创建了一个 Parent 对象并调用其 displayAge()方法，以直接访问父类中的 age 属性；然后创建了一个 Child 对象并调用其 displayAge()方法，此时访问的是子类中的 age 属性，父类中的属性被隐藏了。

父类和子类中的 displayAge()方法虽然同名，但由于使用了属性隐藏，导致访问的是各自类中的属性。

5.1.4 方法重写

方法重写

方法重写是指子类对父类中的方法进行重新实现，使得子类可以根据自己的需要对某个方法进行定制化修改，而不需要改变父类的实现方式。方法重写要求子类方法的方法名、参数列表和返回值类型与父类方法相同。

【**例 5-8**】方法重写的应用。（源代码：ch05\d8）

```
package ch05.d8;
class Animal {
    public void move() {
        System.out.println("动物在移动");
    }
}
class Dog extends Animal {
    public void move() {
        System.out.println("狗在奔跑");
    }
}
public class Main {
    public static void main(String args[]) {
        Animal a = new Animal();    // Animal 对象
        Animal b = new Dog();       // Dog 对象
        a.move();                   // 执行 Animal 类的方法
        b.move();                   // 执行 Dog 类的方法
    }
}
```

程序运行结果如下：

```
动物在移动
狗在奔跑
```

例 5-8 中，Animal 类定义了一个 move()方法，用于输出“动物在移动”；Dog 类继承自 Animal 类并重写了 move()方法，用于输出“狗在奔跑”。main()方法定义了一个父类对象 a 和一个子类对象 b，分别调用了它们的 move()方法。由于 b 是一个 Dog 对象，所以在调用 move()方法时，调用的是 Dog 类重写的 move()方法，而不是从 Animal 类继承的 move()方法，这就是方法重写的作用。

方法重写是面向对象程序设计的一种重要特性，仅适用于父子类中具有相同的方法名、参数列表和返回值类型的方法。方法重写不能改变方法参数列表、返回值类型以及访问修饰符，但可以改变方法的实现。在进行方法重写时，要遵循重写的规则和限制，确保子类的方法能正确地重写父类的方法。

方法重写应满足如下规则。

① 子类某个方法的名称、参数列表及返回值类型必须与父类中某个方法的名称、参数列表和返回值类型一致。下列程序是一个错误示例：

```
class Student {
    public void study(){
        // …
    }
}
class PostGraduate extends Student {
    public int study() {
        return 0;
    }
}
```

上述程序会出现编译错误，原因是子类的 study()方法与父类的 study()方法方法名一样，参数列表一样，编译器试图重写父类的方法，但是方法重写要求返回值类型也一样，而这两个方法的返回值类型不同，不能实现重写，所以编译器报错。改正如下：

```
class Student {
    public void study() {
        // …
```

```
    }
}
class PostGraduate extends Student {
    public void study() {
            // …
    }
}
```

② 子类方法不能低于父类方法的访问权限。下列程序是一个错误示例：

```
class Student {
    public void study() {
        // …
    }
}
class PostGraduate extends Student {
    private void study() {
        // …
    }
}
```

上述程序中，子类的 study()方法是由 private 修饰的，而父类的 study()方法是由 public 修饰的，子类方法的访问权限小于父类方法的访问权限，无法实现重写，编译报错。改正如下：

```
class Student {
    public void study() {
        // …
    }
}
class PostGraduate extends Student {
    public void study() {
        // …
    }
}
```

③ 方法重写只存在于父子类中。在同一个类中，方法只能被重载，不能被重写。

下列程序将会出现编译错误：

```
class Student {
    public void study() {
        // …
    }
}
class PostGraduate extends Student {
    public void study() {
        // …
    }
    public void study() { // 编译错误
        // …
    }
}
```

④ 父类的静态方法不能被子类重写为非静态方法。下列程序将会出现编译错误：

```
class Student {
    public static void study() {
        // …
    }
}
class PostGraduate extends Student {
    public void study() {
        // …
    }
}
```

⑤ 同样，父类的非静态方法不能被子类重写为静态方法。下列程序是不合法的：

```
class Student {
     public void study() {
          // …
     }
}
class PostGraduate extends Student {
     public static void study() {
          // …
     }
}
```

⑥ 子类可以定义与父类静态方法同名的静态方法，示例如下：

```
class Student {
     public static void study() {
          // …
     }
}
class PostGraduate extends Student {
     public static void study() {
          // …
     }
}
```

⑦ 父类的私有方法不能被子类重写，下列程序是不合法的：

```
class Student {
      private void study() {
           // …
      }
}
class PostGraduate extends Student {
      @Override
      private void study() {
           // …
      }
}
```

5.2 Java 中的包

包是一种管理程序的机制，用于将相关的类和接口组织在一起。包提供了更好的程序隔离和组织方式，可以防止命名冲突，并且可以更好地管理程序的依赖关系。

包是以文件夹的形式存在的，名称遵循标识符的命名规则。包可以用文件系统目录结构来表示，每个包都是一个单独的目录，具有唯一的名称。例如，包 com.example. packagename 的目录结构如图 5-1 所示。

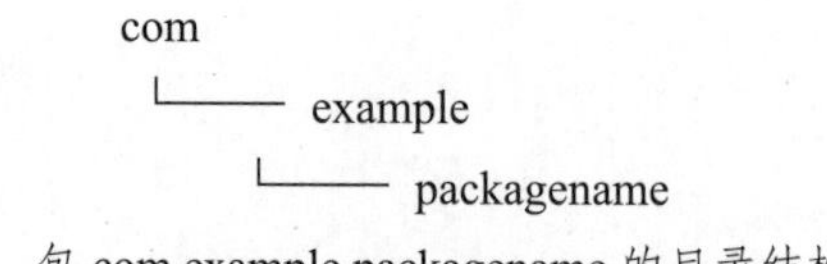

图 5-1　包 com.example.packagename 的目录结构

通过包管理机制可将程序组织成一个层次结构，通过 import 关键字引入需要的类，从而使程序更加清晰、易于维护和扩展。同时，Java 开发工具也提供了丰富的包管理功能，便于程序员快速地查找和使用需要的类和接口。

5.2.1 包的定义和使用

包名是由小写字母组成的，并且通常使用逆域名的方式来命名，例如 com.example. mypackage。

1．创建包

可以使用 package 关键字在 Java 源文件的顶部声明与文件夹的层次结构对应的包名。

如果源文件中没有定义包，那么类、接口、枚举和注释等类型文件将会被放进一个无名的包中，也称为默认包。在实际开发中，通常不会把类定义在默认包下。

包的定义和使用

声明包的语句如下：

```
package com.user;
```

上面的语句声明了 com.user 包的信息，表示该源文件的路径是“\com\user\”，即项目文件夹下的“com”文件夹中的“user”文件夹内。每一个源文件只能声明一个包，并且 package 语句必须作为源文件中的第一条非注释性语句，在这个文件中定义的所有类都属于这个包。创建 test 包并在包中创建类的示例如下：

```
package test;
public class Main {
    public static void main(String args[]) {
        System.out.println("Hello World!");
    }
}
```

2．包的目录结构

包名的每一部分在文件系统中都对应着一个文件夹。例如，包名为 com.example. mypackage 中的类应该放在 com/example/mypackage 目录下。

3．导入包

可以使用 import 语句导入其他包中的类或接口，以便在当前源文件中使用。

（1）导入单个类或接口

导入单个类或接口时，可使用 import 关键字且后面写明要导入的类的全限定名（包含包名和类名）。例如，要导入 java.util.ArrayList 这个类，可以使用以下导入语句：

```
import java.util.ArrayList;
```

（2）导入整个包

要导入整个包，可使用 import 关键字且后面写明要导入的包的全限定名。例如，要导入 java.util 包中的所有类和接口，可以使用以下导入语句：

```
import java.util.*;
```

（3）导入静态成员

可以使用 import static 语句来导入其他包中的静态成员（静态变量和静态方法），以便在当前源文件中直接使用而不需要使用类名作为前缀。例如，要导入 java.lang.Math 类中的静态变量 PI，可以使用以下导入语句：

```
import static java.lang.Math.PI;
```

（4）多个导入语句

可以在同一个源文件中使用多个导入语句来导入多个类和接口。每个导入语句应该在源文件的顶部，位于 package 语句之后，类定义之前。示例如下：

```
package com.example.mypackage;
import java.util.ArrayList;
import java.util.List;
import static java.lang.Math.PI;
```

5.2.2　系统包

系统包

系统包是由 Java 平台提供的一组预定义的包，用于提供各种常用的功能和类。以下是 Java 中常用的系统包。

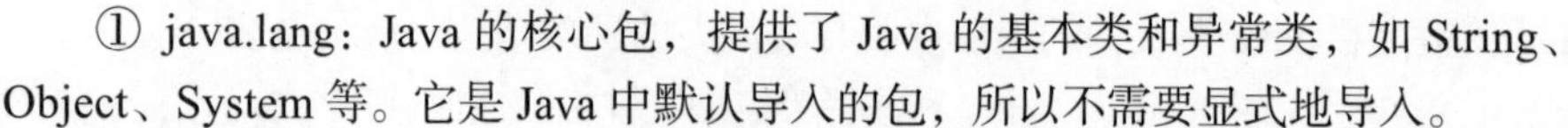

① java.lang：Java 的核心包，提供了 Java 的基本类和异常类，如 String、Object、System 等。它是 Java 中默认导入的包，所以不需要显式地导入。

② java.util：提供了各种实用的数据结构和工具类，如集合类（List、Set、Map 等）、日期和时间类（Date、Calendar 等）、随机数生成器类（Random）、输入类（Scanner）等。

③ java.io：用于处理输入和输出相关的类和接口，如文件和目录的操作、流的操作等。

④ java.net：提供了用于网络编程的类和接口，如 ServerSocket、URL 和 URLConnection 等。

⑤ java.awt：即 Java 抽象窗口工具包，用于创建图形用户界面（Graphical User Interface，GUI）和进行图形绘制。

⑥ javax.swing：是基于 java.awt 的一个扩展包，提供了一组更强大和灵活的 GUI 组件和工具，如窗口、按钮、文本框、面板等。

⑦ java.sql：用于数据库编程的类和接口，提供了访问和操作数据库的功能。

⑧ java.util.concurrent：用于支持并发编程，包括线程池、线程同步和并发集合等。

⑨ java.security：用于安全编程的类和接口，这些接口支持加密、数字签名、安全令牌等功能。

⑩ java.math：提供了对大数进行精确计算的类和方法，如 BigDecimal 和 BigInteger。

5.2.3　访问控制修饰符

访问控制修饰符

如果一个类没有显式地指定访问控制修饰符，那么它将具有默认包访问级别，表示该类只能在同一个包中的其他类中访问，而不能在其他包中访问。使用 public 访问控制修饰符修饰的类可以在任何包中访问。

类中成员访问控制修饰符包括 private、默认(default)、protected 和 public。

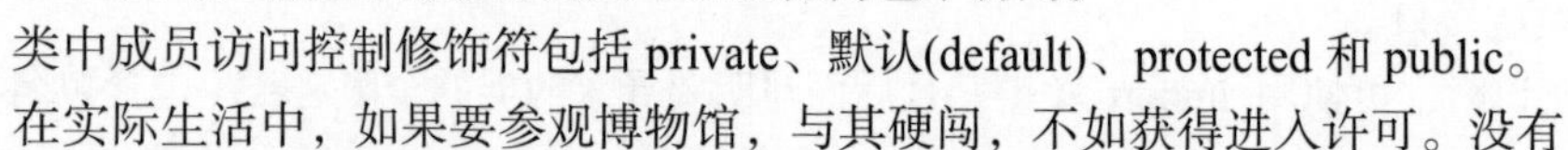

在实际生活中，如果要参观博物馆，与其硬闯，不如获得进入许可。没有对象的许可（即对象的成员变量是私有的），不能直接访问该对象的私有成员。类中成员访问控制修饰符用于控制限定成员的访问权限。

类中成员访问控制修饰符的权限如表 5-1 所示。

表 5-1　访问控制修饰符的权限

权限范围	private	default	protected	public
同一类	可访问	可访问	可访问	可访问
同一包中的类		可访问	可访问	可访问
不同包中的子类			可访问	可访问
其他包中的类				可访问

合理地使用访问控制修饰符，可以通过降低类和类之间的耦合性（关联性）来降低整个项目的复杂度，也便于整个项目的开发和维护。

1．public 修饰符

public 是最常用的修饰符之一，表示类中的成员变量或成员方法对所有其他类可见，无论它们是否在同一个包中。具体来说，public 修饰的成员变量或成员方法可以在任何地方被访问，无须使用任何访问控制修饰符。这种方式允许在一个类中定义公共接口，以在程序的其他部分中被调用或访问。下面是一个 public 修饰符的例子：

```
package package1;
public class PublicClass {
    public void sayHello() {
        System.out.println("Hello, I'm a public method!");
    }
}
```

在上面的定义中，PublicClass 的 sayHello()方法被定义为 public，表示在其他类或 package 中都可以访问它。

下面再来看一个例子：

```
package package2;
import package1.PublicClass;
public class AnotherClass {
    public static void main(String[] args) {
        PublicClass obj = new PublicClass ();
        obj.sayHello();
    }
}
```

上面的程序在一个不同的包（package2）中创建了一个名为 AnotherClass 的类；使用 import 关键字导入了 package1.PublicClass 类，在 AnotherClass 类的 main()方法中创建了 PublicClass 的对象并调用了 sayHello()方法。

2．protected 修饰符

protected 的访问权限介于 public 和 private 之间。protected 修饰的成员变量或成员方法对该类、子类和同一包中的其他类可见。具体来说，protected 成员变量或成员方法只能被定义在同一个包中的其他类或子类访问。下面是一个 protected 修饰符的例子：

```
package package1;
public class ProtectedClass {
    protected void sayHello() {
        System.out.println("Hello, I'm a protected method!");
    }
}
```

在上面的程序中，ProtectedClass 的 sayHello()方法被定义为 protected，这意味着只有同一包（package1）中的其他类或 ProtectedClass 的子类可以访问它。

为了使 ProtectedClass 的子类能够访问 sayHello()方法，在继承它的子类中使用 sayHello()调用该方法，程序如下：

```
package package2;
import package1.ProtectedClass;
public class SubClass extends ProtectedClass {
    public static void main(String[] args) {
        SubClass obj = new SubClass();
        obj.sayHello();
    }
}
```

在上面的程序中，通过继承 ProtectedClass 来创建了 SubClass。在 main()方法中创建了 SubClass 的对象并调用了其中的 sayHello()方法。即使子类 SubClass 没有定义在 package1 包中，由于 SubClass 为 ProtectedClass 的子类，也可调用 sayHello()方法。

3．default（默认）修饰符

默认修饰符（也称为包级私有修饰符）表示该类中的成员或方法只能被定义在同一个包中的其他类访问。如果一个成员变量或成员方法没有被 public、protected 或 private 关键字修饰，那么它将被默认修饰符修饰。下面是一个默认修饰符的示例：

```
package package1;
class DefaultClass {
```

```
    void sayHello() {
        System.out.println("Hello, I'm a package-level method!");
    }
}
```

在上面的代码中，DefaultClass 的 sayHello()方法被默认修饰符修饰，表示只有在同一包（package1）中的类能够访问它。

下面再来看一个例子：

```
package package2;
import package1.DefaultClass;
public class AnotherClass {
    public static void main(String[] args) {
        DefaultClass obj = new DefaultClass();
        obj.sayHello(); // 编译错误
    }
}
```

上面的程序在不同的包（package2）中创建了 AnotherClass 类；使用 import 关键字导入了 package1.DefaultClass 类，在 main()方法中创建了一个 DefaultClass 的对象并调用了其中的 sayHello()方法。由于 DefaultClass 的访问权限为默认访问权限，因此只有在 package1 中的类可以访问它，在 package2 中无法访问，所以会发生编译错误。

4．private 修饰符

private 是一种限制级最高的修饰符，表示该类中的成员变量或成员方法仅对该类可见。私有成员变量或成员方法不能被其他类调用访问，这也是封装的一种实现方式。

下面是 private 修饰符的示例：

```
package package1;
public class PrivateClass {
    private void sayHello() {
        System.out.println("Hello, I'm a private method!");
    }
}
```

在上面的程序中，PrivateClass 的 sayHello()方法被 private 修饰符修饰，这意味着只有 PrivateClass 类内部的方法能够访问它。

下面再来看一个例子：

```
package package1;
public class MainClass {
    public static void main(String[] args) {
        PrivateClass obj = new PrivateClass();
        // 下面一行程序会导致编译错误，因为 sayHello() 方法是私有的，无法在其他类中访问。
        obj.sayHello();
    }
}
```

上面的程序试图在 MainClass 中创建 PrivateClass 的对象并调用 sayHello()方法，但由于 sayHello()被 private 修饰符修饰，所以会导致编译错误。

程序员通过合理地使用这些关键字，可以实现对象封装和保护，而不暴露它们的内部实现细节。

5.3 父类与子类对象的类型转换

5.3.1 对象的类型转换

继承机制允许创建一个子类，该子类可以继承父类的属性和方法。可以使用父类对象来引用子类对象，这种类型转换称为向上转型。同时，也可以使用子类对象来引用父类对象，这种类型转换称为向下转型。

1．向上转型

向上转型是将子类对象转换为父类对象的过程。这种类型转换是自动进行的，因为子类对象包含了父类对象所有的成员变量和成员方法。

【例 5-9】 对象向上转型的应用。（源代码：ch05\d9）

```
package ch05.d9;
class Animal {
    public void eat() {
        System.out.println("Animal is eating");
    }
}
class Dog extends Animal {
    public void bark() {
        System.out.println("Dog is barking");
    }
}
public class Main {
    public static void main(String[] args) {
        Animal animal = new Dog();           // 向上转型
        animal.eat();                        // 调用父类方法
    }
}
```

程序运行结果如下：

```
Animal is eating
```

例 5-9 中创建了一个 Dog 对象，并将其赋值给 Animal 类型的变量 animal，这就是向上转型。由于 Dog 类继承了 Animal 类，因此 Dog 对象也是 Animal 对象，可以自动转换为 Animal 类型。

2．向下转型

向下转型是将父类对象转换为子类对象的过程。这种类型转换需要显式地进行，并且需要确保父类对象实际上是子类对象，语法格式如下：

```
sonClass obj = (sonClass) fatherClass;
```

其中，fatherClass 是父类对象，obj 是创建的子类对象，sonClass 是子类名称。

向下转型可以调用子类类型中所有的成员，如果父类引用对象指向的是子类对象，那么在向下转型的过程中是安全的，编译不会出错。如果父类引用对象是父类对象本身，那么在向下转型的过程中是不安全的，编译不会出错，但是运行时会出现强制类型转换异常，一般使用 instanceof 运算符来避免出现此类错误。

【例 5-10】 对象向下转型的应用。（源代码：ch05\d10）

```
package ch05.d10;
class Animal {
    public void eat() {
        System.out.println("Animal is eating");
    }
}
class Dog extends Animal {
    public void bark() {
        System.out.println("Dog is barking");
    }
}
public class Main {
    public static void main(String[] args) {
        Animal animal = new Dog();      // 向上转型
        Dog dog = (Dog) animal;         // 向下转型
        dog.bark();                     // 调用子类方法
```

```
    }
}
```

程序运行结果如下：

```
Dog is barking
```

例 5-10 中先将 Dog 对象向上转型为 Animal 对象，然后再将 Animal 对象向下转型为 Dog 对象。由于 Animal 对象实际上是一个 Dog 对象，因此可以进行向下转型。如果 Animal 对象不是一个 Dog 对象，那么就会抛出 ClassCastException 异常。

Java 编译器允许在具有直接或间接继承关系的类之间进行类型转换，向下转型必须进行强制类型转换，向上转型不必使用强制类型转换。

5.3.2 instanceof 运算符

instanceof 运算符

instanceof 运算符用于检查一个对象是否属于某个特定的类型。该运算符返回一个布尔值，即 true 或 false。使用该运算符可以在程序中进行对象类型的判断和处理。

instanceof 运算符的语法形式如下：

```
object instanceof type
```

其中，object 是要检查的对象，type 是要检查的类型。如果 object 是 type 的实例，则表达式的结果为 true，否则为 false。

1．类型检查

instanceof 可以用来检查一个对象是否是某个类的实例，程序如下：

```
Object obj = new String("Hello");
if(obj instanceof String) {
    System.out.println("obj 是 String 类的实例");
}
```

上面的程序创建了一个 String 对象，并将其赋值给 Object 类型的变量 obj，然后使用 instanceof 运算符检查 obj 是否是 String 类的实例。由于 obj 确实是 String 类的实例，所以输出结果为“obj 是 String 类的实例”。

2．继承关系判断

instanceof 还可以用于判断一个对象是否是某个类的子类的实例，程序如下：

```
Animal animal = new Dog();
if(animal instanceof Animal) {
    System.out.println("animal 是 Animal 类的实例");
}
if(animal instanceof Dog) {
    System.out.println("animal 是 Dog 类的实例");
}
```

上面的程序创建了一个 Dog 类的实例，并将其赋值给 Animal 类型的变量 animal，然后使用 instanceof 运算符分别检查 animal 是否是 Animal 类和 Dog 类的实例。由于 Dog 是 Animal 的子类，所以两个判断条件都为 true，输出结果分别为“animal 是 Animal 类的实例”和“animal 是 Dog 类的实例”。

通过使用 instanceof 运算符，程序员可以在程序中灵活地进行对象类型的检查和判断，根据不同的情况采取相应的操作和逻辑。

【例 5-11】 instanceof 的应用。（源代码：ch05\d11）

```
package ch05.d11;
// 定义一个父类
class Animal {
}
```

```
// 定义一个子类
class Dog extends Animal {
}
public class Main {
    public static void main(String[] args) {
        Animal animal = new Dog();
        // 检查animal对象是否是Animal类的实例
        if(animal instanceof Animal) {
            System.out.println("animal是Animal类的实例");
        }
        // 检查animal对象是否是Dog类的实例
        if(animal instanceof Dog) {
            System.out.println("animal是Dog类的实例");
        }
    }
}
```

程序运行结果如下：

```
animal是Animal类的实例
animal是Dog类的实例
```

例5-11先创建了一个Dog类的实例，并将其赋值给Animal类的变量animal，然后使用instanceof运算符来检查animal对象的类型。

5.4 多态

多态也是面向对象程序设计的特性之一，它体现在子类继承父类或实现接口后，能使用父类或接口类型创建子类对象。多态可以提高程序的可维护性、扩展性，降低程序耦合度。

5.4.1 多态的概念

多态的概念

多态是指不同的对象对同一消息做出不同的响应，即同一种方法可以根据不同对象的类型而做出不同的行为。多态包括编译时多态和运行时多态两种。编译时多态是指由于方法的重载和重写而产生的多态，它可以在编译时确定；而运行时多态则是指在程序运行时产生的多态，它可以通过继承、抽象类和接口等机制来实现。

1. 方法重写

方法重写是实现多态最常见的方式之一。当子类继承自父类并且重写了父类的方法时，可以通过子类对象调用父类的方法实现多态。在编译时，根据引用类型确定具体调用的方法；而在运行时，则根据对象的具体类型来调用相应的方法。

【例5-12】方法重写。（源代码：ch05\d12）

```
package ch05.d12;
class Animal {
    public void sound() {
        System.out.println("动物发出声音");
    }
}
class Dog extends Animal {
    @Override
    public void sound() {
        System.out.println("狗发出汪汪声");
    }
}
class Cat extends Animal {
    @Override
    public void sound() {
```

```
        System.out.println("猫发出喵喵声");
    }
}
public class Main {
    public static void main(String[] args) {
        Animal animal1 = new Dog();
        Animal animal2 = new Cat();
        animal1.sound();  // 输出：狗发出汪汪声
        animal2.sound();  // 输出：猫发出喵喵声
    }
}
```

程序运行结果如下：

```
狗发出汪汪声
猫发出喵喵声
```

2．方法重载

方法重载是指在一个类中定义了多个方法名相同但参数列表不同的方法。通过方法重载，可以根据传入的不同参数类型或参数个数来调用不同的方法，实现多态。

【例 5-13】通过方法重载实现多态。（源代码：TestCalculator.java）

```
package ch05;
class Calculator {
    public int add(int a, int b) {
        return a + b;
    }
    public double add(double a, double b) {
        return a + b;
    }
    public String add(String str1, String str2) {
        return str1 + str2;
    }
}
public class TestCalculator {
    public static void main(String[] args) {
        Calculator calculator = new Calculator();
        System.out.println(calculator.add(2, 3));                    // 输出：5
        System.out.println(calculator.add(2.5, 3.5));                // 输出：6.0
        System.out.println(calculator.add("Hello", " World"));    // 输出：Hello World
    }
}
```

程序运行结果如下：

```
5
6.0
Hello World
```

3．继承

继承也是实现多态的一种方式。当一个类继承自另一个类时，可以通过父类引用指向子类的对象，实现多态。

多态使得程序在运行时选择不同的对象来执行相同的方法成为可能，提供了更大的编程自由度和灵活性。

5.4.2 多态的应用

多态的应用

多态允许使用一种通用的类型或方法来处理不同的对象和行为。多态的应用场景主要有以下几种。

① 方法的参数和返回值类型可以使用父类类型，实现参数和返回值类型的通用性和灵活性。

在实际应用中，常常需要用一个通用的程序段来处理多个不同的对象类型，这时就可以使用多态来实现这个通用程序段。假设有一个 Printer 类，它有一个 print()方法，用于输出各种类型的文件，如文本、图片、视频等。为了增加程序的通用性，可以使用多态的方式，让 print()方法接收不同类型的文件作为参数，程序如下：

```
public void print(File file) {
    // 根据文件类型调用不同的输出方法
    if(file instanceof TextFile) {
        printTextFile((TextFile) file);
    }
    else if(file instanceof ImageFile) {
        printImageFile((ImageFile) file);
    }
    else if(file instanceof VideoFile) {
        printVideoFile((VideoFile) file);
    }
}
```

这样，不管传入的是哪种类型的文件，都可以使用 Printer 类的 print()方法来处理，从而实现程序的通用性。

② 使用父类引用指向子类对象，实现程序的灵活性和可扩展性。

多态最常见的应用场景之一是在面向对象的继承关系中。通过父类引用指向子类对象，在不修改原有程序的情况下，通过添加新的子类来扩展功能。例如，一个汽车类可以是父类，而具体的奔驰、宝马等汽车品牌可以作为子类来继承父类，并且可以重写父类中定义的方法。

假设有一个父类 Animal，它有一个方法 move()，表示动物移动；有两个子类 Cat 和 Dog，它们继承了 Animal 类，并分别重写了 move()方法，表示猫和狗的移动方式。可以使用多态的方式来实现程序的灵活性和可扩展性，如下所示：

```
Animal animal1 = new Cat();
animal1.move(); // 调用 Cat 类中重写的 move()方法
Animal animal2 = new Dog();
animal2.move(); // 调用 Dog 类中重写的 move()方法
```

通过父类引用指向不同子类对象，可以实现不同的行为，而且可以方便地添加新的子类及扩展功能。

5.5 final 关键字

final 的意思是最终，也可以称为完结器，表示对象是最终形态，不可改变。final 在修饰类、方法和变量时意义是不同的，但本质是一样的，都表示不可改变。

使用 final 关键字修饰类、变量和方法时需要注意以下几点。

① final 用在变量的前面表示变量的值不可以改变，此时该变量被限制为常量。

② final 用在方法的前面表示方法不可以被重写。

③ final 用在类的前面表示该类不能有子类，即该类不可以被继承。

5.5.1 修饰变量

使用 final 修饰的变量会成为常量，只能赋值一次，但是 final 在修饰局部变量和成员变量时有所不同。

使用 final 修饰的局部变量在使用之前必须被赋值一次才能使用。

使用 final 修饰的成员变量在声明时没有赋值的称为空白 final 变量。空白 final 变量必须在构造方法或静态代码块中进行初始化。

使用 final 修饰的变量不可被改变，一旦获得了初始值，该 final 变量的值就不能被重新赋值。

【例 5-14】使用 final 修饰局部变量。（源代码：Testfinal.java）

```
package ch05.d14;
public class Testfinal {
    public static void main(String[] args) {
        final int age = 18;    // 定义一个 final 类型的常量 age
        // 或者直接在声明变量的时候赋值
        final String name = "Tom";
        // 以下程序会编译失败，因为 age 和 name 已经被声明为 final 类型的常量，不允许再次修改其值
        // age = 20;              // 编译错误
        // name = "Jerry";        // 编译错误
        System.out.println("My name is " + name + ", I'm " + age + " years old.");
    }
}
```

程序运行结果如下：

```
My name is Tom, I'm 18 years old.
```

例 5-14 中声明了两个 final 类型的常量，分别为 age 和 name，然后在 main()方法中用这两个常量的值输出一个完整的句子。由于它们被声明为 final 类型的常量，因此它们的值不能被修改。如果试图修改这些常量的值，编译器会报错。

【例 5-15】使用 final 修饰成员变量。（源代码：TestMyFinal.java）

```
package ch05.d15;
public class TestMyFinal {
    // 使用 final 修饰的成员变量
    final String name;
    final int age;
    // 构造方法
    public TestMyFinal(String name, int age) {
        this.name = name;
        this.age = age;
    }
    public String getName() {
        return name;
    }
    public int getAge() {
        return age;
    }
    public static void main(String[] args) {
        // 创建实例
        TestMyFinal myObj = new TestMyFinal("张三", 25);
        System.out.println("名称: " + myObj.getName());
        System.out.println("年龄: " + myObj.getAge());
        // 尝试修改成员变量的值，会报错
        // myObj.name = "李四";     // 编译错误
        // myObj.age = 30;          // 编译错误
    }
}
```

程序运行结果如下：

```
名称: 张三
年龄: 25
```

例 5-15 中，私有成员变量 name 和 age 被声明为 final 类型的常量，它们只能被赋值一次，并且不能被修改。在构造方法中，这两个成员变量被赋予初始值，然后访问这两个成员变量的值，最后在 main()方法中尝试修改这些成员变量的值。但由于它们被声明为 final 类型的常量，所以会导致编译错误。

5.5.2 修饰方法

使用 final 修饰的方法不可被重写。如果出于某些原因不希望子类重写父类的某个方法，则可以使用 final 修饰该方法。Java 提供的 Object 类里就有一个 final 方法 getClass()，如果不希望任何类重写这个方法，可以使用 final 把这个方法密封起来。但该类提供的 toString()和 equals()方法都允许子类重写，没有使用 final 修饰。

【例 5-16】使用 final 修饰方法。（源代码：TestFinalMeth.java）

```
package ch05.d16;
public class TestFinalMeth {
    public static void main(String[] args) {
        Shape shape = new Shape();
        shape.print();
        // 子类无法重写 final 方法
        shape.printArea();
        Circle circle = new Circle();
        circle.print();
        // 子类无法重写 final 方法
        circle.printArea();
    }
}
class Shape {
    public final void print() {
        System.out.println("This is a shape.");
    }
    public final void printArea() {
        System.out.println("The area is 0.");
    }
}
class Circle extends Shape {
    // 尝试重写 final 方法会导致编译错误
    /*public void print() {
        System.out.println("This is a circle.");
    }*/
    // 尝试重写 final 方法会导致编译错误
    /*public void printArea() {
        System.out.println("The area of the circle is 3.14.");
    }*/
}
```

程序运行结果如下：

```
This is a shape.
The area is 0.
This is a shape.
The area is 0.
```

例 5-16 中定义了一个 Shape 类和一个 Circle 类。Shape 类中的 print()和 printArea()方法都被声明为 final 方法，表示这两个方法不能被子类重写。在 main()方法中创建了一个 Shape 对象和一个 Circle 对象，并调用它们的 print()和 printArea()方法。由于这两个方法都是 final 方法，所以无论是 Shape 类还是 Circle 类，都不能对这两个方法进行重写，否则会导致编译错误。

使用 final 修饰方法的好处是可以将一些重要的核心方法锁定，避免在子类中被意外修改。使用 final 修饰方法也可以提高程序的性能，因为编译器可以在编译阶段进行优化，并且可以避免在运行时进行动态绑定的开销。

5.5.3 修饰类

修饰类

使用 final 修饰的类不能被继承。当子类继承父类时，将可以访问父类的内部数据，并可通过重写父类方法来改变父类方法的实现细节，这可能导致一些不安全的因素。为了保证某个类不可被继承，可以使用 final 修饰这个类。

【例 5-17】使用 final 修饰类。（源代码：TestFinalClass.java）

```
package ch05.d17;
public class TestFinalClass {
    public static void main(String[] args) {
        // 创建 FinalClass 对象
        FinalClass finalClass = new FinalClass();
        finalClass.print();
        // 尝试继承 FinalClass 会导致编译错误
        // class OtherClass extends FinalClass {}
    }
}
final class FinalClass {
    public void print() {
        System.out.println("This is a final class.");
    }
}
// 以下程序编译错误
// class FC extends FinalClass{…}
```

程序运行结果如下：

```
This is a final class.
```

例 5-17 中定义了一个 FinalClass 类，并将其声明为 final 类型的类。main()方法创建了一个 FinalClass 对象，并调用它的 print()方法。由于 FinalClass 类被声明为 final 类型的类，所以无法被其他类继承，否则会导致编译错误。在编写程序时，如果某个类的功能已经完备，不需要再被扩展或修改，就可以将其声明为 final 类型的类，避免其他类对其进行继承和修改。

5.6 项目实践：员工管理系统的继承模式

本项目实现不同类型员工的工资计算，即根据员工的职务不同，采用不同的工资计算标准。由于 3 个类具有一些相同的属性和方法，所以采用继承的方式对第 4 章的程序进行改进。改进如下。

1．父类 Employee（员工类）

① 属性：员工 ID（employeeID）、员工姓名（name）、员工职务（position）、请假天数（leaveDays）、基本工资（basicSalary）。

② 方法：构造方法，即计算工资的方法（calculateSalary()）。

Employee 类的程序如下：

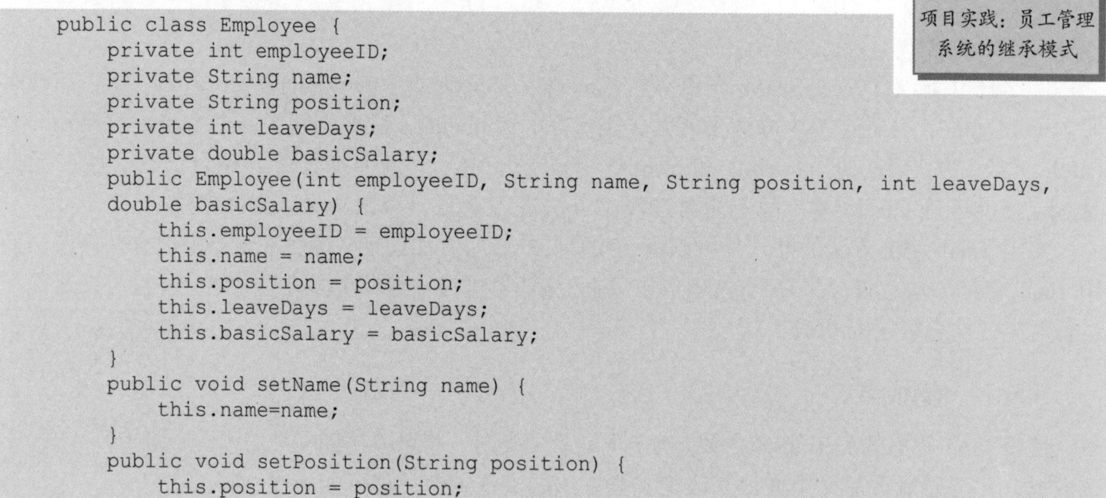


```
public class Employee {
    private int employeeID;
    private String name;
    private String position;
    private int leaveDays;
    private double basicSalary;
    public Employee(int employeeID, String name, String position, int leaveDays,
    double basicSalary) {
        this.employeeID = employeeID;
        this.name = name;
        this.position = position;
        this.leaveDays = leaveDays;
        this.basicSalary = basicSalary;
    }
    public void setName(String name) {
        this.name=name;
    }
    public void setPosition(String position) {
        this.position = position;
```

```
    }
    public int getEmployeeID() {
        return employeeID;
    }
    public String getName() {
        return name;
    }
    public String getPosition() {
        return position;
    }
    public int getLeaveDays() {
        return leaveDays;
    }
    public double getBasicSalary() {
        return basicSalary;
    }
    public void setLeaveDays(int leaveDays) {
        this.leaveDays = leaveDays;
    }
    public void setBasicSalary(double basicSalary) {
        this.basicSalary = basicSalary;
    }
    public double calculateSalary() {
            return 0;
    }
}
```

2．子类 Manager（经理类）

① 特点：经理类的工资计算方式参照第 2 章说明。

② 继承关系：继承 Employee 类。

③ 方法：重写 calculateSalary()方法，按照经理类的工资计算标准计算工资。

Manager 类的程序如下：

```
// 经理类
public class Manager extends Employee {
    public Manager(int employeeID, String name, String position, int leaveDays,
    double basicSalary)      {
         super(employeeID,name,position,leaveDays,basicSalary);
    }
    public double calculateSalary() {
        // 经理的工资计算方式
        double salary = 0.0;
        salary = getBasicSalary() + getBasicSalary() * 0.5 + 200 - this.getLeaveDays() *
        (getBasicSalary() / 30);
        return salary;
    }
}
```

3．子类 Director（董事类）

① 特点：董事类的工资计算方式参照第 2 章说明。

② 继承关系：继承 Employee 类。

③ 方法：重写 calculateSalary()方法，按照董事类的工资计算标准计算工资。

Director 类的程序如下：

```
// 董事类
public class Director extends Employee {
    public Director(int employeeID, String name, String position, int leaveDays,
    double basicSalary)      {
        super(employeeID,name,position,leaveDays,basicSalary);
    }
    public double calculateSalary() {
        // 董事的工资计算方式
```

```
        double salary = 0.0;
        salary = getBasicSalary() + getBasicSalary() * 0.08 + 2000 - this.
        getLeaveDays() * (getBasicSalary() / 30);
        return salary;

    }
}
```

4．子类 Staff（普通员工类）

① 特点：普通员工类的工资计算方式参照第 2 章说明。

② 继承关系：继承 Employee 类。

③ 方法：重写 calculateSalary()方法，按照普通员工类的工资计算标准计算工资。

Staff 类的程序如下：

```
// 普通员工类
public class Staff extends Employee {
    public Staff(int employeeID, String name, String position, int leaveDays,
    double basicSalary)         {
        super(employeeID,name,position,leaveDays,basicSalary);
    }
    public double calculateSalary() {
        // 普通员工的工资计算方式
        double salary = 0.0;
        salary = getBasicSalary() + getBasicSalary() * 0.1 + 1000 - this.
        getLeaveDays() * (getBasicSalary() / 30);
        return salary;
    }
}
```

在项目的实现中，根据上述需求，在父类 Employee 中定义了共同的属性和方法。在每个子类中利用继承和方法重写，按照不同类型员工的工资计算标准计算工资。

5．系统管理类

创建不同类型的员工对象，并调用 calculateSalary()方法来计算工资。

系统管理类 EmployeeManagementSystem 类的程序如下：

```
public class EmployeeManagementSystem {
    private Employee e1;
    public static int employeeCount = 0;
    public EmployeeManagementSystem() {
         employeeCount++;
    }
    public void addEmployee(int employeeID) {
            Scanner scanner = new Scanner(System.in);
            System.out.print("请输入员工姓名: ");
            String name = scanner.nextLine();
            System.out.print("请输入员工职务: ");
            String position = scanner.nextLine();
            System.out.print("请输入请假天数: ");
            int leaveDays = scanner.nextInt();
            System.out.print("请输入基本工资: ");
            double basicSalary = scanner.nextDouble();
            scanner.close();
            if(position.equals("经理")) {
                e1=new Manager(employeeCount,name,position,leaveDays,basicSalary);
            }
            else if(position.equals("董事")) {
                e1=new Director(employeeCount,name,position,leaveDays,basicSalary);
            }
            else
                e1=new Staff(employeeCount,name,position,leaveDays,basicSalary);
```

```
            System.out.println("信息已录入");
            return;
        }
    public void displayEmployeesByPosition() {
        System.out.println("--------员工信息如下：--------------");
        System.out.println("员工 ID：" + e1.getEmployeeID());
        System.out.println("员工姓名：" + e1.getName());
        System.out.println("员工职务：" + e1.getPosition());
        System.out.println("请假天数：" + e1.getLeaveDays());
        System.out.println("基本工资：" + e1.getBasicSalary());
        System.out.println("薪资：" + e1.calculateSalary());
        System.out.println("----------------------");
    }
}
```

6．测试类 Main

测试类 Main 用于创建员工管理系统对象，并调用方法添加员工及显示员工信息，程序如下：

```
public class Main {
    public static void main(String[] args) {
        EmployeeManagementSystem ems = new EmployeeManagementSystem();
        ems.addEmployee(1);
        ems.displayEmployeesByPosition();
    }
}
```

本章小结

本章主要介绍面向对象程序设计中的继承与多态，包括继承的概念、继承关系的实现、构造方法的调用、方法重写、包的定义和使用、多态的概念、final 关键字等。本章具体涉及的内容如下所示。

① 在 Java 中通过 extends 关键字实现继承，将父类的非私有成员（成员变量和成员方法）继承给子类。

② 在子类的构造方法中使用 super()方法调用父类中特定的构造方法，在子类中通过 super 关键字访问父类的成员。

③ 方法重写是指子类对父类中的方法进行重新实现，要求子类方法的方法名、参数列表和返回值类型与父类方法相同。

④ package 关键字用于声明包，import 关键字用于导入包，在不同的包中使用不同的访问控制修饰符可实现不同的访问控制。

⑤ 多态是面向对象的重要特性，是指父类中定义的属性和方法被子类继承之后，可以具有不同的数据类型或表现出不同的行为，这使得同一个属性或方法在父类及其各个子类中具有不同的含义。

⑥ final 关键字可以修饰变量，可以修饰方法，还可以修饰类。

习题

1．选择题

（1）下列修饰符的父类成员中，一定不能被子类访问的是（　　）。

A. private　　B. public　　C. protected　　D. 默认

（2）关于继承的说法正确的是（　　）。

A. 子类继承父类所有属性和方法

B. 子类继承父类可访问的属性和方法

C. 子类只继承父类的 public 方法和属性

D. 子类只继承父类的方法，而不继承属性

（3）定义子类时需使用以下哪个关键字指定父类？（　　）

A. extends　　B. Object　　C. final　　D. public

（4）关于 super 的说法正确的是（　　）。

A. 是指当前类名　　B. 是指当前类的父类对象

C. 是指当前对象名　　D. 可以用在 main()方法中

（5）关于重写与重载的概念，正确的说法是（　　）。

A. 重写只能发生在子类中，重载可以在同一类中

B. 重写方法可以不同名，而重载方法必须同名

C. final 修饰的方法可以被重写

D. 重写与重载是同一回事

（6）关于方法重写的概念正确的是（　　）。

A. 方法重写是指方法名相同、参数个数或类型不同的多个方法

B. 子类新添加方法的首部与父类方法相同称作"方法重写"

C. 用"类"把事物的信息包装为一个整体，称作"方法重写"

D. 方法名与类名相同的方法称作"方法重写"

（7）假设类 A 是类 B 的父类，下列声明对象 x 的语句中不正确的是（　　）。

A. A x = new A()　　B. A x = new B()　　C. B x = new B()　　D. B x = new A()

（8）假设以下类定义是正确的，下列声明对象 b 的语句中不正确的是（　　）。

```
public class A extends BA {…}
```

A. A b = new BA()　　B. Object b = new BA()

C. BA b = new BA()　　D. BA b = new A()

（9）在类中存在一个方法：void getSort(int x) {…}，以下能作为该方法的重载方法的是（　　）。

A. public getSort(float x)　　B. int getSort(int y)

C. double getSort(int x, int y)　　D. void get(int x, int y)

（10）下列类定义，有不正确语句行的是（　　）。

```
class Base {
     private int a;
     protected double b;
     char c;
     public String d ;
}
class Inh extends Base {
1    void outputA() {System. out. println("a="+a);}
2    void outputB() {System. out. println("b="+b);}
3    void outputC() {System. out. println("c="+c);}
4    void outputD() {System. out. println("d="+d);}
}
```

A. 第 1 行　　B. 第 2 行　　C. 第 3 行　　D. 第 4 行

2．简答题

（1）简述继承的概念。

（2）简述多态的概念。

（3）简述重写的概念。

（4）使用 final 修饰变量和常量有什么区别?

3．编程题

（1）定义一个 Document 类（包含成员属性 name），从 Document 类中派生出 Book 子类，并增加 pageCount 属性。要求编写一个应用程序，测试定义的类。

（2）设已经定义好动物类 Animal，根据该类完成下列程序。

要求：①设计子类 Dog 类（添加属性 int age），重写相应的方法。②设计主类 Test，创建 5 个 Dog 对象并显示其叫声。

```
abstract public class Animal {
    protected String name;
    public Animal() {
        name="";
    }
    public Animal(String name) {
        this.name = name;
    }
    abstract public void speak();
}
```

上机实验

实验 1：电子产品销售系统。

设计一个电子产品销售系统，包含一个父类（Product）和多个子类（Phone、Tablet、Laptop）。父类定义了产品的通用属性和方法，如名称、价格、描述以及显示产品信息的方法。子类 Phone、Tablet 和 Laptop 分别继承父类的属性和方法，并根据各自特点进行扩展，如添加手机（Phone）的通话功能、平板（Tablet）的触摸屏功能、笔记本电脑（Laptop）的电池容量等。要求实现以下功能。

（1）用户可以创建不同类型的产品对象。

（2）用户可以查看产品的详细信息，包括名称、价格和描述。

实验 2：不同形状图形的面积计算器。

设计一个图形面积计算器，包含形状类（Shape）、矩形类（Rectangle）和圆形类（Circle）。形状类定义一个方法 calculateArea()，矩形类和圆形类继承形状类，并分别重写 calculateArea()方法。要求实现以下功能。

（1）用户可以选择计算矩形的面积还是圆形的面积。

（2）根据用户的选择，创建相应的矩形对象或圆形对象。

（3）调用对应对象的 calculateArea()方法计算并输出面积。

第6章 抽象类与接口

【本章导读】

抽象类与接口是面向对象程序设计中常用的两种机制，用来实现类的继承和多态。通过抽象类，可以定义一些通用的方法和属性，由子类具体实现。接口可以看作一种特殊的抽象类。

抽象类和接口的选择取决于具体需求。抽象类适合于定义一些通用实现的类层次结构，而接口更适合于提供一组功能相似但具体实现方式可能不同的类。一个类可以同时继承一个抽象类并实现多个接口。

【本章实践能力培养目标】

通过本章内容的学习，读者应能进一步完成员工管理系统的优化，将第 5 章的父类 Employee（员工类）设计成抽象类，计算工资的方法设计为抽象方法；子类 Manager（经理类）、子类 Director（董事类）、子类 Staff（普通员工类）继承抽象类，并实现计算工资的方法。

6.1 抽象类

假设开发一个游戏，游戏中有不同类型的角色，比如战士、法师、射手等。这些角色都有一些共同的行为，比如移动、攻击、使用技能等，但每个角色的具体实现方式可能不同。为了定义这些角色的通用行为和属性并规范子类的行为，可以使用抽象类。

抽象类的定义

6.1.1 抽象类的定义

抽象类是不能直接实例化的类，只能作为其他类的父类使用。抽象类可以包含抽象方法和非抽象方法，并且抽象方法必须在非抽象子类中实现。抽象类使用 abstract 关键字修饰。

例如，在游戏中定义一个名为 Character 的抽象类，包含移动和攻击两个抽象方法，并定义公共属性 name，具体如下：

```
abstract class Character {
    String name;
    abstract void move();
    abstract void attack();
}
```

其中，move()和 attack()都是抽象方法，非抽象子类必须实现这两个方法；name 是一个普通成员变量，可以在抽象类中直接定义并使用。

抽象类的作用如下。

① 提供公共方法和属性。抽象类可以定义一组公共的方法和属性，被子类共享或重用。例如，Character 抽象类定义了移动和攻击这两个共同行为，并且每个角色都有一个名字。

② 规范子类的行为。抽象类可以定义一些抽象方法，强制子类实现这些方法，从而规范子类的行为。例如，Character 抽象类定义了抽象方法 move()和 attack()，非抽象子类必须根据角色的具体需求实现这两个方法，确保每个角色都能移动和攻击。

③ 实现模板方法设计模式。抽象类可以作为模板方法设计模式的父类，在抽象类中定义算法的框架和流程，让子类去具体实现其中的细节。

抽象类和普通类的区别如下。

① 抽象类不能直接实例化，只能作为其他类的父类使用；普通类可以直接创建对象。

② 抽象类只能作为其他类的父类使用，不能直接使用；普通类可以直接使用。

③ 抽象类可以包含抽象方法，也可以包含非抽象方法；普通类只能包含非抽象方法，不能包含抽象方法。

④ 抽象类的抽象方法必须在非抽象子类中进行重写，而普通类的方法可以根据需要选择性重写。

6.1.2 抽象方法

抽象方法只有方法的声明部分，没有方法体，这是为了让子类来实现具体的功能。

1．抽象方法的语法

① 使用 abstract 关键字来修饰方法，表示该方法是抽象方法。

② 抽象方法没有方法体，以分号结尾。

③ 抽象方法可以包含参数和返回值。

抽象方法的声明格式如下：

```
abstract 返回值类型 方法名(形参列表);
```

【例 6-1】在抽象类中定义抽象方法。（源代码：Animal.java）

```
package ch06;
public abstract class Animal {
    public abstract void sound();       // 抽象方法
    public void eat() {                 // 普通方法
        System.out.println("动物吃东西");
    }
}
```

例 6-1 中定义了一个抽象类 Animal，其中包含一个抽象方法 sound()和一个普通方法 eat()。

2．抽象方法的实现和重写

① 子类继承抽象类或实现接口时，必须实现父类或接口中所有的抽象方法，否则子类也必须声明为抽象类。

② 子类实现抽象方法时，需要使用“@Override”注解来表明该方法是对父类抽象方法的重写。

③ 在子类中实现抽象方法时，可以根据需要增加额外的功能或逻辑。

【例 6-2】抽象方法的实现。（源代码：ch06\d2）

① 定义 Animal 抽象类，程序如下：

```
package ch06.d2;
public abstract class Animal {
    public abstract void sound();
    public void eat() {
        System.out.println("动物吃东西");
    }
}
```

② 定义抽象类的实现类，程序如下：

```
package ch06.d2;
public class Cat extends Animal {
    @Override
    public void sound() {
        System.out.println("猫叫");
    }
    @Override
    public void eat() {
        super.eat();                    // 调用父类的 eat()方法
```

```
            System.out.println("猫吃鱼");        // 增加额外的功能
        }
    }
```

③ 定义测试类，程序如下：

```
package ch06.d2;
public class Main{
    public static void main(String[] args){
        Cat cat = new Cat();
        cat.sound();                        // 输出：猫叫
        cat.eat();                          // 输出：动物吃东西 猫吃鱼
    }
}
```

程序运行结果如下：

```
猫叫
动物吃东西
猫吃鱼
```

例 6-2 中，抽象类 Animal 中的方法 eat()被子类 Cat 重写并增加了额外的功能；通过语句 super.eat()可以调用父类中的 eat()方法，然后在子类中增加额外的功能；Main 类中创建了一个 Cat 对象，并调用了 sound()方法和 eat()方法。

抽象类的多态

6.1.3 抽象类的多态

当一个抽象类的引用变量指向一个子类对象时，就会体现出多态。抽象类的多态可以让子类对象被当作父类对象来使用。通过多态，可以方便地对不同类型的对象进行处理，从而提高程序的灵活性和复用性。

【例 6-3】抽象类的多态。（源代码：ch06\d3）

```
package ch06.d3;
abstract class Animal {
    String name;
    int age;
    public Animal(String name, int age) {
        this.name = name;
        this.age = age;
    }
    public abstract void eat();
    public void sleep() {
        System.out.println("睡觉中……");
    }
}
class Dog extends Animal {
    public Dog(String name, int age) {
        super(name,age);
    }
    @Override
    public void eat() {
        System.out.println("狗在吃饭中……");
    }
}
class Cat extends Animal {
    public Cat(String name, int age) {
        super(name,age);
    }
    @Override
    public void eat() {
        System.out.println("猫在吃饭中……");
    }
```

```
}
public class Main {
    public static void main(String[] args) {
        Animal animal1 = new Dog("小狗", 2);
        Animal animal2 = new Cat("小猫", 1);
        animal1.eat();          // 输出：狗在吃饭中……
        animal2.eat();          // 输出：猫在吃饭中……
    }
}
```

程序运行结果如下：

```
狗在吃饭中……
猫在吃饭中……
```

例 6-3 中定义了两个子类 Dog 和 Cat，分别继承了抽象类 Animal。在 Main 类中基于抽象类的多态创建了两个不同类型的对象，并将它们赋值给父类类型的变量。实例化后，对象也可以调用子类中重写的方法。

多态不仅可以提高程序的灵活性和复用性，还可以减少冗余程序。多态特点如下。

① 把不同的对象统一对待。多态可以让不同类型的对象以同样的方式被处理。

② 实现程序的可扩展性。多态可以让程序更容易扩展，当需要增加新类型的对象时，只需要定义新的类并继承相应的抽象类或实现相应的接口，而无须修改原来的程序。

③ 将“做什么”和“谁去做”分离开来。通过多态，可以将某个方法的实际实现移到子类中，根据实际需要选择不同的子类，从而实现“做什么”和“谁去做”的分离，降低程序的耦合度。

6.2 接口

接口在面向对象程序设计中是一种重要的封装方式，其主要作用是规定程序要做什么，但不在其中实现。让不同的类或对象可以实现一些共有的方法，进而提高程序的可读性、可维护性、可扩展性和可重用性。

假设有一个可以飞行的接口，它具有飞行这个方法。那么所有实现了这个接口的类，如鸟类和飞机，都需要提供飞行的具体实现。当需要使用飞行功能时，就可以通过接口类型来调用，而不需要关心具体的实现类。

接口的基本概念

6.2.1 接口的基本概念

接口是一种抽象的数据类型，它定义了一组方法和常量，但没有具体的实现，只是规定了实现类需要遵循的规范。

例如，定义一个接口 Runnable，其中有一个方法 run()，表示实现该接口的对象可以执行某些操作，但具体实现方式由实现该接口的类自行决定，程序如下：

```
public interface Runnable {
    public void run();
}
```

当一个非抽象类实现了一个接口时，它必须实现该接口中定义的所有方法。例如，定义 MyThread 类实现 Runnable 接口中的 run()方法，程序如下：

```
public class MyThread implements Runnable {
    @Override
    public void run() {
        // 执行线程操作的程序
    }
}
```

其中，MyThread类实现了Runnable接口中的run()方法，并在方法体中具体实现了线程操作的程序。这样，MyThread类就可以用于创建一个线程对象了。

接口的优点在于它可以将系统分解为多个模块，从而降低了系统的复杂度。接口使得程序易于维护和扩展，并且可以提高程序的可重用性。接口还可以用于实现多态，使得不同类型的对象可以以相同的方式被处理。

6.2.2 接口的定义和使用

接口的定义和使用

接口的定义格式如下：

```
public interface 接口名 {
    // 常量声明
    // 抽象方法声明
    // 默认方法声明（JDK 1.8+）
    // 静态方法声明（JDK 1.8+）
}
```

其中，接口的命名规范与类的命名规范相同，采用驼峰命名法。接口中包含以下内容。

① 常量声明。接口中的常量必须被public、static、final修饰，默认省略这些修饰符。

② 抽象方法声明。接口中的方法都是抽象方法，没有方法体，必须被public修饰，默认省略该修饰符。

③ 默认方法声明。JDK 8版本引入的特性用default关键字修饰时，可以在接口中提供默认的方法实现。

④ 静态方法声明。JDK 8版本引入的特性用static关键字修饰时，可以在接口中定义静态方法。

接口是一个纯粹的抽象类，不能实例化。一个类可以实现多个接口，通过关键字implements实现接口，并实现接口中的抽象方法，程序如下：

```
public class MyClass implements MyInterface {
    // 实现接口中的抽象方法
}
```

假设开发一个具有图形用户界面的应用程序，其中有多个可视化组件，如按钮、文本框和标签等。如果希望这些组件能够响应用户的操作，且每个组件的具体实现逻辑是不同的，可以使用接口来定义一组共同的操作方法，并让每个组件实现这个接口，以实现各自的逻辑。

【例 6-4】 接口的定义和使用。（源代码：ch06\d4）

① 定义一个名为Clickable的接口，其中包含一个方法onClick()，表示组件可以响应点击事件，程序如下：

```
package ch06.d4;
public interface Clickable {
    void onClick();
}
```

② 创建一个按钮类Button，让它实现Clickable接口，并在onClick()方法中实现按钮的点击逻辑，程序如下：

```
package ch06.d4;
public class Button implements Clickable {
    public void onClick() {
        System.out.println("按钮被点击了！");
        // 按钮的点击逻辑
    }
}
```

③ 创建一个文本框类TextBox，同样让它实现Clickable接口，并在onClick()方法中实现文本

框的点击逻辑，程序如下：

```
package ch06.d4;
public class TextBox implements Clickable {
    public void onClick() {
        System.out.println("文本框被点击了！");
        // 文本框的点击逻辑
    }
}
```

④ 创建测试类，并使用 Button 类和 TextBox 类的实例来处理点击事件，程序如下：

```
package ch06.d4;
public class Main {
    public static void main(String[] args) {
        Button button = new Button();
        TextBox textBox = new TextBox();
        button.onClick();       // 输出：按钮被点击了！
        textBox.onClick();      // 输出：文本框被点击了！
    }
}
```

程序运行结果如下：

```
按钮被点击了！
文本框被点击了！
```

通过定义和使用接口处理了不同类型的可视化组件的点击事件。这种设计使用了接口的多态，使得程序可以以相同的方式处理不同类型的组件。

接口的默认方法

6.2.3 接口的默认方法

接口的默认方法是在 JDK 8 中引入的一个新特性，目的是解决在接口中增加新方法时可能带来的兼容性问题。

在早期的 JDK 版本中，当向接口中添加新方法时，所有实现该接口的类都必须进行相应的修改。如果已经发布的类库或框架被其他程序所使用，当修改了接口时，就需要重新编译和部署这些依赖于该接口的程序。

为了解决这个问题，JDK 8 引入了默认方法的概念。默认方法是在接口中定义的、默认实现的方法。它们可以由接口的实现类直接继承和使用，而不需要在实现类中重新实现。

【例 6-5】默认方法的应用。（源代码：ch06\d5）

假设有一个图形用户界面控件 Component，并定义了一个 Resizable 接口，表示可调整大小的功能；接口中定义了一个默认方法 resize(int width,int height)，用于调整组件的大小。

① 创建接口，程序如下：

```
package ch06.d5;
public interface Resizable {
    void resize(int width, int height);
    default void resizeToWidth(int width) {
        resize(width, getHeight());
    }
    default void resizeToHeight(int height) {
        resize(getWidth(), height);
    }
    default int getWidth() {
        return 0;
    }
    default int getHeight() {
        return 0;
    }
}
```

接口中有一个 resize()方法以及 4 个默认方法 resizeToWidth()、resizeToHeight()、getWidth()和 getHeight()。其中，resizeToWidth()和 resizeToHeight()方法使用默认方法调用 resize()方法，并传入 getWidth()和 getHeight()的值；getWidth()方法和 getHeight()方法也都有默认实现，返回 0。

② 创建一个可调整大小的按钮类 ResizableButton，实现 Resizable 接口，程序如下：

```
package ch06.d5;
public class ResizableButton implements Resizable {
    private int width;
    private int height;
    public void resize(int width, int height) {
        this.width = width;
        this.height = height;
        System.out.println("按钮的宽度为：" + width);
        System.out.println("按钮的高度为：" + height);
    }
    public int getWidth() {
        return width;
    }
    public int getHeight() {
        return height;
    }
}
```

在 ResizableButton 类中实现了 resize()方法，并在其中更新了按钮的宽度和高度；同时覆盖了 getWidth()方法和 getHeight()方法，返回了按钮的宽度和高度。

③ 创建测试类 Main，在其中新建一个 ResizableButton 对象，并调用它的默认方法 resizeToWidth()和 resizeToHeight()以及覆盖的 getWidth()方法和 getHeight()方法，程序如下：

```
package ch06.d5;
public class Main {
    public static void main(String[] args) {
        ResizableButton button = new ResizableButton();
        button.resizeToWidth(100);      // 输出：按钮的宽度为：100，按钮的高度为：0
        button.resizeToHeight(200);     // 输出：按钮的宽度为：100，按钮的高度为：200
        System.out.println(button.getWidth());  // 输出：100
        System.out.println(button.getHeight()); // 输出：200
    }
}
```

程序运行结果如下：

```
按钮的宽度为：100
按钮的高度为：0
按钮的宽度为：100
按钮的高度为：200
100
200
```

通过调用默认方法 resizeToWidth()和 resizeToHeight()，可以将按钮宽度和高度分别调整为指定的值，并在控制台上输出按钮的宽度和高度。另外，通过覆盖 getWidth()方法和 getHeight()方法，可以获取按钮的当前宽度和高度。

6.2.4 接口的静态方法

接口的静态方法

接口的静态方法也是在 JDK 8 中引入的另一个新特性，可以直接通过接口名来调用，而不需要创建接口的实例。

【例 6-6】静态方法的应用。（源代码：ch06\d6）

① 创建接口 ShapeUtils。在接口 ShapeUtils 中定义了两个静态方法 static double calculateArea

(Circle circle)、static double calculateArea(Rectangle rectangle)，分别用于计算圆和矩形的面积。这两个方法都有具体的实现，分别使用圆的半径、矩形的宽度和高度进行计算，程序如下：

```
package ch06.d6;
public interface ShapeUtils {
    static double calculateArea(Circle circle) {
        return Math.PI * circle.getRadius() * circle.getRadius();
    }
    static double calculateArea(Rectangle rectangle) {
        return rectangle.getWidth() * rectangle.getHeight();
    }
}
```

② 创建一个圆类 Circle，让其实现 ShapeUtils 接口。在 Circle 类中定义一个半径属性，并为其提供构造方法和获取半径的方法，程序如下：

```
package ch06.d6;
public class Circle implements ShapeUtils {
    private double radius;
    public Circle(double radius) {
        this.radius = radius;
    }
    public double getRadius() {
        return radius;
    }
}
```

③ 创建一个矩形类 Rectangle，让其实现 ShapeUtils 接口。在 Rectangle 类中定义宽度和高度属性，并提供构造方法和对应的获取方法，程序如下：

```
package ch06.d6;
public class Rectangle implements ShapeUtils {
    private double width;
    private double height;
    public Rectangle(double width, double height) {
        this.width = width;
        this.height = height;
    }
    public double getWidth() {
        return width;
    }
    public double getHeight() {
        return height;
    }
}
```

④ 创建测试类 Main，直接通过接口名调用静态方法 calculateArea()来计算圆和矩形的面积，程序如下：

```
package ch06.d6;
public class Main {
    public static void main(String[] args) {
        Circle circle = new Circle(5);
        double circleArea = ShapeUtils.calculateArea(circle);
        System.out.println("圆的面积为: " + circleArea); // 输出: 圆的面积为: 78.53981633974483
        Rectangle rectangle = new Rectangle(4, 6);
        double rectangleArea = ShapeUtils.calculateArea(rectangle);
        System.out.println("矩形的面积为: " + rectangleArea); // 输出: 矩形的面积为: 24.0
    }
}
```

程序运行结果如下：

```
圆的面积为: 78.53981633974483
矩形的面积为: 24.0
```

通过调用 ShapeUtils.calculateArea()方法，可以分别计算出圆和矩形的面积，并在控制台上输出结果。

6.3 接口的继承

接口的继承是指允许一个接口继承另一个接口，以实现程序的重用。被继承的接口中所有的方法和属性都会自动包含在新定义的接口中。接口的继承还可以使得类只实现其需要的接口，从而提高程序设计的自由度和灵活性。

6.3.1 类和接口的关系

类和接口的关系

类是一种具体的数据类型，实现了接口定义的规范，并提供了具体的实现。接口是一种抽象的数据类型，定义了一组方法和常量，没有具体的实现，只是规定了实现类需要遵循的接口规范。类与接口是实现的关系。

【例 6-7】设计一个图形计算器，计算各种形状图形的面积和周长。 （源代码：ch06\d7）

① 定义一个 Shape 接口，规定图形需要实现的方法 getArea()和 getPerimeter()，程序如下：

```
package ch06.d7;
public interface Shape {
    double getArea();
    double getPerimeter();
}
```

② 创建圆形类，实现 Shape 接口，并重写抽象方法 getArea()和 getPerimeter()，程序如下：

```
package ch06.d7;
public class Circle implements Shape {
    private double radius;
    public Circle(double radius) {
        this.radius = radius;
    }
    @Override
    public double getArea() {
        return Math.PI * radius * radius;
    }
    @Override
    public double getPerimeter() {
        return 2 * Math.PI * radius;
    }
}
```

③ 创建正方形类，实现 Shape 接口，并重写抽象方法 getArea()和 getPerimeter()，程序如下：

```
package ch06.d7;
public class Square implements Shape {
    private double length;
    public Square(double length) {
        this.length = length;
    }
    @Override
    public double getArea() {
        return length * length;
    }
    @Override
    public double getPerimeter() {
        return 4 * length;
    }
}
```

④ 创建矩形类，实现 Shape 接口，并重写抽象方法 getArea()和 getPerimeter()，程序如下：

```
package ch06.d7;
public class Rectangle implements Shape {
    private double width;
    private double height;
    public Rectangle(double width, double height) {
```

```
        this.width = width;
        this.height = height;
    }
    @Override
    public double getArea() {
        return width * height;
    }
    @Override
    public double getPerimeter() {
        return 2 * (width + height);
    }
}
```

⑤ 创建一个 Main 类，用于计算不同图形的面积和周长，程序如下：

```
package ch06.d7;
public class Main {
    public static void main(String[] args) {
         Circle c1 = new Circle(2.0);
         Square s1 = new Square(2.0);
         Rectangle r1 = new Rectangle(2.0,3.0);
         System.out.println("圆的面积： " + c1.getArea() + "周长： "+c1.getPerimeter());
         System.out.println("正方形的面积： " + s1.getArea() + "周长： " + s1.getPerimeter());
         System.out.println("矩形圆的面积： " + r1.getArea() + "周长： " + r1.getPerimeter());
    }
}
```

程序运行结果如下：

```
圆的面积： 12.566370614359172   周长：12.566370614359172
正方形的面积： 4.0   周长：8.0
矩形圆的面积： 6.0   周长：10.0
```

接口的多态

6.3.2 接口的多态

接口的多态指的是可以使用接口类型来引用实现该接口的各个类的对象，并且在运行时根据不同的对象所引用的具体类的不同而表现出不同行为的特性。多态表示在程序中可以只使用接口类型的变量，而不必关注具体的实现类，从而实现更加灵活和可扩展的程序设计。

【例 6-8】接口多态的应用。（源代码：ch06\d8）

① 创建接口 Animal。该接口定义了一个抽象方法 makeSound()，用于输出动物的叫声，程序如下：

```
package ch06.d8;
public interface Animal {
    void makeSound();
}
```

② 创建实现该接口的类 Cat（表示猫）。这个类实现了 Animal 接口，并实现了 makeSound()方法，以输出猫的叫声，程序如下：

```
package ch06.d8;
public class Cat implements Animal {
    @Override
    public void makeSound() {
        System.out.println("喵！");
    }
}
```

③ 创建实现该接口的类 Dog（表示狗）。这个类也实现了 Animal 接口，并实现了 makeSound() 方法，以输出狗的叫声，程序如下：

```
package ch06.d8;
public class Dog implements Animal {
```

```
    @Override
    public void makeSound() {
        System.out.println("汪! ");
    }
}
```

④ 创建测试类 Main。程序中使用 Animal 接口类型的变量来引用 Cat 和 Dog 类的对象，并在程序运行时根据具体的对象所引用的类来表现不同的行为，程序如下：

```
package ch06.d8;
public class Main {
    public static void main(String[] args) {
        Animal animal1 = new Cat();
        Animal animal2 = new Dog();
        animal1.makeSound();   // 输出“喵！”
        animal2.makeSound();   // 输出“汪！”
    }
}
```

程序运行结果如下：

```
喵!
汪!
```

例 6-8 中首先创建了一个 Cat 对象和一个 Dog 对象，并将它们都赋值给了 Animal 类型的变量；然后通过这两个变量来调用 makeSound()方法，分别输出猫和狗的叫声。正是因为使用了接口类型的变量，才使得这个程序可以灵活地切换不同的实现类，实现了灵活可扩展的程序设计。

6.3.3 接口的多继承

接口的多继承

一个类只能继承自另一个类，但可以实现多个接口。例如，有一个图形用户界面控件 Component，它可以作为各种可视化组件的基类；同时还有两个接口 Clickable 和 Draggable，分别表示可点击和可拖曳的功能。如果希望某些组件可以同时实现这两个功能，则该组件的类可以同时实现这两个接口，以实现点击和拖曳的功能。

【例 6-9】一个类实现多个接口。（源代码：ch06\d9）

① 定义一个 Component 类，并在其中定义一些公共方法和属性，程序如下：

```
package ch06.d9;
public class Component {
    private int x;
    private int y;
    public void setLocation(int x, int y) {
        this.x = x;
        this.y = y;
    }
    public int getX() {
        return x;
    }
    public int getY() {
        return y;
    }
}
```

② 定义 Clickable 接口，程序如下：

```
package ch06.d9;
public interface Clickable {
    void onClick();
}
```

③ 定义 Draggable 接口，程序如下：

```
package ch06.d9;
```

```
public interface Draggable {
    void onDrag(int deltaX, int deltaY);
}
```

④ 创建一个可点击和可拖曳的按钮类 DraggableButton，它继承自 Component 类并实现了 Clickable 和 Draggable 接口，程序如下：

```
package ch06.d9;
public class DraggableButton extends Component implements Clickable, Draggable {
    public void onClick() {
        System.out.println("按钮被点击了！");
        // 按钮的点击逻辑
    }
    public void onDrag(int deltaX, int deltaY) {
        int x = getX() + deltaX;
        int y = getY() + deltaY;
        setLocation(x, y);
        System.out.println("按钮被拖曳了！");
        // 按钮的拖曳逻辑
    }
}
```

DraggableButton 类实现了 Clickable 和 Draggable 接口，并在 onClick()方法和 onDrag()方法中实现了按钮的点击和拖曳逻辑。同时，它继承自 Component 类，获得了设置和获取组件位置的功能。

⑤ 创建测试类 Main。新建一个 DraggableButton 对象，并使用它的 onClick()方法和 onDrag()方法来实现点击和拖曳操作，程序如下：

```
package ch06.d9;
public class Main {
    public static void main(String[] args) {
        DraggableButton button = new DraggableButton();
        button.onClick();          // 输出：按钮被点击了!
        button.onDrag(10, 10);     // 输出：按钮被拖曳了!
        System.out.println(button.getX() + "," + button.getY()); // 输出：10,10
    }
}
```

程序运行结果如下：

```
按钮被点击了!
按钮被拖曳了!
10,10
```

通过实现多个接口，DraggableButton 类同时具备了可点击和可拖曳的功能，而不需要继承多个类或使用继承关系的复杂结构。

类与类之间可以存在继承关系，接口与接口之间也可以存在继承关系。

【例 6-10】接口间的继承关系。（源代码：ch06\d10）

① 创建接口 Flyable，规定飞行动物需要实现的方法 fly()，程序如下：

```
package ch06.d10;
public interface Flyable {
    void fly();
}
```

② 创建接口 Bird（代表鸟类），继承 Flyable 接口，程序如下：

```
package ch06.d10;
public interface Bird extends Flyable {
    void layEgg();
}
```

③ 创建接口 Insect（代表昆虫），继承 Flyable 接口，程序如下：

```
package ch06.d10;
public interface Insect extends Flyable {
    void crawl();
}
```

这两个继承 Flyable 的接口中都使用了 extends 关键字，将 Flyable 接口作为父接口继承了下来。这表示，鸟类和昆虫都需要具备 Flyable 接口中定义的 fly()方法，同时还需要实现各自定义的方法。鸟类需要实现 layEgg()方法，用于下蛋；昆虫需要实现 crawl()方法，用于爬行。

④ 创建 FlyingAnimal 接口，代表飞行性动物，让鸟类和昆虫分别实现这个接口，程序如下：

```
package ch06.d10;
public interface FlyingAnimal extends Flyable {
    void speak();
}
```

⑤ 鸟类的实现类 BirdImpl，程序如下：

```
package ch06.d10;
public class BirdImpl implements Bird, FlyingAnimal {
    @Override
    public void fly() {
        System.out.println("鸟儿在飞翔");
    }
    @Override
    public void layEgg() {
        System.out.println("鸟儿在下蛋");
    }
    @Override
    public void speak() {
        System.out.println("鸟儿在叽叽喳喳地叫");
    }
}
```

⑥ 昆虫类的实现类 InsectImpl，程序如下：

```
package ch06.d10;
public class InsectImpl implements Insect, FlyingAnimal {
    @Override
    public void fly() {
        System.out.println("昆虫在飞行");
    }
    @Override
    public void crawl() {
        System.out.println("昆虫在爬行");
    }
    @Override
    public void speak() {
        System.out.println("昆虫在嗡嗡叫");
    }
}
```

⑦ 创建测试类 Main，程序如下：

```
package ch06.d10;
public class Main {
    public static void main(String[] args) {
        BirdImpl b1 = new BirdImpl();
        InsectImpl i1 = new InsectImpl();
        b1.fly();
        b1.layEgg();
        b1.speak();
        i1.crawl();
        i1.fly();
        i1.speak();
```

```
    }
}
```

程序运行结果如下：

```
鸟儿在飞翔
鸟儿在下蛋
鸟儿在叽叽喳喳地叫
昆虫在爬行
昆虫在飞行
昆虫在嗡嗡叫
```

上述程序中让鸟类和昆虫分别实现了 FlyingAnimal 接口。这个接口继承了 Flyable 接口，并增加了一个 speak()方法，用于代表飞行动物都可以发出声音。

在实现类中重写了 fly()、layEgg()、crawl()和 speak()方法，并提供了具体的实现。由于 BirdImpl 和 InsectImpl 类都实现了 FlyingAnimal 接口，所以可以将它们统一视为 FlyingAnimal 对象进行处理。

接口是可以多继承的，即一个接口可以同时继承两个或多个不同的父接口。假设有两个接口 Flyable 和 Swimmable，分别定义了飞行和游泳的行为；然后有一个接口 Bird 继承了这两个接口，海鸥 Seagull 类实现 Bird 接口，表示海鸥类既能够飞行又能够游泳。

【例 6-11】接口继承多个父接口。（源代码：ch06\d11）

① 创建 Flyable 接口，程序如下：

```
package ch06.d11;
public interface Flyable {
    void fly();
}
```

② 创建 Swimmable 接口，程序如下：

```
package ch06.d11;
public interface Swimmable {
    void swim();
}
```

③ 创建 Bird 接口，继承 Flyable 和 Swimmable 接口，程序如下：

```
package ch06.d11;
public  interface Bird extends Flyable, Swimmable {
    default void init() {
        System.out.println("flying and swimming");
    }
}
```

④ 创建海鸥类，实现 Bird 接口，程序如下：

```
package ch06.d11;
public class Seagull implements Bird {
    @Override
    public void fly() {
        System.out.println("Seagull is flying");
    }
    @Override
    public void swim() {
        System.out.println("Seagull is swimming");
    }

}
```

⑤ 创建测试类 Main，实例化 Bird 对象，并调用它的飞行和游泳方法，程序如下：

```
package ch06.d11;
public class Main {
    public static void main(String[] args) {
        Seagull p1 = new Seagull();
```

```
        p1.init();
        p1.fly();
        p1.swim();
    }
}
```

程序运行结果如下：

```
flying and swimming
Seagull is flying
Seagull is swimming
```

例 6-11 中，Bird 接口继承了 Flyable 和 Swimmable 接口；要求 Seagull 类实现 Bird 接口，因此它必须实现接口中所有的方法。Seagull 类同时具有飞行和游泳的功能，通过实例化 Seagull 对象并调用相应的方法，可以看到海鸥既能够飞行又能够游泳。这就是 Java 中通过接口继承多个父接口的实现方式。

6.4 内部类

内部类是指定义在另一个类内部的类。它可以访问包含其外部类的私有变量和方法，也可以被外部访问，但是它本身不能被继承和实例化，必须在外部类的内部创建实例。

Java 中有 4 种类型的内部类：成员内部类、静态内部类、方法内部类和匿名内部类。

6.4.1 成员内部类

成员内部类指的是在一个类的内部声明的另一个类，它是外部类的成员之一。在成员内部类中可以访问外部类的所有成员变量和成员方法，包括私有成员变量和成员方法。

【例 6-12】成员内部类的应用。（源代码：TestShape.java）

假设有一个图形类 TestShape，其中包含一个点类 Point。点类 Point 是 TestShape 类的成员内部类，用于表示图形中的一个点，程序如下：

成员内部类

```
package ch06.t12;
public class TestShape {
    private String name;
    private Point[] points;
    private int pointCount;
    public TestShape(String name) {
        this.name = name;
        points = new Point[10]; // 假设最多存储 10 个点
        pointCount = 0;
    }
    public String getName() {
        return name;
    }
    public void addPoint(double x, double y) {
        if (pointCount < points.length) {
            Point point = new Point(x, y);
            points[pointCount++] = point;
        } else {
            System.out.println("数组已满，无法添加更多点");
        }
    }
    public void printPoints() {
        for (int i = 0; i < pointCount; i++) {
            Point point = points[i];
            System.out.println("(" + point.getX() + "," + point.getY() + ")");
        }
    }
    public class Point {
        private double x;
        private double y;
        public Point(double x, double y) {
            this.x = x;
```

```
            this.y = y;
            System.out.println("构建" + name);
        }
        public double getX() {
            return x;
        }
        public double getY() {
            return y;
        }
    }
    public static void main(String[] args) {
        TestShape s1 = new TestShape("圆");
        s1.addPoint(10, 10);
        s1.addPoint(10, 20);
        s1.printPoints();
    }
}
```

程序运行结果如下：

```
构建圆
构建圆
(10.0,10.0)
(10.0,20.0)
```

例 6-12 中定义了一个 TestShape 类，Point 类是其成员内部类。点类 Point 拥有两个私有成员变量 *x* 和 *y*，还有一个公有的构造方法和两个公有的访问方法，用于获取点的坐标。TestShape 类中定义了一个名为 points 的成员变量，用于存储图形中的所有点，并提供了添加点和输出所有点的方法。

在 TestShape 类的构造方法中初始化了 points 变量，并在 addPoint()方法中创建了一个新的点对象，将其添加到 points 中；在 printPoints()方法中遍历 points 列表，获取每个点对象并输出其坐标。

由于 Point 类是 TestShape 类的成员内部类，因此在 TestShape 类的方法中可以直接访问 Point 的私有成员变量和成员方法；在 addPoint()方法中创建了一个 Point 对象，而不需要使用任何修饰符。

6.4.2 静态内部类

静态内部类是指在一个类的内部声明的另一个类，并且使用 static 关键字修饰。静态内部类与外部类没有任何关系，它可以独立于外部类单独创建对象，与外部类的实例无关。

【例 6-13】静态内部类的应用。（源代码：Student.java）

假设有一个学生类 Student，其中包含一个成绩类 Score。成绩类 Score 是 Student 类的静态内部类，用于描述一个学生的成绩情况，程序如下：

```
package ch06.d13;
public class Student {
    private String name;
    private Score score;
    public Student(String name, int chineseScore, int mathScore, int englishScore) {
        this.name = name;
        score = new Score(chineseScore, mathScore, englishScore);
    }
    public String getName() {
        return name;
    }
    public int getChineseScore() {
        return score.chineseScore;
    }
    public int getMathScore() {
        return score.mathScore;
    }
    public int getEnglishScore() {
        return score.englishScore;
    }
```

```
    public static class Score {
        private int chineseScore;
        private int mathScore;
        private int englishScore;
        public Score(int chineseScore, int mathScore, int englishScore) {
            this.chineseScore = chineseScore;
            this.mathScore = mathScore;
            this.englishScore = englishScore;
        }
        public int getChineseScore() {
            return chineseScore;
        }
        public int getMathScore() {
            return mathScore;
        }
        public int getEnglishScore() {
            return englishScore;
        }
    }
}
```

例 6-13 中定义了一个 Student 类，Score 类是其静态内部类。成绩类 Score 拥有三个私有成员变量 chineseScore、mathScore 和 englishScore，还有一个公有的构造方法和三个公有的访问方法，用于获取学生的语文、数学和英语成绩。Student 类中定义了一个名为 score 的成员变量，用于存储学生的成绩，并提供了访问学生成绩的方法。

在 Student 类的构造方法中初始化了 score 变量，并在创建 Score 对象时传入了学生的语文、数学和英语成绩；在 getChineseScore()方法、getMathScore()方法和 getEnglishScore()方法中直接访问了 Score 类中的成员变量。

由于 Score 类是 Student 类的静态内部类，它能够独立于外部类单独创建对象，与外部类的实例无关。因此，在创建 Score 对象时不需要先创建一个 Student 对象。

6.4.3 方法内部类

方法内部类

方法内部类是指在一个方法内部声明的类。方法内部类只能在声明它的方法内部使用，它对外部类和其他方法是不可见的。

【例 6-14】方法内部类的应用。（源代码：Outer.java）

假设有一个外部类 Outer，其中包含一个方法 printMessage()。在 printMessage()方法内部声明了一个方法内部类 Inner，用于输出一条消息，程序如下：

```
package ch06.d14;
public class Outer {
    public void printMessage() {
        class Inner {
            public void showMessage() {
                System.out.println("Hello, World!");
            }
        }
        Inner inner = new Inner();
        inner.showMessage();
    }
}
```

例 6-14 中定义了一个 Outer 类，其中包含了一个名为 printMessage()的方法；在 printMessage()方法内部声明了一个方法内部类 Inner，它拥有一个名为 showMessage()的方法，用于输出一条消息。

在 printMessage()方法内部创建了一个 Inner 对象，并调用了它的 showMessage()方法，从而输出“Hello, World!”。在 Outer 类的其他方法中无法直接访问 Inner 类。注意：方法内部类也不能声明为静态的。

6.4.4 匿名内部类

匿名内部类也称匿名类，是一种没有名字的内部类，在声明的同时进行实例化。匿名内部类通常用于创建只需要使用一次的类。

【例 6-15】匿名内部类的应用。 （源代码：TestAnonymousInner.java）

① 创建接口 Greeting，程序如下：

```
package ch06.d15;
interface Greeting {
    void sayHello();
}
```

② 使用匿名内部类来实现该接口，程序如下：

```
package ch06.d15;
public class TestAnonymousInner {
    public static void main(String[] args) {
        Greeting greeting = new Greeting() {
            @Override
            public void sayHello() {
                System.out.println("Hello, World!");
            }
        };
        greeting.sayHello();
    }
}
```

程序运行结果如下：

```
Hello, World!
```

例 6-15 中创建了一个 TestAnonymousInner 类，并在其 main()方法中使用匿名内部类实现了 Greeting 接口；在匿名内部类中重写了 sayHello()方法，并在其中输出“Hello, World!”。

然后通过创建匿名内部类的实例将其赋值给 Greeting 类型的变量 greeting；最后调用 greeting 的 sayHello()方法，从而输出“Hello, World!”。

6.5 Lambda 表达式

Lambda 表达式可以简化程序，一般用于定义匿名函数，可增加程序的灵活性和便捷性。

6.5.1 Lambda 表达式的基本语法

Lambda 表达式是一种简洁的语法，用于表示一个函数式接口的实例。它可以替代使用匿名内部类的方式来实现函数式接口。

Lambda 表达式的语法格式如下：

```
(parameters)->expression
```

或

```
(parameters)->{statements;}
```

其中，parameters 是参数列表，可以为空，也可以包含一个或多个参数。如果参数列表为空，可以使用空括号()表示。如果参数列表只有一个参数，可以省略括号。

->是 Lambda 操作符，用于分隔参数列表和 Lambda 表达式的主体。

expression 是一个表达式，用于执行 Lambda 表达式的逻辑，可以是一个简单的表达式，也可以是一个复杂的表达式。

{statements;}是一个代码块，用于执行多个语句的逻辑。如果 Lambda 表达式的主体包含多个语句，需要使用代码块的形式。

【例 6-16】Lambda 表达式的应用。（源代码：TestLambda.java）

假设有一个接口 Calculator，其中定义了一个 calculate()方法，用于执行计算操作。创建一个 TestLambda 类，并在 main()方法中使用 Lambda 表达式实现 Calculator 接口，程序如下：

```
package ch06.d16;
interface Calculator {
    int calculate(int a, int b);
}
public class TestLambda {
    public static void main(String[] args) {
        Calculator addition = (a, b) -> a + b;
        int result = addition.calculate(10, 5);
        System.out.println("Addition: " + result);
        Calculator subtraction = (a, b) -> a - b;
        result = subtraction.calculate(10, 5);
        System.out.println("Subtraction: " + result);
    }
}
```

程序运行结果如下：

```
Addition: 15
Subtraction: 5
```

例 6-16 中首先创建了一个 addition 变量，并使用 Lambda 表达式(a,b)→a+b 来实现 calculate()方法的逻辑。这个 Lambda 表达式接收两个参数 a 和 b，并返回它们的和。

然后调用 addition 的 calculate()方法传入参数 10 和 5，得到结果 15，并输出“Addition: 15”。

接着创建了一个 subtraction 变量，并使用 Lambda 表达式(a,b)→a-b 来实现 calculate()方法的逻辑。这个 Lambda 表达式接收两个参数 a 和 b，并返回它们的差。

最后调用 subtraction 的 calculate()方法，传入参数 10 和 5，得到结果 5，并输出“Subtraction: 5”。

6.5.2 Lambda 表达式的应用

Lambda 表达式通常用于简化实现函数式接口的程序。函数式接口是只包含一个抽象方法的接口，它可以与 Lambda 表达式直接对应。Lambda 表达式可以被认为是匿名函数或者闭包，能够简化程序并提高可读性和可维护性。

Lambda 表达式的应用

1. 集合运算

Lambda 表达式可以用于集合运算，例如过滤、映射和归约等操作，这些操作可以通过 JDK 8 中提供的 Stream API 来实现。

例如，可使用如下程序来筛选出某个集合中所有大于或等于 18 岁的人：

```
List<Person> adults = people.stream()
                            .filter(person -> person.getAge() >= 18)
                            .collect(Collectors.toList());
```

上述程序中，首先通过 stream()方法创建了一个 Stream 对象，然后通过 filter()方法传递了一个 Lambda 表达式，其中 person->person.getAge()>=18 表示筛选集合中年龄大于或等于 18 的元素。

2. 事件处理

Lambda 表达式可以用于事件处理，如按钮点击、列表选择事件，示例如下

```
Button button = new Button("Click Me");
button.setOnAction(event -> System.out.println("Button Clicked!"));
```

上述程序创建了一个按钮 button，然后通过 setOnAction()方法注册了一个按钮点击事件的处理器，其中 event->System.out.println("Button Clicked!")是一个 Lambda 表达式，表示使用 event 来接收事件对象，然后输出“Button Clicked!”。

3. 多线程

Lambda 表达式也可以用于多线程编程。例如，在使用 JDK 8 中提供的并发包时，可以使用 Lambda 表达式来处理并行任务。

6.6 项目实践：员工管理系统的改进

在员工管理系统中，父类可以将子类的部分属性和方法提取出来，只用于定义公共的功能，并不需要该类创建对象，因此可以将父类设计为抽象类。

本章将完善和修改第 5 章项目中的父类 Employee，子类设计及主类设计与第 5 章相同。本章将父类定义为抽象类，把父类中计算工资的方法定义为抽象方法。

抽象父类 Employee（员工类）的程序如下：

```
abstract public class Employee {
    private int employeeID;
    private String name;
    private String position;
    private int leaveDays;
    private double basicSalary;
    public Employee(int employeeID, String name, String position, int leaveDays,
    double basicSalary) {
        this.employeeID = employeeID;
        this.name = name;
        this.position = position;
        this.leaveDays = leaveDays;
        this.basicSalary = basicSalary;
    }
    public void setName(String name) {
        this.name = name;
    }
    public void setPosition(String position) {
        this.position = position;
    }
    public int getEmployeeID() {
        return employeeID;
    }
    public String getName() {
        return name;
    }
    public String getPosition() {
        return position;
    }
    public int getLeaveDays() {
        return leaveDays;
    }
    public double getBasicSalary() {
        return basicSalary;
    }
    public void setLeaveDays(int leaveDays) {
        this.leaveDays = leaveDays;
    }
    public void setBasicSalary(double basicSalary) {
        this.basicSalary = basicSalary;
    }
    public abstract double calculateSalary();
}
```

本章小结

本章介绍抽象类和接口的概念、抽象类的继承、接口的实现、接口的继承、内部类、Lambda 表达式的概念及其实际应用。本章具体涉及的内容如下所示。

① 抽象类是不能直接实例化的类，只能作为其他类的父类使用。

② 接口是一种抽象数据类型，定义了一组方法和常量，没有具体的实现，只是规定了实现类需要遵循的接口规范。

③ 类实现接口可以通过 implements 关键字，接口与接口之间可以继承。

④ 内部类是定义在另一个类内部的类。它可以访问包含其外部类的私有变量和方法，也可以被外部访问，但是它本身不能被继承和实例化，必须在外部类的内部创建实例。

⑤ Lambda 表达式是一种简洁的语法，用于表示一个函数式接口的实例。

习题

1．选择题

（1）接口中，方法默认的修饰符是（　　）。

A. public　　B. protected　　C. private　　D. default

（2）抽象类中可以定义的成员包括（　　）。

A. 成员变量　　B. 构造方法　　C. 抽象方法　　D. 全部都可以

（3）下列哪个描述符不能用于修饰接口方法？（　　）

A. abstract　　B. default　　C. private　　D. static

（4）在 Java 中，一个类可以同时实现多个接口，但只能继承一个抽象类，原因是（　　）。

A. Java 的语法规定了这样的限制

B. 接口中只能有抽象方法，不会产生方法的多继承问题

C. 抽象类中可以有实现方法，多继承会导致方法冲突

D. Java 语言设计者认为实现多个接口更常见和实用

（5）接口中的方法默认的是（　　）。

A. 抽象方法　　B. 实现方法　　C. 私有方法　　D. 默认方法

（6）一个非抽象子类继承一个抽象类的同时实现了一个接口，该类必须（　　）。

A. 实现接口中的所有抽象方法　　B. 重写抽象类中的所有方法

C. 重写接口中的所有方法　　D. 实现抽象类和接口中的任意方法

（7）抽象类的作用是（　　）。

A. 限制类的实例化　　B. 提供类的默认实现

C. 定义类的通用功能　　D. 提供类的构造方法

（8）接口的作用是（　　）。

A. 限制类的实例化　　B. 提供类的默认实现

C. 定义类的通用功能　　D. 提供类的构造方法

（9）接口可以继承接口，这是为了实现以下哪个功能？（　　）

A. 多重继承　　B. 方法的复用　　C. 接口的扩展　　D. 类的嵌套

（10）在 JDK 8 之后，接口中可以有默认方法。默认方法的作用是（　　）。

A. 强制实现类实现该方法　　B. 提供接口的默认实现

C. 让接口能够实例化　　D. 限制接口的实现方式

2．简答题

（1）什么是抽象类？

（2）抽象类和接口的区别是什么？

（3）类与接口的关系是什么？

（4）JDK 8 接口引入默认方法的作用是什么？

（5）什么是 Lambda 表达式？

3．编程题

（1）编写一个抽象类 Animal，包含属性 name 和 age 以及抽象方法 makeSound()和 move()；然后编写两个类 Dog 和 Cat，分别继承 Animal 类并实现它的抽象方法；最后在 main()方法中实例化 Dog 和 Cat 并调用它们的方法。

（2）编写一个接口 PlayGame，包含抽象方法 startGame()；然后编写两个类 ConsoleGame 和 MobileGame，分别实现 PlayGame 接口并实现它的抽象方法；最后在 main()方法中实例化 ConsoleGame 和 MobileGame 并调用它们的方法。

（3）编写一个接口 Human，包含抽象方法 speak()；然后编写两个抽象类 Man 和 Woman，分别实现 Human 接口并实现它的抽象方法；再分别编写两个类 ChineseMan 和 ChineseWoman，分别继承 Man 和 Woman 并实现它们的抽象方法；最后在 main()方法中实例化 ChineseMan 和 ChineseWoman 并调用它们的方法。

上机实验

实验 1：车辆管理系统。

实验要求：

（1）创建一个抽象类 Vehicle，包含一个抽象方法 run()和一个非抽象方法 stop()。

（2）定义两个类 Car 和 Truck，分别继承 Vehicle，并实现 run()方法。

（3）在 main()方法中创建一个 Car 对象和一个 Truck 对象，并调用它们的 run()方法和 stop()方法。

实验 2：接口实现多继承。

实验要求：

（1）创建一个接口 Driver，包含一个抽象方法 drive()。

（2）创建一个接口 Passenger，包含一个抽象方法 take()。

（3）定义一个类 Person，实现 Driver 和 Passenger 接口，并实现 drive()和 take()方法。

（4）在 main()方法中创建一个 Person 对象，并调用它的 drive()和 take()方法。

第7章 数组与常用类

【本章导读】

数组是一种常见的数据结构，用于存储一组相同类型的数据；常用类是Java封装时一些经常使用的类，可以方便地进行字符串运算、数学运算、日期运算等操作。

本章讲述数组的定义和访问数组中元素的方法，并介绍Object类、字符串类、Math类、Random类、日期类和包装类等常用类。

【本章实践能力培养目标】

通过本章内容的学习，读者应能完成用数组存储员工管理系统中多位员工的信息，并实现员工信息的添加、查看功能。

7.1 数组

数组是有序的元素序列，是在程序设计中为了处理方便，把具有相同类型的若干元素按有序的形式组织起来的一种数据结构。数组本身是引用数据类型，即对象。但是数组可以存储基本数据类型，也可以存储引用数据类型。

数组的定义和初始化

7.1.1 数组的定义和初始化

数组是一种存储多个相同类型数据的容器，可以通过数组下标来访问每个元素，下标从0开始。在使用数组元素时，数组名具有一定的规律性，数组内存空间的分配是连续的。

数组在使用之前需要声明、创建，然后才能使用。数组的4个基本特点如下。

① 数组的长度是确定的。数组一旦被确定，长度就不可以改变。

② 数组中的每个元素具有相同的数据类型。

③ 数组元素可以存储任何数据类型，包括基本数据类型和引用数据类型。

④ 数组变量属于引用数据类型，数组也是对象。

数组在声明时没有实例化任何对象，JVM（Java Virtual Machine，Java虚拟机）不会分配内存空间给它。只有在实例化对象时，JVM才会为其分配内存空间，这时才与长度有关。构造一个数组，必须指定长度。

数组可以用下面任意一种格式声明：

```
数据类型[] 数组名;
数据类型 数组名[];
```

数组定义的程序如下：

```
char a[];     // 或char[] a;
int arr[];    // 或int[] arr;
Student s[]; // 或Student[] s;
```

上面的程序中，a、arr、s都是数组名。声明数组时，在内存的栈空间中开辟了一个引用空间，用来指向实际的数组空间。如果只是声明数组，而没有创建实际的数组空间，则不能使用元素。

创建数组的方式和创建其他对象的方式相同，使用new关键字即可。在创建数组时一定要指明数组的类型和长度，实际创建的数组保存在堆空间中。创建数组的格式如下：

```
数组名 = new 数据类型[长度];
```

创建数组元素的程序如下：

```
int a[];                                    // 声明数组
a = new int[5];                             // 创建数组元素
```

也可以在声明的同时创建数组元素，程序如下：

```
int a[] = new int[5];
```

上面程序中，使用 new 关键字创建数组元素后，在堆空间开辟了 5 个 int 型的连续的存储空间，这里假设首地址为 0x1fa6cc7；每个空间为 int 型，占用 4 个字节；并把在堆空间中开辟的连续 20 个字节空间的首地址存储到栈中数组变量 a 的引用中，如图 7-1 所示。

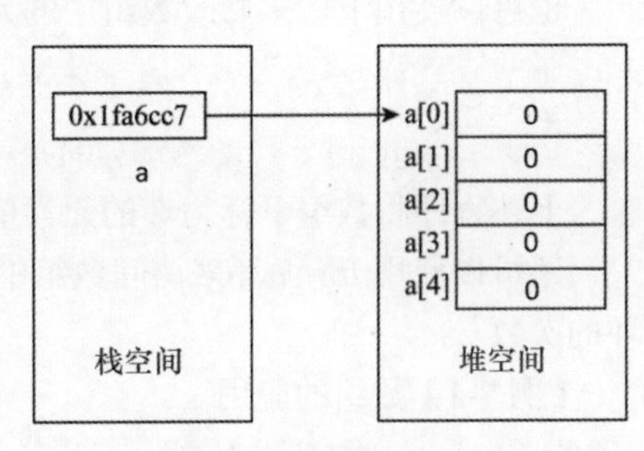

图 7-1　基本类型数组空间的分配示意图

也可以开辟引用数据类型的数组空间，以 Student 类为例，程序如下：

```
Student s[];            // 声明数组
s = new Student[5];     // 创建数组元素
```

或者在声明的同时创建数组空间，程序如下：

```
Student s[] = new Student[5];
```

上面程序中，数组 s 使用 new 关键字创建数组元素后，在堆空间开辟了 5 个 Student 类型的连续存储空间。这里仍然假设首地址为 0x1fa6cc7，用来存储 Student 类型的对象引用，每个空间仍为引用数据类型。把在堆空间中开辟的连续空间的首地址存储到栈中的 s 空间中。数组中的每一个元素是 Student 类型的引用。数组元素 s[0]~s[4]的初值为 null，如果使用数组元素，则需要使用 new 关键字为这些引用再创建具体的 Student 类型对象，如图 7-2 所示。

图 7-2　引用类型数组空间的分配示意图

数组的初始化有两种方法，即静态初始化和动态初始化。

静态初始化可以直接为数组中的每个元素进行赋值，程序如下：

```
int a[] = {1, 2, 3, 4, 5};
```

这段程序创建了数组 a，由 5 个元素构成，a[0]~a[4]的值分别是 1~5。或者用下面这段程序：

```
int a[] = new int [] {1, 2, 3, 4, 5};
```

这段程序创建了数组 a，由 5 个元素构成，a[0]~a[4]的值分别是 1~5。

动态初始化需要指定数组的长度，然后通过循环为每个元素赋值，程序如下：

```
int[] array = new int[5];
for(int i = 0; i < array.length; i++) {
    array[i] = i+1;
}
```

数组的默认初始化值取决于数组元素的类型。整型默认值为 0，浮点型默认值为 0.0，布尔类型默认值为 false，对象类型默认值为 null。

7.1.2　数组的访问

可以使用下标来访问数组中的元素，数组下标从 0 开始，到数组长度值减 1 结束。

例如，定义 int[] array = new int[5]，访问数组中的第 1 个元素可以使用 array[0]，访问第 2 个元素可使用 array[1]……以此类推。

创建数组并访问数组元素的程序如下：

```
int[] array = {1, 2, 3, 4, 5};
System.out.println(array[0]);      // 输出 1
System.out.println(array[2]);      // 输出 3
```

也可以使用下标来修改数组中的元素值，程序如下：

```
int[] array = {1, 2, 3, 4, 5};
array[2] = 6;
System.out.println(array[2]);      // 输出 6
```

上述程序将数组下标为 2 的元素值修改为 6。

还可以使用 for 循环来访问数组中的元素，使用数组的 length 属性（即数组的长度）来控制循环的次数。

【例 7-1】 数组的应用。（源代码：TestArray.java）

```
package ch07;
public class TestArray {
    public static void main(String[] args) {
      int[] array = {1, 2, 3, 4, 5};
      for (int i = 0; i < array.length; i++){
         System.out.println(array[i]);
      }
    }
}
```

程序运行结果如下：

```
1
2
3
4
5
```

例 7-1 遍历了整个数组，依次输出了每个元素的值。

7.1.3 二维数组

二维数组

二维数组是一种行列结构的数组，可以通过如下方式定义和初始化：

```
int[][] matrix = new int[2][3];     // 定义一个 2 行 3 列的二维数组
```

上述程序定义了一个名为 matrix 的二维数组，该数组有 2 行 3 列。要注意的是，二维数组的每行元素也是一个数组。

二维数组的初始化有以下几种方式。

① 使用 new 关键字创建一个初始值为 0 的二维数组，程序如下：

```
int[][] matrix = new int[2][3];
```

② 直接指定二维数组的初始值，程序如下：

```
int[][] matrix = {{1,2,3}, {4,5,6}};
```

③ 使用 new 关键字和数组构造器来初始化二维数组，程序如下：

```
int[][] matrix = new int[][]{{1,2,3}, {4,5,6}};
```

二维数组使用两个下标来访问元素，第 1 个下标表示行号，第 2 个下标表示列号，行号与列号都从 0 开始计数，程序如下：

```
int[][] matrix = {{1,2,3}, {4,5,6}};
System.out.println(matrix[0][1]);       // 输出 2
System.out.println(matrix[1][2]);       // 输出 6
```

上述程序分别输出了二维数组中第 1 行第 2 列和第 2 行第 3 列的元素值。

可以通过下标来修改二维数组中的元素值，程序如下：

```
int[][] matrix = {{1,2,3}, {4,5,6}};
matrix[1][0] = 7;                          // 修改第 2 行第 1 列的值为 7
System.out.println(matrix[1][0]);          // 输出 7
```

上述程序将二维数组中第 2 行第 1 列的元素值修改为 7，并输出修改后的值。

遍历二维数组可以使用两层 for 循环，外层循环负责控制行数，内层循环负责控制列数。

【例 7-2】二维数组的应用。（源代码：TestTwoArray.java）

定义一个二维数组并初始化，输出二维数组的所有元素，程序如下：

```
package ch07;
public class TestTwoArray {
    public static void main(String[] args) {
        int[][] matrix = {{1,2,3}, {4,5,6}};
        for(int i = 0; i < matrix.length; i++){
            for(int j = 0; j < matrix[i].length; j++){
                System.out.print(matrix[i][j] + " ");
            }
            System.out.println();           // 换行输出下一行
        }
    }
}
```

程序运行结果如下：

```
1 2 3
4 5 6
```

例 7-2 输出了整个二维数组的所有元素，每行之间换行显示。为了保证循环的正确性，需要分别使用数组的 length 属性获取行数和列数。

7.1.4 数组的使用

数组的使用

1．数组下标的合法性

数组下标是从 0 开始的整数类型数据。访问数组时，数组下标必须是非负整数并且小于数组长度，否则会抛出 ArrayIndexOutOfBoundsException 异常，程序如下：

```
int[] arr = {1, 2, 3};
System.out.println(arr[0]);                 // 输出 1
System.out.println(arr[3]);                 // 抛出 ArrayIndexOutOfBoundsException 异常
```

2．数组越界的异常处理

数组越界指的是尝试访问数组中不存在的位置或者下标越界，这将导致 ArrayIndexOutOfBoundsException 异常的抛出。为了避免数组越界问题，需要确保在访问数组元素时，所使用的下标值不超过数组的长度值减 1，程序如下。

```
int[] arr = {1, 2, 3};
try {
    int value = arr[3];
    // 尝试访问数组中不存在的位置，抛出 ArrayIndexOutOfBoundsException 异常
} catch (ArrayIndexOutOfBoundsException e){
    System.out.println("数组越界异常：" + e.getMessage());
}
```

3．数组的复制和引用问题

数组是一种引用数据类型，也就是说数组变量并不直接存储数据，而是存储一个内存地址，指向分配给数组的内存空间。因此，数组的赋值操作并不是将数组中的元素复制一份，而是将数组变量的引用复制一份，两个数组变量指向同一个数组对象。如果需要复制数组中的元素，可以使用数组的 clone()方法。程序如下：

```
int[] arr1 = {1, 2, 3};
int[] arr2 = arr1;                          // 将 arr1 的引用赋值给 arr2
```

```
arr2[0] = 4;
System.out.println(arr1[0]);                    // 输出 4，因为 arr1 和 arr2 指向同一个数组对象
int[] arr3 = arr1.clone();                      // 复制 arr1 中的元素
arr3[0] = 5;
System.out.println(arr1[0]);                    // 输出 4，因为 arr1 中的元素没有发生改变
System.out.println(arr3[0]);                    // 输出 5，因为 arr3 中的第 1 个元素被修改了
```

【例 7-3】数组的使用。（源代码：TestStuMan.java）

设计存储学生信息的程序，每个学生都有姓名、学号、3 门课程成绩和总成绩等属性。使用数组来存储学生信息，实现向数组添加学生和删除学生的功能，程序如下：

```
package ch07;
import java.util.Arrays;
import java.util.Scanner;
class Student {
        String name;
        String id;
        int[] scores = new int[3];
        int totalScore;
        Student(String name, String id, int[] scores) {
            this.name = name;
            this.id = id;
            this.scores = scores;
            this.totalScore = scores[0] + scores[1] + scores[2];
        }
}
public class TestStuMan {
    Scanner scanner = new Scanner(System.in);
    int count = 0;                                      // 学生数量
    Student[] students = new Student[10];               // 学生数组，初始数量为 10
    public void addStudent() {
        System.out.println("请输入学生信息：");
        System.out.print("姓名：");
        String name = scanner.next();
        System.out.print("学号：");
        String id = scanner.next();
        System.out.print("3 门课程成绩（用空格隔开）：");
        int[] scores = new int[3];
        for(int i = 0; i < scores.length; i++){
            scores[i] = scanner.nextInt();
        }
        Student student = new Student(name, id, scores);
        if(count >= students.length){                   // 如果数组已满，扩容
            students = Arrays.copyOf(students, students.length + 10);
        }
        students[count++] = student;
        System.out.println("添加学生成功！");
    }
    public void deleteStudent() {
        System.out.print("请输入要删除的学生 id：");
        String id = scanner.next();
        for(int i = 0; i < count; i++){
            if(students[i].id.equals(id)){              // 根据 id 查找学生信息
                for(int j = i; j < count - 1; j++){     // 把后面的学生信息往前移
                    students[j] = students[j + 1];
                }
                students[--count] = null;               // 把最后一个多余的元素置为 null
                System.out.println("删除学生成功！");
                return;
            }
        }
        System.out.println("找不到该学生！");
```

```
    }
    public void start() {
        System.out.println("欢迎使用学生信息管理系统！");
        while(true){
            System.out.println("请选择要执行的操作：");
            System.out.println("1.添加学生");
            System.out.println("2.删除学生");
            System.out.println("0.退出程序");
            int choice = scanner.nextInt();
            switch(choice){
                case 1:
                    addStudent();
                    break;
                case 2:
                    deleteStudent();
                    break;
                case 0:
                    System.out.println("谢谢使用！");
                    return;
                default:
                    System.out.println("输入错误，请重新输入！");
                    break;
            }
        }
    }
    public static void main(String[] args) {
        TestStuMan system = new TestStuMan();
        system.start();
    }
}
```

7.2 Object 类

所有的类都直接或间接地继承自 Object 类。Java 是一种面向对象的程序设计语言，所有的对象都具有一些通用的行为和属性。通过继承 Object 类，可以确保所有的类都具有这些通用的行为和属性。

使用 Object 类还可以实现一些通用的操作，如对象的比较、对象的哈希值计算、对象的字符串表示等。

Object 类概述

7.2.1 Object 类概述

Object 类是 Java 中所有类的根类，也是 Java 中所有类的超类。它位于 java.lang 包中，是 Java 语言的核心类之一。Object 类定义了所有对象都具有的通用方法和属性。

Object 类的作用主要有以下几个方面。

① 提供了通用的方法。Object 类中定义了一些通用的方法，如 equals()、hashCode()、toString() 等。这些方法可以在所有的 Java 类中直接使用，无须重新定义。

② 提供了对象的基本行为。Object 类中定义了一些基本的行为，如对象的创建、销毁、复制等。所有类都直接或间接继承自 Object 类，因此都具有这些基本行为。

③ 提供了对象的通用属性。Object 类中定义了一些通用的属性，如对象的标识、类信息等。这些属性可以通过调用 Object 类的方法来获取。

【例 7-4】调用 Object 类的方法。（源代码：PersonObject.java）

调用 Object 类的 toString()方法，程序如下：

```
package ch07;
public class PersonObject {
    private String name;
    private int age;
    // 构造方法
```

```
    public PersonObject (String name, int age) {
        this.name = name;
        this.age = age;
    }
    public static void main(String[] args) {
          Object o1 = new PersonObject ("Mandy",20);
          System.out.println(o1.toString());
    }
}
```

程序运行结果如下：

```
ch07.PersonObject@7b23ec81
```

Object 类的常用方法

7.2.2 Object 类的常用方法

1．toString()方法

toString()方法是 Object 类中的一个通用方法，它在 Java 中的定义如下：

```
public String toString() {
    return getClass().getName() + "@" + Integer.toHexString(hashCode());
}
```

该方法返回该对象的字符串表示。默认情况下，toString()方法返回对象的类名和哈希码。如果需要更详细的信息，可以在子类中重写 toString()方法。

【例 7-5】toString()方法的应用。（源代码：PersonString.java）

在子类中重写 toString()方法，程序如下：

```
package ch07;
public class PersonString{
    private String name;
    private int age;
    // 构造方法
    public PersonString (String name, int age) {
        this.name = name;
        this.age = age;
    }
    // 重写 toString()方法
    @Override
    public String toString() {
        return "Person{" +
                "name='" + name + '\'' +
                ", age=" + age +
                '}';
    }
      public static void main(String[] args) {
          PersonString p1 = new PersonString ("Mandy",20);
          System.out.println(p1.toString());
    }
}
```

程序运行结果如下：

```
Person{name='Mandy', age=20}
```

例 7-5 中，PersonString 类重写了 toString()方法，返回以字符串形式表示的 PersonString 对象内容。在使用 PersonString 类的时候，就可以直接使用该方法来获取对象的字符串表示。

2．equals()方法

equals()方法在 JDK 中的定义如下：

```
public boolean equals(Object obj) {
    return (this == obj);
}
```

该方法用于比较两个对象是否相等。默认情况下，equals()方法使用运算符“==”比较两个对象的引用是否相等。如果需要比较对象的内容是否相等，可以在子类中重写 equals()方法。

【例 7-6】 equals()方法的应用。（源代码：PersonEquals.java）

在子类中重写 equals ()方法，程序如下：

```
package ch07;
public class PersonEquals {
    private String name;
    private int age;
    // 构造方法
    public PersonEquals (String name, int age) {
        this.name = name;
        this.age = age;
    }
    // 重写 equals()方法
    @Override
    public boolean equals(Object obj) {
        if(this == obj) {
            return true;
        }
        if(obj == null || getClass() != obj.getClass()) {
            return false;
        }
        PersonEquals person = (PersonEquals) obj;
        return age == person.age && name.equals(person.name);
    }
    public static void main(String[] args) {
          PersonEquals  p1=new PersonEquals("Mandy",20);
          PersonEquals  p2=new PersonEquals("Mandy",20);
          System.out.println(p1.equals(p2));
    }
}
```

例 7-6 中，PersonEquals 类重写了 equals()方法，以比较两个 PersonEquals 对象的内容是否相等。

3. hashCode () 方法

hashCode()方法在 Java 中定义如下：

```
public int hashCode() {
    return super.hashCode();
}
```

默认情况下，hashCode()方法返回对象的地址或默认哈希值。如果需要根据对象的内容生成哈希码，可以在子类中重写 hashCode()方法。

【例 7-7】 hashCode()方法的应用。（源代码：PersonHash.java）

在子类中重写 hashCode ()方法，程序如下：

```
package ch07;
import java.util.*;
public class PersonHash {
    private String name;
    private int age;
    // 构造方法
    public PersonHash(String name, int age) {
        this.name = name;
        this.age = age;
    }
    // 重写 hashCode()方法
    @Override
    public int hashCode() {
        return Objects.hash(name, age);
    }
    public static void main(String[] args) {
```

```
            PersonHash p1 = new PersonHash("Mandy",20);
            System.out.println(p1.hashCode());
    }
}
```

程序运行结果如下：

```
-1997563290
```

例 7-7 中，PersonHash 类重写了 hashCode()方法，以根据对象的内容生成哈希码。在使用 PersonHash 类的时候，就可以直接使用该方法来获取对象的哈希码。

4．getClass () 方法

Java 中的 getClass()方法定义如下：

```
public final Class<?> getClass()
```

该方法返回对象的类信息。如果需要获取更详细的类信息，可以使用 Class 类提供的一些方法。

【例 7-8】 getClass()方法的应用。（源代码：PersonClass.java）

使用 getClass()方法来获取类信息，程序如下：

```
package ch07;
public class PersonClass {
    private String name;
    private int age;
    // 构造方法
    public PersonClass(String name, int age) {
        this.name = name;
        this.age = age;
    }
    // 获取类信息
    public void getClassInfo() {
        System.out.println("Class name: " + getClass().getName());
        System.out.println("Superclass name: " +
                           getClass().getSuperclass().getName());
    }
    public static void main(String[] args) {
          PersonClass p1 = new PersonClass ("Mandy",20);
          p1.getClassInfo ();
    }
}
```

程序运行结果如下：

```
Class name: ch07.Person
Superclass name: java.lang.Object
```

例 7-8 中，PersonClass 类实现了一个获取类信息的方法。该方法使用 getClass()方法来获取类信息，并使用 Class 类提供的 getSuperclass()方法获取父类信息。在使用 PersonClass 类的时候，就可以直接使用该方法获取类信息。

所有类最终都是 Object 类的直接或间接子类，Object 类是 Java 中所有类的共同“祖先”。

7.3 字符串类

在 Java 中，字符串是一种基本和常用的数据类型。它表示一个由字符组成的连续文本序列。字符串可以存储文本信息，如姓名、地址、电话号码等。

字符串的定义和初始化

7.3.1 字符串的定义和初始化

String 类用于表示字符串。String 类属于标准类库，可以在任何程序中使用。String 类提供了一系列方法，用于处理字符串的操作，如字符串的连接、截取、查找、替换等。

定义和初始化字符串常用如下两种方法。

① 使用字符串字面量，程序如下：

```
String str1 = "Hello World";
```

② 使用new关键字，程序如下：

```
String str2 = new String("Hello World");
```

上述程序定义了两个字符串变量str1和str2，它们的值都是"Hello World"。

字符串常量池是一块特殊的内存空间，用于存储字符串对象。当使用字符串字面量定义字符串时，Java会先检查字符串常量池中是否已经存在该字符串，如果存在，则返回该字符串对象的引用；否则创建一个新的字符串对象并存储在常量池中。示例如下：

```
String str1 = "Hello World";
String str2 = "Hello World";
System.out.println(str1 == str2);       // true
```

上述程序中，首先定义str1，它的值为"Hello World"。由于字符串常量池中存在该字符串，因此str1和str2实际上引用了同一个字符串对象，所以输出结果为true。

使用new关键字创建字符串对象时，每次都会创建一个新的字符串对象，而不是从常量池中获取。因此，以下程序输出结果为false：

```
String str1 = new String("Hello World");
String str2 = new String("Hello World");
System.out.println(str1 == str2); // false
```

字符串的常用操作方法

7.3.2 字符串的常用操作方法

1. length()方法

length()方法用于获取字符串的长度，返回一个整数值，表示该字符串中的字符数，示例程序如下：

```
String str = "Hello World";
int len = str.length();
System.out.println(len);              // 输出结果为11
```

2. charAt()方法

charAt()方法用于获取指定位置的字符，需要一个整数作为参数，表示要获取字符的位置（从0开始计算），示例程序如下：

```
String str = "Hello World";
char ch = str.charAt(1);
System.out.println(ch);               // 输出结果为'e'
```

上面的程序获取了字符串中下标为1处的字符，即第2个字符。

3. substring()方法

substring()方法用于获取子字符串，需要一个或两个整数作为参数，分别表示子字符串的起始位置和终止位置。如果只指定一个参数，则表示从指定位置开始获取到末尾，示例程序如下：

```
String str = "Hello World";
String subStr1 = str.substring(6);
String subStr2 = str.substring(0, 5);
System.out.println(subStr1);          // 输出结果为"World"
System.out.println(subStr2);          // 输出结果为"Hello"
```

其中，subStr1获取了从字符串中下标为6处开始到末尾的子字符串，subStr2获取了从字符串中下标为0处开始到下标为5前的子字符串。

4. indexOf()方法和lastIndexOf()方法

indexOf()方法和 lastIndexOf()方法分别用于查找指定字符或子字符串在字符串中第一次出现的

位置和最后一次出现的位置，它们返回一个整数值，表示出现的位置。如果没有找到指定字符或子字符串，则返回-1。示例程序如下：

```
String str = "Hello World";
int index1 = str.indexOf('l');
int index2 = str.lastIndexOf('l');
int index3 = str.indexOf("World");
int index4 = str.lastIndexOf("o");
System.out.println(index1);                // 输出结果为 2
System.out.println(index2);                // 输出结果为 9
System.out.println(index3);                // 输出结果为 6
System.out.println(index4);                // 输出结果为 7
```

上面这段程序分别查找字符“l”、子字符串“World”和字符串“o”在字符串中出现的位置。其中，index1 和 index3 都是查找第一次出现的位置，而 index2 和 index4 则是查找最后一次出现的位置。

5. equals () 方法和 equalsIgnoreCase () 方法

equals()方法和 equalsIgnoreCase()方法用于比较两个字符串是否相等。其中，equals()方法区分大小写，而 equalsIgnoreCase()方法忽略大小写。它们都返回一个布尔值，表示比较结果，示例程序如下：

```
String str1 = "Hello";
String str2 = "hello";
boolean result1 = str1.equals(str2);
boolean result2 = str1.equalsIgnoreCase(str2);
System.out.println(result1);             // 输出结果为 false
System.out.println(result2);             // 输出结果为 true
```

上面这段程序比较两个字符串是否相等，分别使用了 equals()方法和 equalsIgnoreCase()方法。由于 equals()区分大小写，所以 str1 和 str2 不相等，返回结果为 false；而 equalsIgnoreCase()方法忽略大小写，所以 str1 和 str2 相等，返回结果为 true。

6. startsWith () 方法和 endsWith () 方法

startsWith()方法和 endsWith()方法分别用于判断一个字符串是否以指定的子字符串开头和结尾，它们返回一个布尔值，表示判断结果，示例程序如下：

```
String str = "Hello World";
boolean startsWith = str.startsWith("Hello");
boolean endsWith = str.endsWith("World");
System.out.println(startsWith);          // 输出结果为 true
System.out.println(endsWith);            // 输出结果为 true
```

上面这段程序判断了字符串是否以“Hello”开头和“World”结尾，返回结果都为 true。

7. toUpperCase () 方法和 toLowerCase () 方法

toUpperCase()方法和 toLowerCase()方法分别用于将字符串转换为全大写和全小写格式，它返回一个新的字符串，而不是修改原来的字符串，示例程序如下：

```
String str = "Hello World";
String upperCase = str.toUpperCase();
String lowerCase = str.toLowerCase();
System.out.println(upperCase);           // 输出结果为"HELLO WORLD"
System.out.println(lowerCase);           // 输出结果为"hello world"
```

8. trim () 方法

trim()方法用于去除字符串中的前后空格，它返回一个新的字符串，而不是修改原来的字符串，示例程序如下：

```
String str = "  Hello World  ";
String trimStr = str.trim();
System.out.println(trimStr);             // 输出结果为"Hello World"
```

上面这段程序去除了字符串中的前后空格，并输出结果。

9. split()方法

split()方法用于将字符串按照指定的分隔符分成多个子字符串，并返回一个字符串数组，示例程序如下：

```
String str = "Hello,World,Java";
String[] strs = str.split(",");
for (String s : strs) {
    System.out.println(s);
}
```

程序运行结果如下：

```
Hello
World
Java
```

上面这段程序用逗号将字符串分成了3个子字符串，并使用循环结构输出了每个子字符串的值。

【例7-9】 String类的应用。（源代码：TestString.java）

定义字符串对象，并通过调用常用方法演示字符串的常用操作，程序如下：

```
package ch07;
public class TestString {
    public static void main(String[] args) {
        String str = "Hello World";
        System.out.println("原字符串: " + str); // 输出原字符串
        // 获取字符串长度
        int length = str.length();
        System.out.println("字符串长度: " + length);
        // 转换为大写
        String upperCaseStr = str.toUpperCase();
        System.out.println("转换为大写: " + upperCaseStr);
        // 转换为小写
        String lowerCaseStr = str.toLowerCase();
        System.out.println("转换为小写: " + lowerCaseStr);
        // 截取字符串
        String subStr = str.substring(6);
        System.out.println("截取字符串: " + subStr);
        // 替换字符串
        String replaceStr = str.replace("World", "Java");
        System.out.println("替换字符串: " + replaceStr);
        // 字符串分割
        String[] splitStr = str.split(" ");
        System.out.print("字符串分割: ");
        for (String s : splitStr) {
            System.out.print(s + "-");
        }
        System.out.println();
        // 去除字符串空格
        String trimStr = "  Hello World!  ";
        System.out.println("去除字符串空格前: " + trimStr);
        String trimmedStr = trimStr.trim();
        System.out.println("去除字符串空格后: " + trimmedStr);
        // 判断字符串是否包含指定字符
        boolean contains = str.contains("World");
        System.out.println("是否包含指定字符: " + contains);
        // 判断字符串是否以指定字符开头或结尾
        boolean startsWith = str.startsWith("Hello");
        System.out.println("是否以指定字符开头: " + startsWith);
        boolean endsWith = str.endsWith("World");
```

```
        System.out.println("是否以指定字符结尾：" + endsWith);
        // 查找字符出现位置
        int indexOf = str.indexOf("W");
        System.out.println("字符 W 出现位置：" + indexOf);
        // 比较字符串
        String str1 = "hello world";
        String str2 = "Hello World";
        int result = str1.compareToIgnoreCase(str2);
        if (result == 0) {
            System.out.println("两个字符串相同");
        } else if (result > 0) {
            System.out.println("字符串 " + str1 + " 大于字符串 " + str2);
        } else {
            System.out.println("字符串 " + str1 + " 小于字符串 " + str2);
        }
    }
}
```

程序运行结果如下：

```
原字符串：Hello World
字符串长度：11
转换为大写：HELLO WORLD
转换为小写：hello world
截取字符串：World
替换字符串：Hello Java
字符串分割：Hello-World-
去除字符串空格前：   Hello World!
去除字符串空格后：Hello World!
是否包含指定字符：true
是否以指定字符开头：true
是否以指定字符结尾：true
字符 W 出现位置：6
两个字符串相同
```

7.3.3 字符串池

字符串池

1．字符串的不可变性

字符串是不可变的。也就是说，一旦创建了一个字符串对象，就不能再修改它的值了。示例程序如下：

```
String str = "Hello";
str += " World";
```

上述程序使用字符串拼接的方式将“Hello”和“World”连接起来。实际上，每次使用字符串拼接操作时，都会创建一个新的字符串对象，而原来的字符串对象不会被修改。示例程序如下：

```
String str = "Hello";
String str1 = str + " World";
```

其中，新创建的字符串对象赋值给了str1，而原来的字符串对象“Hello”并没有被修改。

2．字符串池的概念和作用

当创建一个字符串对象时，如果字符串池中已经存在了一个与其值相等的字符串，那么就会返回池中的字符串对象，示例程序如下：

```
String str1 = "Java";
String str2 = "Java";
System.out.println(str1 == str2);            // 输出结果为 true
```

字符串池的作用是减少内存的开销。由于字符串非常常见，如果每次都创建一个新的字符串对象，就会造成很大的内存浪费。因此，可以将字符串池看作字符串对象的缓存区，以便重复利用已经存在的字符串对象。

3．intern()方法

可以使用字符串的 intern()方法来将一个字符串添加到字符串池中，示例程序如下：

```
String str = new String("Hello");
String internStr = str.intern();
```

其中，程序通过 new 关键字创建了一个新的字符串对象。调用 intern()方法后，返回的是字符串池中的对象。这个过程可以被看作将字符串对象加入到池中的过程。只有调用 intern()方法之后，才能将字符串添加到字符串池中，因此，需要将返回值赋给一个新的字符串变量。

使用 intern()方法可以让不同的字符串对象共享一个内存空间，从而节省内存的开销，这在处理大量字符串对象时效果明显。但是，由于字符串池是用来缓存字符串的，而字符串的缓存是有限的，因此在使用 intern()方法时，需要根据具体的场景进行评估，避免因为缓存不足而导致程序异常或性能下降。

StringBuffer 类与 StringBuilder 类

7.3.4 StringBuffer 类与 StringBuilder 类

1．StringBuffer 类

StringBuffer 类是一个用来处理字符串的类，它和 String 类的区别在于 String 类是不可变的，而 StringBuffer 类是可变的，可以通过调用其方法来添加、删除、修改字符串内容。StringBuffer 类支持链式调用，可以在同一个对象上连续调用多个方法。

【例 7-10】 StringBuffer 类的应用。（源代码：TestStringBuffer.java）

创建一个 StringBuffer 对象，调用常用方法演示相关操作，程序如下：

```
package ch07;
public class TestStringBuffer{
    public static void main(String[] args) {
        StringBuffer sb = new StringBuffer("Hello World");
        System.out.println(sb.toString());  // 输出"Hello World"
        // 在字符串中插入子串
        sb.insert(5, ",");
        System.out.println(sb.toString());  // 输出"Hello, World"
        // 删除指定位置的字符
        sb.deleteCharAt(5);
        System.out.println(sb.toString());  // 输出"Hello World"
        // 给指定位置的字符赋值
        sb.setCharAt(4, 'o');
        System.out.println(sb.toString());  // 输出"Hello World"
    }
}
```

程序运行结果如下：

```
Hello World
Hello, World
Hello World
Hello World
```

例 7-10 中首先创建了一个 StringBuffer 对象，然后用它的构造方法初始化了一个字符串“Hello World”；接着使用 insert()方法在字符串中插入一个逗号，并使用 deleteCharAt()方法删除了逗号；最后使用 setCharAt()方法替换了第 5 个字符。

2．StringBuilder 类

StringBuilder 也是用来处理可变字符串的类。和 StringBuffer 类相似，StringBuilder 类同样也可以进行字符串的添加、删除和修改等操作。

【例 7-11】StringBuilder 类的应用。　　（源代码：TestStringBuilder.java）

创建一个 StringBuilder 对象，调用常用方法演示相关操作，程序如下：

```
package ch07;
public class TestStringBuilder {
    public static void main(String[] args) {
        StringBuilder sb = new StringBuilder ("Hello World");
        System.out.println(sb.toString()); // 输出"Hello World"
        // 在字符串中插入子串
        sb.insert(5, ",");
        System.out.println(sb.toString()); // 输出"Hello, World"
        // 删除指定位置的字符
        sb.deleteCharAt(5);
        System.out.println(sb.toString()); // 输出"Hello World"
        // 给指定位置的字符赋值
        sb.setCharAt(4, 'o');
        System.out.println(sb.toString()); // 输出"Hello World"
    }
}
```

程序运行结果如下：

```
Hello World
Hello, World
Hello World
Hello World
```

例 7-11 中创建了一个 StringBuilder 对象，并调用常用方法对字符串进行了一系列修改操作。

StringBuffer 和 StringBuilder 都是常用的处理可变字符串的类，它们有相似之处，也有不同之处。通常情况下，如果需要进行多线程并发访问，应该优先选择 StringBuffer 类，否则推荐使用 StringBuilder 类。

7.4　Math 类与 Random 类

Math 类的常用方法

7.4.1　Math 类的常用方法

Math 类是常用的数学工具类，提供了许多常用的数学方法。

1．abs () 方法

abs()方法可以获取一个数的绝对值。它有两个重载方法，一个用于处理整数类型，一个用于处理浮点类型，示例程序如下：

```
int absInt = Math.abs(-10);                 // 返回 10
double absDouble = Math.abs(-10.5);         // 返回 10.5
```

2．ceil () 方法和 floor () 方法

ceil()方法和 floor()方法可以获取一个数的上限和下限。其中，ceil()方法返回大于或等于参数的最小整数，而 floor()方法返回小于或等于参数的最大整数，示例程序如下：

```
double ceilResult = Math.ceil(3.2);         // 返回 4.0
double floorResult = Math.floor(3.2);       // 返回 3.0
```

3. round()方法

round()方法可以进行四舍五入运算，返回最接近参数的 long 类型，示例程序如下：

```
long roundValue = Math.round(3.2);              // 返回 3
```

4. max()方法和 min()方法

max()方法和 min()方法可以获取两个数中的最大值和最小值，示例程序如下：

```
int maxNum = Math.max(3, 5);                    // 返回 5
int minNum = Math.min(3, 5);                    // 返回 3
```

5. pow()方法和 sqrt()方法

pow()方法和 sqrt()方法分别可以求幂和开方，其中，pow()方法返回第 1 个参数的第 2 个参数次幂；sqrt()方法返回参数的平方根，示例程序如下：

```
double powValue = Math.pow(2, 3);                        // 返回 8.0
double sqrtValue = Math.sqrt(4);                         // 返回 2.0
```

6. random()方法

random()方法可以生成一个随机数，这个随机数大于或等于 0.0，小于 1.0。可以通过乘以一个系数来获取不同范围的随机数，示例程序如下：

```
double randomValue = Math.random();                      // 返回 0.0 到 1.0 之间的随机数
int randomIntValue = (int) (Math.random() * 100);        // 返回 0 到 100 之间的随机整数
```

Math 类方法大多是静态方法，可以直接通过类名进行调用。Math 类中的方法都是基于数学运算的，因此在执行速度上比较快。

Random 类的使用

7.4.2 Random 类的使用

Random 类是用于生成伪随机数的工具类，它可以用来生成随机数序列。Random 类的对象可以通过调用其方法来获取不同类型的随机数，如整数类型、浮点类型等。

Random 类有许多方法可以生成不同类型的随机数，其中最常用的是 nextInt()方法和 nextDouble()方法。

1. nextInt()方法

nextInt()方法用于生成一个随机整数，也可以通过传入参数来指定生成随机数的范围，示例程序如下：

```
Random random = new Random();
int randomInt = random.nextInt();                        // 生成一个随机的整数
int randomIntInRange = random.nextInt(100);              // 生成 0 到 100 之间的随机整数
```

2. nextDouble()方法

nextDouble()方法用于生成一个随机浮点数，示例程序如下：

```
Random random = new Random();
double randomDouble = random.nextDouble(); // 生成一个随机的浮点数，范围在 0.0 到 1.0 之间
```

Random 类的实例化对象可以通过设置随机种子来生成不同的随机数序列。如果不设置随机种子，默认使用系统时间作为随机种子。

调用 setSeed()方法来设置随机种子，示例程序如下：

```
Random random = new Random();
random.setSeed(12345); // 设置随机种子为 12345
```

注意：如果使用相同的随机种子，那么生成的随机数序列将是相同的。这在某些情况下可能是有用的，比如需要在不同的程序中生成相同的随机数序列。

Random 类在生成随机数的过程中需要进行一些计算，因此在性能上比 Math 类差一些。Random 类的性能也取决于生成随机数的数量和范围，生成的随机数越多，性能压力越大。

7.5 日期类

7.5.1 日期类概述

1. Date 类

Date 类是表示日期和时间的类之一，可以用来表示一个特定的日期和时间。Date 类提供对日期和时间的基本操作和处理方法，例如获取当前时间、格式化日期和时间、比较日期和时间等。Date 类的常用方法如下。

① getTime()方法：返回 Date 对象所表示的时间与 1970 年 1 月 1 日 0 时 0 分 0 秒之间的毫秒数。

② toString()方法：将 Date 对象转换为字符串，格式为默认格式。

③ before(Date date)方法：比较当前日期是否在指定日期之前，返回一个布尔值。

④ after(Date date)方法：比较当前日期是否在指定日期之后，返回一个布尔值。

【例 7-12】 Date 类的应用。（源代码：TestDate.java）

创建一个 Date 对象，调用常用方法演示相关操作，程序如下：

```
package ch07;
import java.util.*;
public class TestDate {
    public static void main(String[] args) {
        // 创建一个 Date 对象表示当前时间
        Date now = new Date();
        System.out.println(now);
        // 获取 Date 对象所表示的时间与 1970 年 1 月 1 日 0 时 0 分 0 秒之间的毫秒数
        long time = now.getTime();
        System.out.println("Milliseconds since January 1, 1970: " + time);
        // 比较两个日期的先后
        Date tomorrow = new Date(System.currentTimeMillis() + 24 * 60 * 60 * 1000);
        System.out.println("Tomorrow is after today: " + tomorrow.after(now));
    }
}
```

程序运行结果如下：

```
Wed Aug 30 17:52:41 CST 2023
Milliseconds since January 1, 1970: 1693389161546
Tomorrow is after today: true
```

2. Calendar 类

Calendar 类是 Java 中另一个日期类，用于处理日期和时间，支持各种日历系统，包括公历和中国农历等。Calendar 类用来获取、设置和格式化日期与时间，包括年、月、日、时、分、秒等。Calendar 类的常用方法如下。

① get()方法：获取指定部分的日期和时间，例如 get(Calendar.YEAR)可获取年份。

② set()方法：设置指定部分的日期和时间，例如 set(Calendar.MONTH,5)用于设置月份为 6 月。

③ getTime()方法：将 Calendar 对象转换为 Date 对象。

④ add()方法：在指定部分添加或减去一段时间，例如 add(Calendar.DATE,1)可将日期加 1 天。

【例 7-13】 Calendar 类的应用。（源代码：TestCalendar.java）

创建一个 Calendar 对象，调用常用方法演示相关操作，程序如下：

```
package ch07;
import java.util.*;
public class TestCalendar {
    public static void main(String[] args){
        Calendar cal = Calendar.getInstance();
        Date now = cal.getTime();
        System.out.println(now); // Web Aug 30 17:53:22 CST 2023
        // 获取年份、月份和日期
        int year = cal.get(Calendar.YEAR);
        int month = cal.get(Calendar.MONTH) + 1;
        int day = cal.get(Calendar.DATE);
        System.out.println("Today is " + year + "-" + month + "-" + day);
        // 设置日期
        cal.set(Calendar.MONTH, 5);          // 将月份设置为 6 月
        Date d = cal.getTime();
        System.out.println(d);               // Fri Jun 30 17:53:22 CST 2023
        // 添加或减少日期
        cal.add(Calendar.DATE, 1);           // 将日期加 1 天
        d = cal.getTime();
        System.out.println(d);               // Sat Jul 01 17:53:22 CST 2023
    }
}
```

程序运行结果如下：

```
Wed Aug 30 17:53:22 CST 2023
Today is 2023-8-30
Fri Jun 30 17:53:22 CST 2023
Sat Jul 01 17:53:22 CST 2023
```

日期格式化和解析

7.5.2 日期格式化和解析

日期格式化和解析是将日期对象转换为字符串或将字符串转换为日期对象的过程。可以使用 SimpleDateFormat 类来进行日期格式化和解析。

SimpleDateFormat 类可以将日期对象转换为指定格式的字符串，并且可以将符合指定格式的字符串解析为日期对象。SimpleDateFormat 类提供了一些预定义的日期和时间模式，也可以自定义日期和时间的模式。

SimpleDateFormat 类的常用方法如下。

① format(Date date)方法：将日期对象格式化为指定格式的字符串。

② parse(String source)方法：将指定格式的字符串解析为日期对象。

③ setLenient(boolean lenient)方法：设置解析日期时的严格程度。如果将 setLenient()方法设置为 true，则日期解析的格式将非常宽松，可以接收一些不符合标准日期格式的字符串，例如"2023-13-32"这样的字符串。但是如果将 setLenient()方法设置为 false，则日期解析将非常严格，只能接收标准日期格式的字符串。

【例 7-14】SimpleDateFormat 类的应用。（源代码：TestSimpleDateFormat.java）

```
package ch07;
import java.text.ParseException;
import java.text.SimpleDateFormat;
import java.util.Date;
public class TestSimpleDateFormat {
    public static void main(String[] args) {
        // 创建 SimpleDateFormat 对象，指定日期格式
        SimpleDateFormat sdf = new SimpleDateFormat("yyyy-MM-dd HH:mm:ss");
        // 格式化日期对象为字符串
        Date now = new Date();
        String formattedDate = sdf.format(now);
        System.out.println(formattedDate);
        // 解析字符串为日期对象
```

```
        String dateString = "2023-08-31 14:30:00";
        try {
            Date parsedDate = sdf.parse(dateString);
            System.out.println(parsedDate);
        } catch (ParseException e) {
            e.printStackTrace();
        }
    }
}
```

程序运行结果如下：

```
2023-08-30 17:53:54
Thu Aug 31 14:30:00 CST 2023
```

SimpleDateFormat 类支持一些常见的日期和时间格式，如下所示。

①“yyyy-MM-dd”：年-月-日，例如 2023-07-12。

②“yyyy/MM/dd”：年/月/日，例如 2023/07/12。

③“yyyy-MM-dd HH:mm:ss”：年-月-日 时:分:秒，例如 2023-07-12 14:30:00。

④“yyyy-MM-dd HH:mm:ss.SSS”：年-月-日 时:分:秒.毫秒，例如 2023-07-12 14:30:00.123。

⑤“EEE, dd MMM yyyy HH:mm:ss zzz”：星期几,日 月 年 时:分:秒 时区，例如 Wed，12 Jul 2023 14:30:00 CST。

用户应根据具体需求选择合适的日期格式进行格式化和解析。格式化和解析的模式要保持一致，否则可能会出现解析错误或得到不符合预期的结果。

7.6 包装类

包装类可以将基本数据类型转换为对象，使其具有对象的特性，例如调用对象的方法等。包装类提供数学运算、字符串转换、比较大小等方法来操作和处理基本数据类型。

7.6.1 包装类概述

包装类概述

包装类是一种用于包装基本数据类型的类。基本数据类型（如 int、double、boolean 等）是直接存储在栈中的，而包装类则是引用类型，它将基本数据类型封装在对象中，提供了一些额外的功能和操作。

Java 中的包装类有 Boolean（对应 boolean）、Byte（对应 byte）、Short（对应 short）、Integer（对应 int）、Long（对应 long）、Float（对应 float）、Double（对应 double）、Character（对应 char）等类型。

7.6.2 自动装箱和拆箱

自动装箱和拆箱

Java 提供了自动装箱和拆箱的功能，可以在基本数据类型和对应的包装类之间自动进行转换。例如，可以将 int 类型的值赋给 Integer 类型的变量，或者将 Integer 类型的值赋给 int 类型的变量。

1．自动装箱

自动装箱是指将基本数据类型的数据自动转换为对应的包装类对象。在需要使用包装类对象的地方，可以直接使用基本数据类型的数据，编译器会自动将其转换为对应的包装类对象。

下面的程序可以将基本数据类型的数据赋值给包装类对象：

```
int num = 10;
Integer integer = num; // 自动装箱
```

下面的程序可以将基本数据类型的数据作为参数传递给需要包装类对象的方法：

```
void method(Integer num) {
    // …
}
int num = 10;
method(num);                          // 自动装箱
```

2. 自动拆箱

自动拆箱是指将包装类对象自动转换为对应的基本数据类型。在需要使用基本数据类型的地方，可以直接使用包装类对象，编译器会自动将其转换为对应的基本数据类型。

下面的程序可以将包装类对象赋值给基本数据类型：

```
Integer integer = 10;
int num = integer;                    // 自动拆箱
```

下面的程序可以将包装类对象作为参数传递给需要基本数据类型的方法：

```
void method(int num) {
    // …
}
Integer integer = 10;
method(integer);                      // 自动拆箱
```

【例 7-15】包装类的应用。 （源代码：TestAutoboxingUnboxing.java）

演示自动装箱和自动拆箱的操作，程序如下：

```
package ch07;
public class TestAutoboxingUnboxing {
    public static void main(String[] args) {
        // 自动装箱
        int num = 10;
        Integer integer = num;      // 自动装箱
        System.out.println("自动装箱: " + num + " " + integer);
        // 自动拆箱
        Integer integer2 = 20;
        int num2 = integer2;        // 自动拆箱
        System.out.println("自动拆箱: " + integer2 + " " + num2);
    }
}
```

程序运行结果如下：

```
自动装箱：10 10
自动拆箱：20 20
```

在自动装箱和拆箱的过程中，编译器会自动进行类型转换，将基本数据类型的数据和包装类对象互相转换。这样可以方便地在基本数据类型和包装类对象之间进行操作和参数传递。

7.6.3 包装类的使用

1. 包装类的缓存和常量池

包装类除了用来将基本数据类型转换为对象外，还具有一些特殊的用法，其中之一就是包装类通过使用缓存和常量池来提高性能和优化内存分配。

对于包装类的某些值，其对象并不需要每次都创建一个新的实例，而是可以直接从缓存中获取。例如，对于 Integer 类型的数值，只要其范围在−128 ~ 127 之间，其对象都可以从常量池中获取，而不必在堆内存中重新创建一个新的对象，程序如下：

```
Integer i1 = 100;
Integer i2 = 100;
Integer i3 = 200;
Integer i4 = 200;
```

```
System.out.println(i1 == i2);            // true，因为100在常量池中已经有一个对象了
System.out.println(i3 == i4);            // false，因为200不在常量池中，需要重新创建对象
```

2．包装类的比较

包装类对象之间的比较不能使用"=="进行，因为它们是对象，"=="比较的是引用地址。应该使用equals()方法进行比较，程序如下：

```
Integer i1 = 100;
Integer i2 = 200;
System.out.println(i1 == i2);            // false，因为它们是不同的对象
System.out.println(i1.equals(i2));       // true，因为它们的值相等
```

3．包装类的初值和NullPointerException异常

包装类对象的初值默认为null，就像其他引用类型一样。但是，在某些情况下，当试图使用一个null对象时，会触发NullPointerException异常。

如果试图将一个值为null的包装类对象转换为基本数据类型，或者使用值为null的包装类对象调用equals()方法，就会触发NullPointerException异常。所以，在使用包装类时，需要时刻注意对null值的处理。示例如下：

```
Integer i = null;
int num = i;                             // NullPointerException异常，因为i是null
i.equals(null);                          // NullPointerException异常，因为i是null
```

7.7 项目实践：员工管理系统的数组存储

员工管理系统中需要存储多位员工信息，并要求实现录入、删除、编辑、查询等操作。本章项目采用数组存储具体员工信息。

1．前期工作

类的设计采用第6章中定义的抽象类和3个子类，程序如下：

项目实践：员工管理系统的数组存储

```
abstract public class Employee {…}
public class Manager extends Employee {…}
public class Director extends Employee {…}
public class Staff extends Employee {…}
```

具体类的程序可参照第6章。

2．创建系统管理类

在员工管理系统中创建EmployeeManagementSystem类，该类定义成员变量数组Employee[]，用于存放员工信息，程序如下：

```
public class EmployeeManagementSystem {
    private static final int MAX_EMPLOYEES = 100;
    private Employee[] employees;
    public int employeeCount = 0;
    public EmployeeManagementSystem() {
        employees = new Employee[MAX_EMPLOYEES];
        employeeCount = 0;
    }
    public void addEmployee(Employee employee) {
        employees[employeeCount] = employee;
        employeeCount++;
    }
    public void displayEmployee() {
        for (int i = 0; i < employeeCount; i++) {
            Employee employee = employees[i];
            System.out.println("员工ID: " + employee.getEmployeeID());
            System.out.println("员工姓名: " + employee.getName());
```

```
                System.out.println("员工职务：" + employee.getPosition());
                System.out.println("请假天数：" + employee.getLeaveDays());
                System.out.println("基本工资：" + employee.getBasicSalary());
                System.out.println("薪资：" + employee.calculateSalary());
        }
    }
}
```

3．创建测试类 Main

测试类 Main 用于创建员工管理系统对象，实现员工信息的录入与显示，程序如下：

```
import java.util.Scanner;
public class Main {
    public static void main(String[] args) {
        EmployeeManagementSystem ems = new EmployeeManagementSystem();
        Scanner scanner = new Scanner(System.in);
        System.out.println("请录入 3 位员工信息");
        for(int i=1;i<=3;i++) {
            System.out.print("请输入员工姓名：");
            String name = scanner.nextLine();
            System.out.print("请输入员工职务：");
            String position = scanner.nextLine();
            System.out.print("请输入请假天数：");
            int leaveDays = scanner.nextInt();
            System.out.print("请输入基本工资：");
            double basicSalary = scanner.nextDouble();
            if(position.equals("经理")) {
                        Employee newEmployee = new Manager(ems.employeeCount + 1,
                        name, position, leaveDays, basicSalary);
                        ems.addEmployee(newEmployee);
            }
            else if(position.equals("董事")) {
                        Employee newEmployee = new Director(ems.employeeCount + 1,
                        name, position, leaveDays, basicSalary);
                        ems.addEmployee(newEmployee);
            }
            else{
                        Employee newEmployee = new Staff(ems.employeeCount + 1,
                        name, position, leaveDays, basicSalary);
                        ems.addEmployee(newEmployee);
            }
            System.out.println("员工信息录入成功");
        }
        ems.displayEmployee();
    }
}
```

本章小结

本章讲述数组的定义和访问数组中元素的方法，并介绍 Object 类、字符串类、Math 类、Random 类、日期类和包装类等常用类。本章具体涉及的内容如下所示。

① 数组是一种存储多个相同类型数据的容器，可以通过下标来访问和修改数组元素。数组的长度是固定的，需要指定数组的类型和长度。

② Object 类是 Java 中所有类的根类，该类定义了所有对象都具有的通用方法和属性。

③ 常用类是 Java 中提供的一些现成的类，包括 String 类、StringBuffer 类、StringBuilder 类、Math 类、Random 类、Date 类、包装类等。Java 提供了一些常用的方法和属性，可以方便地进行字符串操作、数学运算、随机数生成、日期处理、包装基本数据类型处理等操作。

习题

1．选择题

（1）下列关于 Java 中数组的说法，正确的是（　　）。

A. 数组中可以存放不同类型的数据　　B. 数组长度可以动态调整

C. 数组元素可以通过下标访问　　D. 数组元素可以直接删除

（2）下列关于 Java 中 Object 类的说法，正确的是（　　）。

A. Object 类是 Java 中最基础的类　　B. Object 类中只包含了 toString()和 equals()方法

C. Object 类不可以直接创建对象　　D. Object 类是所有类的父类

（3）下列关于 Java 中字符串类的说法，正确的是（　　）。

A. 字符串类是基本数据类型　　B. 字符串类是数组类型

C. 字符串类是 java.util 包下的自定义类型　　D. 字符串类是 Java 中常用的引用类型

（4）下列关于 Java 中 Math 类的说法，正确的是（　　）。

A. Math 类不可以用来生成随机数

B. Math 类只包含了一些常用的数学计算方法，如求平方根以及求绝对值等

C. Math 类不能被实例化

D. Math 类中的方法都是静态方法

（5）下列关于 Java 中日期类的说法，正确的是（　　）。

A. Java 中的日期类包含日期和时间两部分

B. Java 中的日期类都实现了 Date 接口

C. Java 中的日期类可以用来对日期进行加减运算

D. Java 中的日期类不能直接输出日期信息

（6）编译和运行如下程序后得到的结果是（　　）。

```
double a = Math.round(11.5);
double b = Math.round(-11.5);
System.out.println(a + "," + b);
```

A. 12.0,-11.0　　B. 12,-12　　C. 11.5,-11.5　　D. 12,-11

（7）编译和运行如下程序后得到的结果是（　　）。

```
Random r = new Random();
int num = r.nextInt(10);
System.out.println(num);
```

A. 一个在 0 ~ 9 范围内的随机整数　　B. 一个在 1 ~ 10 范围内的随机整数

C. 一个在 0 ~ 10 范围内的随机整数　　D. 一个大于或等于 10 的随机整数

（8）编译和运行如下程序后得到的结果是（　　）。

```
String str = "hello";
System.out.println(str.substring(2,4));
```

A. ll　　B. lo　　C. llo　　D. 编译错误

（9）编译和运行如下程序后得到的结果是（　　）。

```
String str = "   hello world   ";
System.out.println(str.trim());
```

A. "hello world"　　B. "   hello world   "

C. "hello world   "　　D. "   hello world"

（10）编译和运行如下程序后得到的结果是（　　）。

```
Integer a = 50;
Integer b = 50;
System.out.println(a == b);
```

A. true　　B. false　　C. 编译错误　　D. 运行错误

2．简答题

（1）Java 中如何定义一个数组？

（2）如何访问数组元素？

（3）Object 类的作用是什么？

（4）如何判断两个对象是否相等？

（5）如何比较两个字符串是否相等？

（6）包装类的作用是什么？

3．编程题

（1）编写一个 Java 程序，定义一个整数类型数组，并将数组中的元素逆序输出。

（2）编写一个 Java 程序，使用随机数生成器生成 10 个范围在 1 ~ 100 之间的整数，并将其存储在一个数组中。

（3）编写一个 Java 程序，获取当前的日期和时间，并使用格式化输出将其显示为“yyyy-mm-dd hh:mm:ss”的格式。

（4）编写一个 Java 程序，将一个字符串转换为对应的整数，并输出结果。

上机实验

实验 1：数组操作。

实验要求：

（1）定义一个整数类型数组，包含 10 个元素。

（2）使用 for 循环给数组的元素赋值，值为 1 ~ 10。

（3）使用 for 循环遍历数组，计算数组中所有元素的和并输出结果。

实验 2：字符串操作。

实验要求：

（1）定义一个字符串，内容为“Hello World!”。

（2）使用字符串的 length()方法获取字符串的长度并输出结果。

（3）使用字符串的 toUpperCase()方法将字符串转换为大写并输出结果。

（4）使用字符串的 substring()方法截取字符串的一部分并输出结果。

实验 3：Date 类。

实验要求：

（1）创建一个 Date 对象，表示当前时间。

（2）创建一个 DateFormat 对象，设置日期格式。

（3）使用 DateFormat 对象的 format()方法将 Date 对象格式化成指定的日期字符串。

（4）将格式化后的日期字符串输出到控制台。

第8章 集合类与泛型

【本章导读】

Java 对常用的数据结构进行了封装，这些数据结构包括列表、集和映射等，它们统称为集合类，集合类也称为 Java 集合框架（Java Collections Framework）。在 Java 程序开发过程中，不需要考虑集合类的算法实现细节，而可以直接创建并使用集合类的对象，这大大提高了程序开发效率。Java 集合类中普遍使用泛型（Generic），这使得集合类的稳定性和可靠性进一步提升。

本章主要介绍了集合类的概念、各种接口及其子类实现，泛型的概念及其在集合类中的一些应用等。

【本章实践能力培养目标】

第 8～13 章设计一个可视化随机抽奖系统，完成模拟随机抽取获奖用户的功能。

通过本章内容的学习，读者应能实现抽奖系统的基本模型，要求：应用集合框架中的 Vector 类来模拟抽奖箱，存储所有抽奖用户信息，随机生成获奖用户并输出。

8.1 集合类

Java 集合类是由 Collection 接口和 Map 接口派生出的类和接口组成的，存在于 java.util 包中。

Java 集合类克服了数组在数据存储方面的不足，扩展了数组的功能。数组是 Java 的一个语言元素，是一个简单的线性序列，提供了随机访问对象序列的有效方法。数组访问元素的速度较快，但其长度是固定的，在其整个生存期内大小不可改变。

集合与数组不同，集合的大小可以改变，可以存储和操作长度不固定的一组数据。集合中的元素都是对象，如果想在集合中保存基本数据类型，则 Java 会将基本数据类型转换成对应的对象类型。集合中元素的类型可以不同，但由于 Java 的所有类都是 Object 的子类，因此可以将它们与基本类型视为一致。

Java 集合类主要包括 Set、List 和 Map 3 种类型。其中，List（列表）、Set（集）是 Collection 的子接口。Map（映射）是由键值（key-value）对组成的，具有键不可以重复、值可以重复的特点。集合类的体系结构如图 8-1 所示，图中实线表示继承关系，虚线表示实现关系，即一个类实现了一个接口。

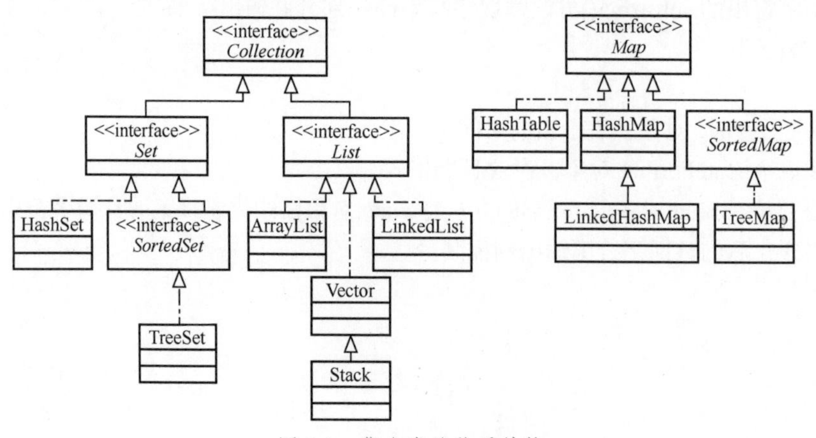

图 8-1　集合类的体系结构

8.2 Collection 接口

Collection 接口

Collection 是集合类的重要接口，它将一组对象以集合元素的形式组织到一起，其子接口采用了不同的数据组织方式。

1．Collection 的子接口

常用的 Collection 子接口有以下两种。

（1）Set 接口

Set 接口不记录元素的保存顺序，且不允许有重复元素。Set 接口的重要实现类有 HashSet 和 TreeSet。

（2）List 接口

List 接口记录元素的保存顺序，且允许有重复元素。List 接口的重要实现类有 ArrayList、LinkedList、Vector（向量）和 Stack（堆栈）等。

2．Collection 接口的常用方法

Collection 是最基本的集合接口，它定义了集合框架中一些最基本的方法。Java 不提供 Collection 接口的任何直接实现，而是由更具体的子接口（例如 List 和 Set）来实现的。实现 Collection 接口的子集合中，一些集合允许有重复的元素，而另一些则不允许；一些集合是有序的，而另一些则是无序的。Collection 接口的常用方法如表 8-1 所示。

表 8-1　Collection 接口的常用方法

方法	功能描述
boolean add(E element)	将指定元素添加到集合中
boolean contains(Object obj)	判断集合中是否包含指定的元素
boolean isEmpty()	判断集合是否为空
Iterator<E>iterator()	返回集合中元素的迭代器
boolean remove(Object obj)	从集合中移除指定元素
int size()	返回集合中的元素个数

通过这些方法，可以实现获取集合中元素的个数、判断集合中是否包含某个元素、在集合中增加或删除元素以及获取迭代器等操作。

8.3 List 接口及子类实现

List 接口

8.3.1 List 接口

List 是有序元素的集合，使用该接口能够精确地控制每个元素插入的位置。用户可以使用索引（元素在 List 中的位置，类似于数组的下标）来访问 List 中的元素。List 接口继承了 Collection 接口，但又添加了许多按索引操作元素的方法。此外，调用 List 接口中的 listIterator()方法可以返回 ListIterator 对象，使用 ListIterator 对象可以从两个方向遍历 List，也可以向（从）List 中插入（删除）元素。

List 接口继承了 Collection 接口，因此 List 接口拥有 Collection 接口提供的所有常用方法；又因为 List 是列表类型，所以 List 接口还提供了一些适合于自身的常用方法。List 接口的部分方法如表 8-2 所示。

表 8-2　List 接口的部分方法

方法	功能描述
void add(int index，E element)	在列表的指定位置插入指定元素
boolean addAll(int index，Collection<?extends E> c)	将指定集合中的所有元素都插入到列表中指定位置
E get(int index)	返回列表中指定位置的元素
int indexOf(Object obj)	返回列表中第一次出现的指定元素的索引。如果列表不包含该元素，则返回-1
int lastIndexOf(Object obj)	返回列表中最后出现的指定元素的索引。如果列表不包含此元素，则返回-1
ListIterator<E> listIterator()	返回此列表中元素的列表迭代器
ListIterator<E> listIterator(int index)	返回列表中元素的列表迭代器，从列表的指定位置开始
E remove(int index)	移除列表中指定位置的元素
E set(int index，E element)	用指定元素替换列表中指定位置的元素
List<E>subList(int fromIndex,int toIndex)	返回列表中指定的 fromIndex（包括）和 toIndex（不包括）之间的部分视图

8.3.2　List 接口的子类实现

ArrayList、Vector、Stack 和 LinkedList 是 List 接口的实现类，提供了动态增加和减少元素的方法。ArrayList、Vector 查询集合中的元素较快，但增加和删除集合中的元素较慢。这两个类的区别是：采用 Vector，线程是安全的；采用 ArrayList，线程是不安全的，Vector 的性能比 ArrayList 差。LinkedList 类采用链表来实现，特点是增加和删除元素快，查询元素慢。

【例 8-1】ArrayList 类的应用。　　（源代码：TestArrayList.java）

List 接口的子类实现

```
package ch08;
import java.util.*;
public class TestArrayList {
    public static void main(String[] args) {
        ArrayList alst = new ArrayList();
        alst.add("1st");
        alst.add("2nd");
        alst.add(new Integer(3));
        alst.add(new Double(4.0));
        alst.add("2nd");                                   // 重复元素，加入
        alst.add(new Integer(3));                          // 重复元素，加入
        System.out.println("alst 中的元素:");
        System.out.println(alst);
        System.out.println("元素'2nd'的位置: " + alst.indexOf("2nd"));
        List<String> blst = new ArrayList<String>();      // 使用泛型
        blst.add("Java");
        blst.add("Python");
        blst.add("C++");
        blst.add("Python");                                // 重复元素，加入
        System.out.println("blst 元素:");
        System.out.println(blst);
    }
}
```

程序运行结果如下：

```
alst 中的元素:
[1st, 2nd, 3, 4.0, 2nd, 3]
```

```
元素'2nd'的位置：1
blst 元素：
[Java, Python, C++, Python]
```

从程序中可以看出，ArrayList 类可以添加重复元素。由于 List 中元素是有序的，因此可以使用 alst.indexOf("2nd")方法获得元素的位置。构造 blst 对象时，由于采用了泛型，因此只能向集合中添加指定类型（Integer）的元素。

例 8-1 也可以使用 LinkedList 类实现，具体程序请读者自行编写。

Vector 类与 Stack 类是 Java 早期就支持的两种数据结构。这两个类均实现了 List 接口，是 Java 集合框架的一部分。

Vector 类与 ArrayList 类的功能基本相同，多数方法也相同。Vector 类可以理解为一个变长的数组，大小可以根据需要改变。Vector 类的常见方法如表 8-3 所示。

表 8-3　Vector 类的常见方法

方法	功能描述
public boolean add(E element)	将新元素添加到 Vector 类的尾部
public void add(int index,E element)	将新元素添加到 Vector 类的指定位置
public void addElement(E element)	将新元素添加到 Vector 类的尾部，容量加 1
public void insertElementAt(E element,int index)	将新元素添加到 Vector 类的指定位置
public void setElementAt(E element,int index)	将 Vector 类中的第 index 个元素设置为 element
public boolean removeElement(Object obj)	删除 Vector 类中第一个与指定 obj 相同的元素
public void removeElementAt(int index)	删除 Vector 类中 index 位置的元素，同时后面的元素依次向前移动
public E elementAt(int index)	返回指定位置的元素
public int indexOf(Object obj,int index)	从 index 处向后搜索，返回第一个与 obj 相同元素的下标

Stack 类是通过继承 Vector 类实现的，但增加了与栈有关的操作方法。

Stack 类具有 Vector 类的全部方法，可实现如下堆栈操作。

- public E push(E item);　　// 向栈中压入元素
- public E pop();　　// 移出栈顶元素
- public E peek();　　// 返回栈顶元素
- public boolean empty()　　// 判断堆栈是否为空

【例 8-2】在向量 ***v*** 中添加 5 个计算机科学家的姓名，测试 Vector 类的相关方法。

（源代码：TestVector.java）

```
package ch08;
import java.util.*;
class Name {
    String firstName;
    String lastName;
    Name(String firstName, String lastName) {
        this.firstName = firstName;
        this.lastName = lastName;
    }
    public String toString() {
        return firstName + ". " + lastName;
    }
}
class TestVector {
```

```
    public static void main(String[] args) {
        Vector v = new Vector();
        v.add(new Name("冯", "诺依曼"));
        v.add(new Name("艾伦", "图灵"));
        v.add(new Name("", "恩格尔巴特"));
        v.add(new Name("文登", "瑟夫"));
        System.out.println(v);
        System.out.println("第3个元素是: " + v.elementAt(2));
        Name name = new Name("乔治", "吉尔德");
        System.out.println("包含乔治吗? " + v.contains(name));
    }
}
```

程序运行结果如下：

```
[冯·诺依曼, 艾伦·图灵, ·恩格尔巴特, 文登·瑟夫]
第3个元素是: ·恩格尔巴特
包含乔治吗? false
```

【例 8-3】向堆栈中压入元素和移出元素。　　（源代码：TestStack.java）

```
package ch08;
import java.util.*;
class TestStack {
    static String[] months = { "Januarys", "February", "March", "April", "May", "June", "July" };
    public static void main(String[] args) {
        Stack stk = new Stack();
        for (String str : months) // 增强的for循环
            stk.push(str + " ");
        System.out.println("stk = " + stk);
        System.out.println("popping elements:");
        while (!stk.empty())
            System.out.print(stk.pop() + "\t");
    }
}
```

程序运行结果如下：

```
stk = [Januarys , February , March , April , May , June , July ]
popping elements:
July    June    May    April    March    February    Januarys
```

【例 8-4】LinkedList 的应用。　　（源代码：LinkedListExample.java）

首先创建一个 LinkedList 对象，并向其中添加一些元素；然后遍历 LinkedList 并输出每个元素；接下来在指定位置插入一个新的元素，并移除一个元素；最后获取 LinkedList 的大小并输出。

```
package ch08;
import java.util.LinkedList;
public class LinkedListExample {
    public static void main(String[] args) {
        // 创建一个LinkedList对象
        LinkedList<String> list = new LinkedList<>();
        // 向LinkedList中添加元素
        list.add("Apple");
        list.add("Banana");
        list.add("Cherry");
        // 遍历LinkedList并输出其中元素
        for (String item : list) {
            System.out.println(item);
        }
        // 在LinkedList的指定位置插入元素
```

```
        list.add(1, "Blueberry");
        // 移除 LinkedList 中的某个元素
        list.remove("Cherry");
        // 获取 LinkedList 的大小
        int size = list.size();
        System.out.println("Size of the LinkedList: " + size);
    }
}
```

8.4 Set 接口及子类实现

Set 接口及子类实现

Set 是一个不包含重复元素的集合，不记录元素的保存顺序。Set 接口中的方法都是从 Collection 接口继承而来的。使用 add()方法向 Set 接口的实现类添加一个新元素时，首先会调用 equals(Object o)方法来比较新元素是否与已有的元素相等，而不是用"=="来判断是否相等。所以 Integer 类、String 类、Date 类等已重写 equals()方法的类，是按类中对象的值来进行相等判断的。

HashSet、TreeSet 和 LinkedHashSet 是 Set 接口的实现类。HashSet 类按照哈希算法来存取集合中的对象，存取速度比较快；TreeSet 类实现了 SortedSet 接口，能够对集合中的对象进行排序；LinkedHashSet 类通过链表存储集合元素。比较常用的是 HashSet 类和 TreeSet 类。这两个类相比，HashSet 类存取速度更快，但不提供排序功能，而 TreeSet 提供排序功能。

【例 8-5】 HashSet 类的应用。（源代码：ch08\d5）

```
package ch08.d5;
import java.util.*;
class Student {
    private int sid;
    private String sname;
    private int score;
    public Student(int sid, String sname, int score) {
        this.sid = sid;
        this.sname = sname;
        this.score = score;
    }
    @Override
    public boolean equals(Object o) {
        Student s0 = (Student) o;
        return this.sid==s0.sid;
    }
    @Override
    public String toString() {
        return sid+"/"+sname+"/"+score;
    }
    @Override
    public int hashCode() {
        return Objects.hash(sid);
    }
}
public class TestHashSet {
    public static void main(String[] args) {
        HashSet hashset = new HashSet();
        Student s1= new Student(101,"Rose",78);
        Student s2= new Student(203,"Mike",62);
        Student s3= new Student(209,"John",55);
        Student s4= new Student(303,"Mike",78);
        Student s5= new Student(203,"Feng",92);
        hashset.add(2199);
        hashset.add(s1);
```

```
        hashset.add(s2);
        hashset.add(s3);
        hashset.add(s4);
        hashset.add(s5);        // 重复元素，未加入
        hashset.add(2199);      // 重复元素，未加入
        System.out.println("显示 HashSet 类中的元素:");
        System.out.println(hashset);
    }
}
```

程序运行结果如下：

```
显示 HashSet 类中的元素:
[209/John/55, 101/Rose/78, 2199, 203/Mike/62, 303/Mike/78]
```

例 8-5 中，基本数据类型的重复数据 2199 没有被添加到 HashSet 类中。

对于 Student 对象类型，学号相同视为同一个对象。变量 s2 和 s5 的 sid 值相同，所以也不允许重复添加到 HashSet 类中，这体现了 Set 类不允许元素重复的特点。

例 8-5 的 Student 类重写了 Object 类的 hashCode()方法和 equqls()方法。如果要判定两个对象不是同一个对象，则 equals()方法的结果必须为 false 且两个对象的哈希值不相等。

从例 8-5 中还可以看出，HashSet 类中不能添加重复元素。但如果添加重复元素，运行时系统并不抛出异常。

【例 8-6】应用 TreeSet 类有序输出集合中的元素。（源代码：TestTreeSet1.java）

```
package ch08;
import java.util.*;
public class TestTreeSet1 {
    public static void main(String[] args) {
        Set tree = new TreeSet();
        double[] datas = { 223, -99.36, 82.8f, 0, 3e7 };
        for (int i = 0; i < datas.length; i++) {
            tree.add(datas[i]);
        }
        System.out.println(tree);
        // 输出结果: [-99.36, 0.0, 82.80000305175781, 223.0, 3.0E7]
    }
}
```

TreeSet 是一个继承 AbstractSet 抽象类、实现 SortedSet 接口的类，加入其中的元素必须是可比较的，所以如果向 TreeSet 类中添加不同类的对象，运行时会抛出 ClassCastException 的异常。

例 8-6 向 TreeSet 类中添加的是 Double 类对象，Double 类使用 equals()方法来实现比较功能，所以是可排序的。如果向 TreeSet 类中添加用户定义的类，也需要提供比较功能。用户定义的类可以通过 java.lang.Comparable 接口来实现比较功能。

【例 8-7】向 TreeSet 类中添加 Student 类对象，实现元素的有序输出。（源代码：ch08\d7）

```
package ch08.d7;
import java.util.TreeSet;
class Student implements Comparable {
    private int sid;
    private String sname;
    private int score;
    public Student(int sid, String sname, int score) {
        this.sid = sid;
        this.sname = sname;
        this.score = score;
    }
    @Override
```

```
    public int compareTo(Object o) {
        Student s1 = (Student) o;
        if (this.score > s1.score)
            return 1;
        else if (this.score < s1.score)
            return -1;
        else
            return 0;
    }
    @Override
    public String toString() {
        return sid + "/" + sname + "/" + score;
    }
}
public class TestTreeSet2 {
    public static void main(String[] args) {
        Student s1=new Student(1,"Rose",73);
        Student s2=new Student(12,"Mike",62);
        Student s3=new Student(9,"Kate",58);
        Student s4=new Student(4,"Tom",68);
        TreeSet set=new TreeSet();
        set.add(s1);set.add(s2);set.add(s3);set.add(s4);
        System.out.println(set);
    }
}
```

输出结果如下：

```
[9/Kate/58, 12/Mike/62, 4/Tom/68, 1/Rose/73]
```

例 8-7 中，Student 类重写了 Comparable 接口中的 compareTo()方法，保证了 Student 类的对象可根据其 score 属性进行比较；重写了 toString()方法，用于输出学生信息。可以看出，添加到 TreeSet 类中的对象实现了按 score 属性值进行排序。

8.5 集合的遍历与 Iterator 接口

集合的遍历与 Iterator 接口

遍历集合中的元素有多种方法，使用 Iterator 接口进行遍历是一种有效的方法。所有实现了 Collection 接口的集合类都有一个 iterator()方法，该方法返回了一个实现 Iterator 接口的对象，这个对象被称为迭代器。迭代器可以用来遍历集合并对集合中的元素进行操作。Iterator 接口为不同类型的集合提供了统一的遍历方法，主要方法如下。

① boolean hasNext()方法：检查集合中是否有继续迭代的元素。

② E next()方法：返回集合中的下一个元素。

③ void remove()方法：删除 next()方法最后一次从集合中访问的元素。

需要注意的是，remove()方法是在迭代过程中修改 Collection 接口的唯一安全的方法，在迭代期间不允许使用其他的方法对 Collection 接口进行操作。

除了使用 Iterator 接口，forEach 循环也能以一种非常简洁的方式对 Collection 接口中的元素进行遍历。forEach 循环不需要获取容器长度，不需要使用索引去访问集合中的元素，所以适用于 Set 接口和 List 接口。

而对于 List 接口的实现类，例如 ArrayList 类和 Vector 类，可以使用 for 循环并结合与位置相关的方法来获取集合中的元素。

下列情况一定要使用 iterator()方法的迭代器进行集合遍历。

① 删除当前节点。forEach 循环隐藏了迭代器，故无法调用 remove()方法。正因如此，forEach

循环不能用来对集合进行过滤。

② 在多重集合上进行并行迭代。

【例 8-8】使用 2 种不同的方法遍历 Vector 对象。（源代码：TraverseVector.java）

```
package ch08;
import java.util.*;
public class TraverseVector {
    public static void main(String[] args) {
        List<String> vector = new Vector();
        vector.add("int");
        vector.add("float");
        vector.add("double");
        vector.add("byte");
        vector.add("long");
        // 遍历 vector 对象
        showByIterator(vector);
        showByForEach(vector);
    }
    static void showByIterator(Collection c) {
        System.out.println("iterator()遍历");
        Iterator<String> it = c.iterator();
        while (it.hasNext()) {
            System.out.print(it.next() + "\t");
        }
        System.out.println();
    }
    static void showByForEach(List<String> lst) {
        System.out.println("forEach 遍历");
        for (String s : lst) {
            System.out.print(s+ "\t");
        }
    }
}
```

程序运行结果如下：

```
iterator()遍历
int   float   double   byte   long
forEach 遍历
int   float   double   byte   long
```

例 8-8 中的遍历方法完全适用于实现 List 接口的类。请读者将 Vector 类修改为 LinkedList 类，再运行例 8-8。

【例 8-9】逆序和顺序遍历 ArrayList 类中的对象。（源代码：TraverseArrayList.java）

```
package ch08;
import java.util.*;
public class TraverseArrayList {
    public static void main(String[] args) {
        List<Integer> lst = new ArrayList<Integer>();
        lst.add(1024);
        lst.add(512);
        lst.add(64);
        lst.add(8);
        lst.add(1);
        showByListIterator(lst);
        System.out.println();
        showByIndex(lst);
    }
    static void showByListIterator(List list) {
        System.out.println("逆序遍历");
        ListIterator it = list.listIterator(list.size());
        while (it.hasPrevious()) { // 从后向前遍历
```

```
                System.out.print(it.previous() + "\t");
            }
        }
        static void showByIndex(List c) {
            System.out.println("顺序遍历");
            int size = c.size();
            for (int i = 0; i < size; i++) {
                System.out.print(c.get(i) + "\t");
            }
        }
    }
```

例 8-9 中的遍历方法和元素顺序有关，只适用于 List 集合。运行结果如下：

```
逆序遍历
1    8    64    512    1024
顺序遍历
1024    512    64    8    1
```

Map 接口及子类实现

8.6 Map 接口及子类实现

Map 由键值（Key-Value）对组成，其中的 Key 用 Set 集合来存放，不可以重复；Value 是一个 Colloction 对象，可以重复。每个 Key 只能映射一个 Value。

Map 的实现类主要有 HashTable 和 HashMap。两者很类似，HashTable 类是同步的，它不允许有 null 值（Key 和 Value 都不可以）；HashMap 类是非同步的，它允许有 null 值（Key 和 Value 都可以）。

Map 接口是一个独立的接口，不继承 Collection 接口。Map 接口提供 3 种集合的视图，即 Key 的 Set 视图、Value 的 Collection 视图和 Entry 的 Set 视图。Map 接口的主要方法如表 8-4 所示。

表 8-4　Map 接口的主要方法

方法	功能描述
void clear()	从映射中移除所有映射关系
boolean containsKey(Object key)	判断映射中是否包含指定键
boolean containsValue(Object value)	判断映射中是否包含指定值
Set <Map.Entry<K,V>> entrySet()	返回映射中包含的映射关系的 Set 视图
V get(Object key)	返回指定键所映射的值；如果不包含该键，则返回 null
boolean isEmpty()	如果映射中不包含任何键-值映射关系，则返回 true
Set<K> keySet()	返回映射中包含的键的 Set 视图
V put(K key,V value)	将指定的值与映射中的指定键关联
V remove(Object key)	如果存在一个键的映射关系，则将其从映射中移除
int size()	返回映射中的键-值映射关系数目
Collection<V> values()	返回映射中包含的值的 Collection 视图

【例 8-10】 HashMap 类的应用（程序运行结果以注释的形式附在每行语句后）。

（源代码：TestHashMap.java）

```
package ch08;
import java.util.*;
public class TestHashMap {
    public static void main(String[] args) {
        Map map1 = new HashMap();
        // 将基本数据类型打包为对应的包装类型
        map1.put("one", 1);
```

```
        map1.put("two", 2);
        map1.put("three", 3);
        System.out.println(map1);                    // {two=2, one=1, three=3}
        System.out.println(map1.size());             // 3
        System.out.println(map1.containsKey("two"));                // true
        System.out.println(map1.containsValue(new Integer(6)));     // false
    }
}
```

【例 8-11】Map 类中 keySet()方法的应用。（源代码：ch08\d11）

```
package ch08.d11;
import java.util.*;
class Student {
    int sid;
    String sname;
    int score;
    public Student(int sid, String sname, int score) {
        this.sid = sid;
        this.sname = sname;
        this.score = score;
    }
    @Override
    public String toString() {
        return sid+"/"+sname+"/"+score;
    }
}
public class TestHashMap2 {
    public static void main(String[] args) {
        Student s1= new Student(101,"Rose",78);
        Student s2= new Student(203,"Mike",62);
        Student s3= new Student(209,"John",55);
        Student s4= new Student(303,"Mike",78);
        Student s5= new Student(209,"Feng",92);
        Map<Integer,Student> map = new HashMap();
        map.put(s1.sid,s1);
        map.put(s2.sid,s2);
        map.put(s3.sid,s3);
        map.put(s4.sid,s4);
        map.put(s5.sid,s5);
        Set keys = map.keySet();
        Iterator it = keys.iterator();
        while (it.hasNext()) {
            Object key = it.next();
            Object value=map.get(key);
            System.out.println(key+"\t"+value);
        }
    }
}
```

例 8-11 通过 keySet()方法获得键的集合，再通过键获得遍历器，从而循环遍历集合的键；然后通过 Map 的 get()方法获得所有的值，并输出所有的键和值。程序运行结果如下：

```
209  209/Feng/92
101  101/Rose/78
203  203/Mike/62
303  303/Mike/78
```

【例 8-12】应用 Map 接口统计字符串数组中单词出现的次数。（源代码：TestWordfrequency.java）

```
package ch08;
import java.util.*;
public class TestWordfrequency {
    private static final int ONE = 1;
    private static String[] s = { "bbb", "aaa", "aaa", "bbb", "bbbb", "ccc", "aaa", "aaa" };
    public static void main(String args[]) {
        Map m = new HashMap();
```

```
        int freq = 0;                 // 单词计数
        for (int i = 0; i < s.length; i++) {
            if (!m.containsKey(s[i])) {
                m.put(s[i], ONE);
            } else {
                freq = (Integer) (m.get(s[i]));
                m.put(s[i], freq + 1);
            }
        }
        System.out.println(m.size() + " 个单词被统计");
        System.out.println(m);
    }
}
```

例 8-12 的思路如下。

逐个读取字符串数组中的单词，重复下面两步操作。

① 如果 HashMap 类的对象 m 的 key 值中没有这个单词，freq=0；如果集合 m 的 key 值中有这个单词，freq 加 1。

② 当 freq==0 时，向集合 m 中添加一个元素，这个元素的 key 值是第一次出现的单词，value 值是 1。

当数组中的单词全部读取结束后，每个单词出现的次数被放在了对象 m 中，m 的 key 是单词，m 的 value 是单词出现的次数。程序运行结果如下：

```
4 个单词被统计
{aaa=4, ccc=1, bbb=2, bbbb=1}
```

8.7 泛型

泛型是对普通的类和接口的进一步抽象，就是将类型作为参数传递，允许程序员在编写程序时使用一些以后才指定的类型。泛型的目的是构建类型安全的集合框架，Java 的集合类广泛支持泛型。

泛型类

8.7.1 泛型类

1．泛型类的定义

可以使用“class 名称<类型参数>”定义一个泛型类。为了与普通类进行区别，名称后面会加一个尖括号，其内部是类型参数，也称泛型参数；多个参数之间用逗号分隔。下面是泛型类声明的例子：

```
class OneClass<E>;                    // OneClass 是泛型类，E 是类型参数
class TwoClass<E1, E2>;               // TwoClass 是泛型类，E1、E2 是类型参数
```

泛型类和普通类的格式完全一样，由成员变量和方法组成。下面是一个完整的泛型类定义：

```
class OneClass<E> {
    private E value;                  // 定义 E 类型的成员 value
    public OneClass (E value) {       // 构造方法
        this.value = value;
    }
    public boolean func(E two) {      // 成员方法
        // …
        return true;
    }
}
```

由上面的程序可以看出，类型参数 E 指明成员变量的类型。在应用泛型类时，需要为类型参数指定一个具体的类型，编程方法与常规编程方法是一样的。

2．泛型类的应用

使用泛型类声明对象时，必须指明类中使用类型参数的实际类型，程序如下：

```
Double objD =10d ;                              // 创建 Double 对象,相当于 new Double(10d)
String  objS= "Generic";                        // 创建 String 对象
OneClass<Double> obj1 = new OneClass(objD); // 创建泛型对象
OneClass<String> obj2 = new OneClass(objS); // 创建泛型对象
```

上述程序中，OneClass<Double> obj1 表明泛型类 OneClass 要对 Double 类型的对象进行操作，相当于 OneClass 中所有位置的 E 都用 Double 来替换；OneClass <String> obj2 表明泛型 OneClass 类要对 String 对象进行操作，相当于 OneClass 中所有位置的 E 都用 String 来替换。也就是说，OneClass 类虽有固定的程序，却能随着参数 E 的变化而表示不同的含义，因此具有“广泛”的功能。可以看出，如果不使用泛型编程，则需要编写两个单独的整型操作类和浮点型操作类。

需要注意的是，Java 的泛型类参数只能是类类型，不能是基本数据类型。下面的定义是错误的：

```
OneClass<int> obj3 = new OneClass(10);              // 错误
OneClass<float> obj4 = new OneClass(10.0f);         // 错误
```

【例 8-13】编写泛型类 OneClass，用来显示基本数据类型封装类对应的数组数据。

（源代码：TestGenericClass.java）

```
package ch08;
class OneClass<E> {                                   // 泛型类
    public void display(E value[]){                   // 泛型方法
        for(int i=0; i<value.length; i++)
            System.out.print(value[i]+"\t");
        System.out.println();
    }
}
public class TestGeneric class {
    public static void main(String []args){
        Float objF[] = {1.5f,2.5f,3.5f};
        String str[]={"One","Two","Three","Four"};
        OneClass<Float> obj = new OneClass<Float>();  // 显示浮点数组
        obj.display(objF);
        OneClass<String> obj2 = new OneClass<String>(); // 显示字符串数组
        obj2.display(str);
    }
}
```

可以看出，采用泛型后，测试类中的调用形式是统一的，共享泛型方法 display()使程序更加简洁。

8.7.2 泛型接口

泛型接口

可以使用“interface 名称<泛型参数>”声明一个接口，这样声明的接口称为泛型接口。下面是两个泛型接口的声明：

```
interface  IShow<T>;                        // IShow 是接口名，T 是泛型参数
interface  ICall<T1,T2>;                    // ICall 是接口名，T1、T2 是泛型参数
```

用泛型接口实现类定义的格式如下：

```
class AImp<T> implements IShow <T>;             // 类 AImp 后面的声明<T>是必需的
class Bimp<T1,T2> implements ICall <T1,T2> ;    // 类 BImp 后面的声明<T1,T2>是必需的
```

泛型接口的使用方法与泛型类相似。

【例 8-14】用泛型接口派生机制实现例 8-13 的功能。（源代码：TestGeericInterface.java）

```
package ch08;
interface IDisplay<E> {                         // 泛型接口
```

```
    public void display(E value[]);
}
class AImp<E> implements IDisplay<E> {                    // 用泛型接口实现类
    public void display(E value[]) {                      // 用泛型数组显示函数
        for (int i = 0; i < value.length; i++)
            System.out.print(value[i] + "\t");
        System.out.println();
    }
}
class TestGeericInterface {
    public static void main(String[] args) {
        Float objF[] = {1.5f, 2.5f, 3.5f};
        IDisplay<Float> obj = new AImp();                 // 父类接口指向子类,多态调用
        System.out.println("将 Float 作为泛型参数,显示如下:");
        obj.display(objF);
        String str[] = {"One", "Two", "Three", "Four"};
        IDisplay<String> obj2 = new AImp<String>();
        System.out.println("将 Double 作为泛型参数,显示如下:");
        obj2.display(str);
    }
}
```

程序运行结果如下：

```
将 Float 作为泛型参数,显示如下:
1.5   2.5   3.5
将 Double 作为泛型参数,显示如下:
One   Two   Three   Four
```

泛型在集合框架中的应用

8.7.3 泛型在集合框架中的应用

Java 泛型的主要目的是在 LinkedList、TreeSet、HashMap 等集合类中构建类型安全的数据结构。应用泛型编程最重要的一个优点就是在使用泛型类创建数据结构时，不必强制进行类型转换，将运行时的类型检查提前到编译时执行，使程序更为安全。

【例 8-15】在集合类中应用泛型。（源代码：TestGeneric.java）

```
package ch08;
import java.util.*;
class Person {
    int id;
    String name;
    public Person(int id, String name) {
        this.id = id;
        this.name = name;
    }
    @Override
    public String toString() {
        return id + "/" + name;
    }
}
public class TestGeneric {
    public static void main(String[] args) {
        List<Person> vector = new Vector<Person>(); // 泛型, vector 集合中只能存放 Person 类型
        vector.add(new Person(111, "Rose"));
        vector.add(new Person(222, "Kate"));
        vector.add(new Person(333, "Tom"));
        Iterator<Person> it = vector.iterator(); // 泛型, 强制返回 Person 类型
        while (it.hasNext()) {
            Person p = it.next();
            System.out.println(p);
        }
        System.out.println();
        Map<String, String> map = new HashMap<String, String>(); // 泛型
        map.put("大海", "Sea");
```

```
        map.put("高山", "Mountain");
        map.put("河流", "River");
        System.out.println(map.containsKey("Sea"));
        if (map.containsKey("高山")) {
            String s = map.get("高山");
            System.out.println(s);
        }
    }
}
```

8.8 Collections 类和 Arrays 类

Java 提供了两个常用的工具类 Collections 和 Arrays，分别用于处理集合和数组。

8.8.1 Collections 类

Collections 类

Collections 类提供了很多用于操作集合的方法，这些方法都是静态方法。Collections 类的常用方法如表 8-5 所示。

表 8-5 Collections 类的常用方法

方法	功能描述
void sort(List<T> list)	排序，根据元素的自然顺序对列表按升序排序
void sort(List<T>list,Comparator<?super T> c)	排序，根据指定比较器定义的顺序对列表排序
static void shuffle(List<?> list)	混排，使用默认随机源对列表进行置换
static void shuffle(List<?> list，Random rnd)	混排，使用指定的随机源对指定列表进行置换
void reverse(List<?> list)	反转，反转列表中元素的顺序
boolean replaceAll(List<T>list，T oldVal，T newVal)	替换，使用另一个值替换列表中出现的所有某一指定值
static <T> int binarySearch(List<? extends Comparable<? super T>> list,T key)	查找，使用二分法进行查找

【例 8-16】 Collections 类常用方法的使用。（源代码：TestCollections.java）

```
package ch08;
import java.util.*;
public class TestCollections {
    public static void main(String[] args) {
        List<Integer> list = new ArrayList<>();
        list.add(12);
        list.add(6);
        list.add(-3);
        list.add(0);
        list.add(0x12);                               // 添加 16 进制数
        System.out.println("原始的 list:" + list);     // 输出 list
        Collections.reverse(list);                    // reverse()方法
        System.out.println("翻转的 list:" + list);
        Collections.sort(list);                       // sort()方法
        System.out.println("排序的 list:" + list);
        Collections.shuffle(list);                    // shuffle()方法
        System.out.println("混排的 list:" + list);
        Collections.replaceAll(list, 6,100);          // replace()方法
        System.out.println("替换的 list:" + list);
    }
}
```

程序运行结果如下：

```
原始的 list:[12, 6, -3, 0, 18]
翻转的 list:[18, 0, -3, 6, 12]
排序的 list:[-3, 0, 6, 12, 18]
```

```
混排的list:[-3, 0, 6, 18, 12]
替换的list:[-3, 0, 100, 18, 12]
```

【例 8-17】使用 Collections.binarySearch()方法查找数据。 （源代码：ch09\d17）

在使用 Collections 类的 sort()方法或 binarySearch()方法进行对象排序或查找时，需要注意对象应当是可以比较的，即需要提供比较对象大小的规则。实现对象的大小比较有以下两种方法。

① List 集合中的对象需要实现 java.lang.Comparable 接口。Comparable 接口中有一个方法：int compartTo(Object obj);，它根据大小关系返回正数、0、负数。若要在特定类中实现此功能，需要重写这个方法，例 8-17 使用的就是这种方法。

② 提供 java.util.Comparator 接口的实现。例 8-17 通过实现 java.util.Comparator 接口来比较对象大小。Comparator 接口有两个方法：

- int compare(T o1,T o2);
- boolean equals(Object obj);

程序如下，其中 Student 类的定义与 8.4 节一致，但实现 Comparable 接口时要使用泛型：

```
package ch08.d17;
import java.util.*;
class TestCollectionsSort {
    public static void main(String[] args) {
        Vector<Student> students = new Vector<Student>();
        students.addElement(new Student(1,"Rose",73));
        students.addElement(new Student(12,"Mike",62));
        students.addElement(new Student(9,"Kate",58));
        students.addElement(new Student(4,"Tom",68));
        System.out.println("原始数据:" + students);
        Collections.sort(students);
        System.out.println("排序数据:" + students);
        Student stu=new Student(9,"Kate",58);
        int index = Collections.binarySearch(students,stu);
        if (index >= 0)
            System.out.println("找到数据:" + students.elementAt(index));
        else
            System.out.println("无此数据");
    }
}
class Student implements Comparable<Student> {  // 实现Comparable接口，提供比较方法
    private int sid;
    private String sname;
    private int score;
    public Student(int sid, String sname, int score) {
        this.sid = sid;
        this.sname = sname;
        this.score = score;
    }
    @Override
    public int compareTo(Student s1) {
        if (this.score > s1.score)
            return 1;
        else if (this.score < s1.score)
            return -1;
        else
            return 0;
    }
    @Override
    public String toString() {
        return sid + "/" + sname + "/" + score;
    }
}
```

程序运行结果如下：

```
原始数据:[1/Rose/73, 12/Mike/62, 9/Kate/58, 4/Tom/68]
排序数据:[9/Kate/58, 12/Mike/62, 4/Tom/68, 1/Rose/73]
找到数据:9/Kate/58
```

Arrays 类

8.8.2 Arrays 类

java.util 包中提供了专门用于操作数组的 Arrays 类，该类提供的静态方法可以实现对数组的填充、二分查找、排序等操作。各种方法都对不同的数据类型进行了重载，因此可以处理 Object 类及其子类对象。Arrays 类将与数组相关的通用算法封装为成熟、稳定的类库，方便程序员复用和调用，这是通用程序设计方法的一种表现。

此外，Arrays 类中还包括可以将数组视为列表（ArrayList）的方法，从而可以使用列表的方式操作数组，方便了数组与其他集合类（如 Vector 等）的交互。

Arrays 类定义的方法均为静态方法，可以直接通过 Arrays 前缀引用这些方法。这些方法大多接收数组类型的引用作为参数，以便对数组进行操作。Arrays 类的部分方法如表 8-6 所示。

表 8-6　Arrays 类的部分方法

方法	功能描述
boolean equals(double[] a，double[] a2)	重载的方法，用于实现两个数组的比较，相等时返回 true
boolean equals(Object[] a, Object[] a2)	
void fill(int [] a，int val)	重载的方法，用于数组填充，就是把一个数组的全部或者某段元素填充为一个给定的值
void fill(Object [] a，Object　val)	
int binarySearch(Object[] a, Object key)	重载的方法，使用二分法对数组元素进行查找，支持各种类型的数组元素
int binarySearch(T[] a, T key, Comparator c)	
void sort(long[] a)	重载的方法，用于对数组元素进行排序。Java 类库采用快速排序法
void sort(T[] a, Comparator c)	

【例 8-18】使用 Arrays 类的 sort()方法排序并输出数组元素。　　　（源代码：TestArraysSort.java）

```
package ch08;
import java.util.*;
public class TestArraysSort {
    public static void main(String[] args) {
        int arrays[] = {23,14,036,0x1a,-23};
        System.out.print("初始数据: ");
        for (int i = 0;i < arrays.length; i++) {
            System.out.print("\t"+arrays[i]);
        }
        System.out.println();
        Arrays.sort(arrays);
        System.out.print("排序数据: ");
        for (int i = 0;i < arrays.length; i++) {
            System.out.print("\t"+arrays[i]);
        }
    }
}
```

程序输出结果如下：

```
初始数据:  23    14    3026    -23
排序数据: -23    14    2326    30
```

Arrays 类有一个 Arrays.sort()方法，可以实现对象数组的排序，但定义对象的类需要规定好被排序对象的大小规则，即提供 java.util.Comparator 接口的实现或让对象本身实现 java.lang.comparable 接口。

【例 8-19】 使用 Arrays.sort()方法实现对象数组的排序，应用 java.util.Comparator 接口来规定被排序对象大小的规则。（源代码：ch08\d19）

```
package ch08.d19;
import java.util.*;
public class TestArraysSortWithComparator {
    public static void main(String[] args) {
        Student[] students = new Student[5];
        students[0] = new Student(101, "Rose", 78);
        students[1] = new Student(203, "Mike", 62);
        students[2] = new Student(209, "John", 55);
        students[3] = new Student(303, "Mike", 78);
        students[4] = new Student(209, "Feng", 92);
        System.out.print("排序前:");
        for (int i = 0; i < students.length; i++) {
            System.out.print(students[i] + "\t");
        }
        System.out.println();
        Arrays.sort(students, new StudentComparator());
        System.out.print("\n 排序后:");
        for (int i = 0; i < students.length; i++) {
            System.out.print(students[i] + "\t");
        }
    }
}
class Student {
    int sid;
    String sname;
    int score;
    public Student(int sid, String sname, int score) {
        this.sid = sid;
        this.sname = sname;
        this.score = score;
    }
    @Override
    public String toString() {
        return sid + "/" + sname + "/" + score;
    }
}
class StudentComparator implements Comparator<Student> {
    public int compare(Student obj1, Student obj2) {
        if (obj1.score > obj2.score) return 1;
        else if (obj1.score < obj2.score) return -1;
        return 0;
    }
}
```

程序运行结果如下：

```
排序前:101/Rose/78   203/Mike/62209/John/55   303/Mike/78   209/Feng/92

排序后:209/John/55   203/Mike/62101/Rose/78   303/Mike/78   209/Feng/92
```

在应用 Arrays.sort()方法时，需要将实现 Comparator 接口的对象作为参数传递给 Arrays.sort()方法。经过排序算法处理后，程序按照 Student 类的 score 从小到大重新排列。例 8-19 中，定义比较器类重写 Comparator 接口中的 compare()方法，并将其对象作为参数传递给 Arrays.sort()方法。根据实际需要对数据进行排序（也可以按姓名或其他字段排序），极大地方便了应用程序的编写。

8.9 项目实践：用集合类模拟抽奖系统

项目实践：用集合类模拟抽奖系统

本章构建抽奖系统的基本模型，使用两个 Vector 类来模拟抽奖者的姓名和电话号码信息，使用 java.util.Random 类随机生成获奖用户并输出。

1. 抽奖用户描述

使用 3 个 Vector 类来存放姓名、电话号码，程序如下：

```
Vector v_identNumber = new Vector();                    // 存放抽奖者的电话号码
Vector v_name = new Vector();                           // 存放抽奖者的姓名
Vector v_printident = new Vector();                     // 存放获奖者的电话号码
```

2. 用户信息

用户信息使用 Scanner 类交互输入，程序如下：

```
Scanner scanner = new Scanner(System.in);
System.out.println("请输入姓名和电话号码，格式为“姓名,电话号码”，输入“quit”结束输入：");
```

3. 抽取获奖者

从所有抽奖者中随机选择未获奖者，并将其电话号码存放到 v_printident 中，程序如下：

```
Random random = new Random();
while (v_printident.size() < 3) {
    int index = random.nextInt(v_identNumber.size());
    String identNumber = (String) v_identNumber.get(index);
    v_printident.add(identNumber);
}
```

4. 输出获奖者信息

通过 Vector 类的索引值得到获奖者的姓名和电话号码，并输出获奖者信息。完整程序如下：

```
package ch08;
import java.util.Random;
import java.util.Scanner;
import java.util.Vector;
public class ChooseAward {
    public static void main(String[] args) {
        // 1.定义集合类对象，用于存放姓名、电话号码信息
        Vector v_identNumber = new Vector();            // 存放抽奖者电话号码
        Vector v_name = new Vector();                   // 存放抽奖者姓名
        Vector v_printident = new Vector();             // 存放获奖者的电话号码
        // 2.从键盘输入数据并存放到 Vector 类中，格式为"姓名,电话号码"，每行一条记录
        Scanner scanner = new Scanner(System.in);
        System.out.println("请输入姓名和电话号码，格式为“姓名,电话号码”，输入“quit”结束输入：");
        while (true) {
            String input = scanner.nextLine();
            if (input.equals("quit")) {
                break;
            }
            String[] parts = input.split(",");
            String name = parts[0];
            String identNumber = parts[1];
            v_name.add(name);
            v_identNumber.add(identNumber);
        }
        scanner.close();
        // 3. 从所有抽奖者中随机选择未获奖者，并将其电话号码存放到 v_printident 中
        // 抽取获奖者
        Random random = new Random();
        while (v_printident.size() < 3) {               // 默认获奖者人数为 3
            int index = random.nextInt(v_identNumber.size());
            String identNumber = (String) v_identNumber.get(index);
            v_printident.add(identNumber);
        }
        // 4.输出获奖者的姓名和电话号码
        for (int i = 0; i < v_identNumber.size(); i++) {
            String identNumber = (String) v_identNumber.get(i);
            String name = (String) v_name.get(i);
            if (v_printident.contains(identNumber)) {
                System.out.println(name + ": " + identNumber + "（获奖）");
```

```
            } else {
               System.out.println(name + ": " + identNumber);
            }
         }
      }
   }
```

程序运行结果如下（未考虑随机抽奖结果重复的情况，粗体字为输入的测试用例）：

```
请输入姓名和电话号码，格式为“姓名,电话号码”，输入“quit”结束输入：
Rose,13133445566
Mike,19912345678
John,17656565634
Tom,13090807060
Jim,170897867
Kate,13998989898
Jack,13334567888
quit
Rose: 13133445566
Mike: 19912345678（获奖）
John: 17656565634
Tom: 13090807060（获奖）
Jim: 170897867
Kate: 13998989898
Jack: 13334567888（获奖）
```

本章小结

本章介绍了集合类的概念、各种接口及其子类实现、泛型的概念及其在集合类中的应用等。本章具体涉及的内容如下所示。

① Collection 是集合类的重要接口，主要包括 List 接口和 Set 接口。

② List 接口中的元素是有序的，ArrayList、Vector 和 LinkedList 是 List 接口的实现类。

③ Set 是一个不包含重复元素的集合。HashSet、TreeSet 和 LinkedHashSet 是 Set 接口的实现类，其中 TreeSet 类提供排序功能。

④ Iterator 接口中的方法用于遍历集合中的元素，forEach 循环也能遍历 Collection 中的元素。

⑤ Map 由键值对组成，其中的 Key 用 Set 接口来存放，不可以重复。Map 的实现类主要有 HashTable 和 HashMap。

⑥ 泛型的目的是构建类型安全的集合框架，Java 的集合类广泛支持泛型。

⑦ Java 提供了两个常用的工具类 Collections 和 Arrays，分别用于处理集合和数组。

习题

1．选择题

（1）Java 的集合类存放在（　　）包中。

A. java.collections　　B. java.lang　　C. java.array　　D. java.util

（2）下面关于 Collecton 接口中 size()方法的描述中，不正确的是（　　）。

A. 返回值是 int 类型　　B. 返回集合中元素的个数

C. 该方法被 List 接口中的方法继承　　D. 可以用 Collecton 的 length()方法替代

（3）下面不属于 java.util.List 接口实现类的是（　　）。

A. java.util.LinkedList　　B. java.util.Vector　　C. java.util.Stack　　D. java.util.HashList

（4）下面不属于 java.util.Map 接口实现类的是（　　）。

A. java.util.HashTable　　B. java.util.HashSet　　C. java.util.HashMap　　D. java.util.TreeMap

（5）Vector 对象中的元素可以是（　　）。

A. int　　B. float　　C. 属性　　D. 对象

（6）下面的数据结构中，线程安全的是（　　）。

A. ArrayList　　B. Vector　　C. LinkedList　　D. HashSet

（7）编译和运行如下程序的结果是（　　）。

```
import java.util.*;
class Point {
    int x,y;
    Point() {
       x=y=0;
    }
}
class Test001{
    public static void main(String[]args){
        List<Point> lst=new LinkedList<Point>();
        lst.add(new Point());
        lst.add(new Point());
        System.out.println(lst.size());
    }
}
```

A. 编译错误　　B. 运行时抛出异常　　C. 1　　D. 2

（8）下列说法不正确的是（　　）。

A. Collection 是集合类的上层接口，继承于它的接口主要有 Set、List、Map

B. Collections 是集合类的上层接口，提供一些操作集合的方法

C. HashTable 类是线程安全的

D. HashMap 类的键值允许是空值（null）

（9）有如下程序：

```
List<String> lst = new ArrayList();
```

不能输出 lst 所有元素的程序是（　　）。

A.

```
for(int i=0; i<list.size(); i++){
    System.out.println(list.get(i));
}
```

B.

```
Iterator iter=list.iterator();
   while(iter.hasNext()){
      System.out.println(iter.next());
}
```

C.

```
for(String s:list){
      System.out.println(s);
}
```

D.

```
while(String s:list){
      System.out.println(s);
}
```

（10）下面程序中不能通过编译的是（　　）。

A. HashSet<Integer> h1 = new HashSet<Integer>()

B. HashSet<Number> h2=new HashSet<Integer>()

C. Set<Integer> h3 = new HashSet<Integer>()

D. HashSet<Number> h4=new HashSet<Number>()

2．简答题

（1）Set 接口有什么特点？

（2）List、Set 和 Map 定义了抽象的数据结构，试解释其含义。

（3）HashSet 类与 TreeSet 类有什么不同？

（4）Collection 接口是 Iterator 接口的子接口，这种说法正确吗？

（5）使用泛型的优点是什么？

（6）Collections 类实现对象的排序或查找时，使用哪两个接口来规定被排序对象大小的规则？

3．编程题

（1）编写程序，利用 Scanner 类交互输入若干单词，并统计每个单词出现的频率。

（2）有图书信息如表 8-7 所示。

表 8-7　图书信息

书号	书名	年份	出版社
V-121-122	Python 程序设计	2019 年	大连交通大学出版社
B-121-122	Java 程序设计	2022 年	清华大学出版社
VC-121-122	数据库原理	2023 年	清华大学出版社

使用 Map 类存储图书信息，使用书号作为 Map 的键，遍历并输出所有图书信息。

（3）学生类 UStudent 的成员变量包括 sid（学号，int）、name（姓名，String）、chinese（语文成绩，int）、math（数学成绩，int）。

编写程序，定义一个集合类，并向集合类中添加若干学生对象，要求按总成绩降序排列；若总成绩相同，按语文成绩降序排列。最后编写测试类。

上机实验

实验 1：List 接口的操作。

定义学生类 MyStudent，成员变量包括 sid（学号，int）、name（姓名，String）、age（年龄，int）。完成下面操作。

（1）创建一个 List 接口对象 lst，向 lst 中增加 3 个学生，基本信息如表 8-8 所示。

表 8-8　学生的基本信息

学号	姓名	年龄
1001	Zhangmeng	20
1002	Lizhaoyi	21
1003	Wangshi	19

（2）完成下面操作。

- 在学号“1003”之前插入一名学生，信息如下：2006　Zhaomei　20。
- 删除学号为“1003”的学生的信息。
- 使用 forEach 循环遍历所有学生的信息。
- 使用 Iterator 接口遍历所有学生的信息。

实验 2：实现信息查找。

在实验 1 中学生类 MyStudent 的基础上创建测试类 TestMyStudent，使用 Vector 类作为存储对象，向其中添加多个学生向量。实现下面的操作。

（1）按学号查询学生信息；

（2）按姓名（可以有重名）查询学生信息。

第9章 异常处理

【本章导读】

异常是程序在运行过程中发生的错误。Java 作为面向对象的程序设计语言，提供了丰富的异常处理措施。Java 的异常处理机制可以用统一的方式处理程序运行时出现的问题，不仅增强了程序的稳定性和可读性，更重要的是规范了程序的设计风格，提高了程序质量。

本章介绍 Java 的异常处理技术，包括 Java 的系统异常和用户自定义异常两类。

【本章实践能力培养目标】

通过本章内容的学习，读者应能在抽奖系统基本模型的基础上添加异常处理功能，要求能处理输入抽奖数据时的数据格式异常以及参与抽奖用户数不足的异常。

异常的概念

9.1 异常处理概述

9.1.1 异常的概念

异常就是程序在运行过程中发生的，由于硬件故障、软件设计错误、运行环境不满足等原因导致的程序错误事件，比如除 0 溢出、数组越界、文件找不到等，这些事件的发生会影响程序的正常运行。程序设计时应当考虑到可能发生的异常事件并做出相应的处理。if 语句可用于异常判断，但大型的应用系统往往需要在程序中设置多个 if 语句，用户较难控制程序的流程。

下面是一段将字符串转换为整型数据的程序：

```
public class TestTypeConvert {
    public static void main(String[] args) {
        int num = Integer.parseInt("11ax3");
    }
}
```

编译并执行上述程序，结果如下：

```
Exception in thread "main" java.lang.NumberFormatException:For input string: "11ax3" at
java.base/java.lang.NumberFormatException.forInputString(NumberFormatException. java:65)
     at java.base/java.lang.Integer.parseInt(Integer.java:652)
     at java.base/java.lang.Integer.parseInt(Integer.java:770)
     at ch09.TestTypeConvert.main(TestTypeConvert.java:5)
```

程序 int num = Integer.parseInt("11ax3");在将字符串“11ax3”转换为 Integer 类型时，产生了将非数字字符串转换为 Integer 类型的错误，即发生了数字格式异常。认真检查程序可以避免类似问题，但也可以通过异常处理结构来进行。对于一些较为复杂的异常，更适合通过异常处理结构来处理。

【例 9-1】数据类型转换中的异常处理。（源代码：TestTypeConvert.java）

```
package ch09;
public class TestTypeConvert {
    public static void main(String[] args) {
        try {
           int num = Integer.parseInt("11ax3");
        }catch (NumberFormatException ee) {
```

```
            System.out.println("数据格式错误");
            // System.out.println(ee.getMessage()); // 输出异常信息
        }
    }
}
```

例 9-1 中的 NumberFormatException 类是数字格式异常类（可以在 Java 文档中查看各种异常类）。程序运行发生异常时，也会输出异常类信息。

例 9-1 输出“数据格式错误”，表明程序在运行时捕获了该异常。

异常类的层次结构

9.1.2 异常类的层次结构

Java 在处理异常时采用了面向对象的方法。一个异常事件是由一个异常对象来代表的，例如例 9-1 中的异常对象是 ee。下面我们来了解异常类的层次关系。

Throwable 类位于异常类层次的最顶层，用来表示通用的异常情况，所有异常类都是 Throwable 类的子类。图 9-1 表示 Java 异常类的层次结构。

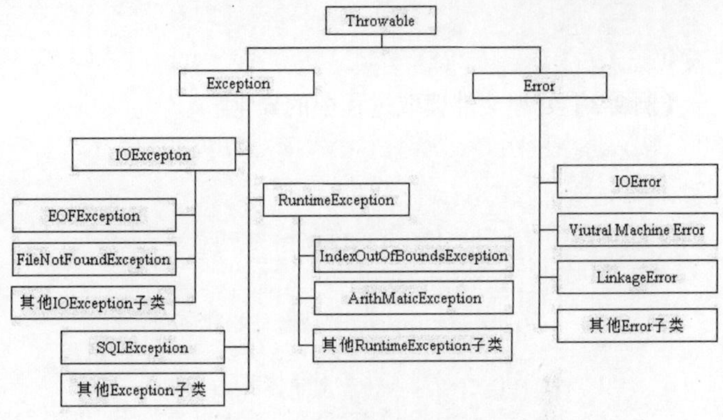

图 9-1 Java 异常类的层次结构

Java 中的异常事件分为两类。

① 继承于 Exception 类的异常类。Exception 类的对象是 Java 程序处理或抛出的对象，它的不同子类分别对应不同类型的异常。其中 RuntimeException 类表示运行时异常，包括例 9-1 中的数字格式异常类 NumberFormatException、算术运算异常类 ArithMaticException、数组下标超出范围异常类 IndexOutOfBoundsException 等；其他则是非运行时异常，如输入/输出异常类 IOException、文件找不到异常类 FileNotFoundException 等。非运行时异常是 Java 程序中需要大量处理的异常。

② 继承于 Error 类的异常类，包括动态链接失败、虚拟机错误等。通常 Java 程序不捕获也无法捕获这类异常，也不会抛出这类异常。

在 Exception 的子类中，RuntimeException 类代表了 JVM 在运行时生成的异常。这类异常事件的生成是很普遍的，如果用户仔细检查，完全可以避免这类异常，因此 JVM 允许程序不处理这类异常。例 9-1 中，程序可以对 NumberFormatException 异常不做任何处理，而直接交给 JVM。当然，在必要的时候，程序也可以处理运行时异常。

除 RuntimeException 类外，继承于 Exception 类的其他子类被称为非运行时异常，也称为受检查异常，例如 FileNotFoundException 和 IOException。对于这类异常来说，JVM 要求程序必须进行检查，捕获或者声明抛出这类异常，否则编译不能通过，程序也无法运行。

9.2 异常处理过程

Java 的异常处理过程可以概括为以下 3 个步骤。

① Java 程序执行过程中如果出现异常，会自动生成一个异常对象，该异常对象被提交给 JVM，这个过程称为抛出异常。抛出异常也可以通过用户程序自定义。

② 当 JVM 接收到异常对象时，会寻找处理这一异常的程序，并把异常对象交给其处理，这个过程叫捕获异常。

③ 如果 JVM 找不到可以处理异常的方法，则 JVM 终止，相应的 Java 应用程序退出。

9.2.1 捕获和处理异常

一个方法如果对某种类型的异常对象提供了相应的处理程序，则这个方法可捕获该异常。捕获异常是通过 try-catch-finally 语句实现的，语法格式如下：

```
try {
    语句块;
} catch (ExceptionName1 e) {
    语句块;
} catch(ExceptionName2 e) {
    语句块;
} finally {
    语句块;
}
```

捕获和处理异常

【例 9-2】处理文件读取过程中的异常。 （源代码：TestReadFileException.java）

```
package ch09;
import java.io.*;
import java.util.Scanner;
public class TestReadFileException {
    public static void main(String[] args)  {
        Scanner sc = new Scanner(System.in);
        System.out.print("请输入文件名：");
        String fileName=sc.next();
        try {           // 主体程序
            FileInputStream fis = new FileInputStream(fileName);
            int n = fis.read();
            System.out.println("文件长度为："+n);
            fis.close();
        }
        catch (FileNotFoundException e)     {
            System.out.println( fileName+ " 不存在.");
        }
        catch (IOException e) {
            System.out.println("读文件异常.");
        }
        finally {
            System.out.println("处理结束.");
        }
    }
}
```

例 9-2 的功能是读取一个文件并输出文件的长度。Java 的异常处理过程可结合例 9-2 来介绍。

1．try 语句

捕获异常的第一步是用 try 语句选定捕获异常的范围。由 try 所限定的代码块中的语句在执行过程中可能会生成异常对象并抛出。

2．catch 语句

每个 try 代码块伴随一个或多个 catch 语句，用于处理 try 代码块中生成的异常。catch 语句只有一个参数，参数类型指明它能够捕获的异常类型。这个类是 Throwable 类的子类，JVM 通过该参数把被抛出的异常对象传递给 catch 代码块。

catch 代码块中包含的是对异常对象进行处理的程序，与访问其他对象一样，可以访问异常对象的变量或调用它的方法。

访问异常对象经常使用 getMessage()方法和 printStackTrace()方法。这两种方法都是 Throwable 类提供的方法，其中 getMessage()方法用来获取异常对象的信息，printStackTrace()方法用来在异常事件发生时执行堆栈的内容。

例 9-2 使用了两个 catch 语句进行异常捕获。

① 执行程序时，在控制台窗口输入文件名“aaa.txt”。如果该文件不存在或找不到，报告异常，运行结果是：

```
请输入文件名：aaa.txt
aaa.txt 不存在.
处理结束.
```

② 执行程序时，在控制台窗口输入文件名“result.txt”。如果存在该文件，程序正常运行，输出结果是：

```
请输入文件名：result.txt
文件长度为：229
处理结束.
```

从图 9-1（Java 异常类的层次关系）可以看到，IOException 是 FileNotFoundException 类的父类。从例 9-2 的执行结果看，捕获 IOException 异常类型的代码块并没有被执行。这是因为当 JVM 查找处理异常的程序时，首先从调用栈的最顶端开始，也就是从最早生成异常对象的方法开始（例 9-2 中为 FileInputStream 的构造方法）。由于 FileInputStream 的构造方法中没有处理异常，JVM 沿调用栈向后回溯进入 main()方法。main()方法中有 2 个 catch 语句，JVM 把异常对象的参数类型依次和每个 catch 语句的参数类型进行比较，如果类型相匹配，则把异常交给这个 catch 代码块来处理。这里，匹配是指参数类型与异常对象的参数类型完全相同，或者为其父类。因此第一个 catch 代码块被执行。

由例 9-2 可以看出，捕获异常的顺序是和不同 catch 语句的顺序相关的。如果把例 9-2 中前两个 catch 语句的次序换一下，会给出如下的编译提示信息：

```
Exception 'java.io.FileNotFoundException' has already been caught
```

由于第一个 catch 语句首先得到匹配，第二个 catch 语句将没有机会执行。因此，在安排 catch 语句的顺序时，首先应该捕获最特殊的异常，然后再捕获一般的异常。同时，如果 catch 语句所捕获的异常类型有子类，则一个 catch 语句可以同时捕获该异常类及其子类。例如，程序如下：

```
catch (IOException e) {
    System.out.println(e.getMessage());
}
```

上面这段程序除了可以捕获 FileNotFoundException 异常，还可以捕获 EOFException 异常，只要它们是 IOException 类的子类，都可以被捕获。

通常在指定捕获的异常类型时，应该避免选择最一般的类型（如 Exception 类）。否则，当异常事件发生时，程序将不能准确判断异常的具体类型并做出相应处理，很难从错误中恢复。

3．finally 语句

捕获异常的最后一步是通过 finally 语句为异常处理提供出口，使控制流在转到程序的其他部分之前能够对程序的状态进行统一的管理。无论 try 代码块中是否发生了异常事件，finally 代码块中的语句都会被执行。

finally 语句是任选的，但 try 语句后至少要有一个 catch 语句或 finally 语句。finally 语句块中的内容经常用于资源清理工作，如关闭文件、断开数据库连接等。

抛出异常的 throws 语句

9.2.2 抛出异常的 throws 语句

如果在方法中生成了一个异常，但有时方法并不知道该如何处理这一异常，这时可以抛出异常，由该方法的调用者来捕获异常。抛出异常通过方法声明中的 throws 语句实现，语法格式如下：

```
类型 方法名([参数表]) [throws 异常列表]{…}
```

方法抛出异常时，该方法可以将异常对象从调用栈向后传播，直到有合适的方法捕获它为止。

例如，下面的 computing()方法声明抛出 RuntimeException 异常，该异常由调用了 computing()方法的程序来处理：

```
public static void computing() throws RuntimeException{…}
```

throws 语句可以同时抛出多个异常，说明该方法将不对这些异常进行处理，而是抛出它们。例 9-2 中，如果在程序中不进行异常处理，只需在 main()方法的声明中加上 throws 语句即可，程序如下：

```
public static void main(String args[])throws FileNotFoundException,IOException{}
```

这时，程序产生的异常 main()方法未做处理，而是将异常提交给 JVM。程序运行产生异常时，将退出并报告异常。

【例 9-3】抛出异常的应用。（源代码：TestThrows.java）

```
package ch09;
public class TestThrows {
    public static void main(String[] args) {
        try {
            computing();
        } catch (Exception e) {
            System.out.println("computing()方法抛出异常！");
            System.out.println(e.getMessage());
        }
    }
    public static void computing() throws RuntimeException {
        int i=Integer.MIN_VALUE/0;
        System.out.println(i);
    }
}
```

例 9-3 中，computing()方法中未处理的异常通过 throws 语句抛出，交给调用者进行捕捉和处理。实际上，调用者也可以继续抛出，交给 JVM 来处理。

最后，再次强调，对于非运行时异常，例如 IOException、SQLException 异常，程序必须作出处理，或者捕获，或者抛出异常。而对于运行时异常，例如 NumberFormatException、ArithmeticException、IndexOutOfBoundsException 等，则需要用户在编程时多加小心，避免这类异常，编译器并不处理这类异常。

抛出异常的 throw 语句

9.2.3 抛出异常的 throw 语句

程序中的异常可以由 JVM 生成，也可以由用户定义的对象生成。程序抛出异常时，先要生成异常对象，然后通过 throw 语句抛出。throw 语句的语法格式如下：

```
throw <异常对象>
```

下面的程序抛出了一个 IOException 类：

```
IOException e=new IOException();
throw e;
```

需要注意的是，被抛出的异常必须是 Throwable 类或其子类的对象。

【例 9-4】应用 throw 语句在程序中抛出异常。（源代码：TestThrow.java）

```
package ch09;
public class TestThrow {
    static String evaluation(double score) throws Exception {
        if ((score > 100) || (score < 0)) {
            throw new Exception("score 范围区间不合理");
```

```
        } else {
            if (score > 60) return "通过";
            else return "未通过";
        }
    }
    public static void main(String[] args) throws Exception {
        String result = evaluation(77);
        System.out.println("评阅结果:" + result);
        result = evaluation(103);      // score>100 抛出异常
        System.out.println("评阅结果:" + result);
    }
}
```

例 9-4 所示程序的功能是判断 evaluation()方法中的参数 score 是否在 0~100 之间。

如果符合条件，返回字符串“通过”或“不通过”；如果不符合条件，throw 语句会抛出异常，交给调用方法 main()来处理。

例 9-4 的运行结果如下：

```
评阅结果:通过
Exception in thread "main" java.lang.Exception: score范围区间不合理
    at ch09.TestThrow.evaluation(TestThrow.java:7)
    at ch09.TestThrow.main(TestThrow.java:21)
```

9.3 自定义异常

自定义异常

JDK 定义的异常主要用来处理可以预见的较常见的运行错误，对于某个应用所特有的异常，则需要用户根据程序的逻辑创建自定义的异常类和异常对象。

创建自定义异常时，一般需要完成如下工作。

① 声明一个新的异常类,使之以 Exception 类或其他某个已经存在的系统异常类或自定义异常类为父类。

② 为新的异常类定义属性和方法，或重载父类的属性和方法，使这些属性和方法能够体现该类对应的异常信息。

自定义异常能使应用系统识别特定的运行异常，能及时地控制和处理运行错误。自定义异常是构建稳定完善的应用系统的重要基础之一。

【例 9-5】用户自定义异常的应用。（源代码：TestUserException.java）

```
package ch09;
public class TestUserException {
    public static void main(String args[]) {
        try {
            ExceptionLogic.draw(4500);
            ExceptionLogic.draw(1500);
            ExceptionLogic.draw(10000);
        } catch (UserDefinedException e) {
            System.out.println("UserException caught:" + e.getMessage());
        }
    }
}
class UserDefinedException extends Exception {
    private String message;              // 异常描述
    UserDefinedException(String message) {
        super(message);
    }
    public String toString() {
```

```
        return "UserExceptionn[" + message + "]";
    }
}
class ExceptionLogic {
    static void draw(int money) throws UserDefinedException {
        System.out.println("called draw(" + money + ")");
        if (money > 5000) throw new UserDefinedException("支取额度超出范围");
        System.out.println("正常支取");
    }
}
```

例 9-5 中的要点如下。

① 定义了异常类 UserDefinedException，该类继承了 Exception 类，用于描述异常信息。

② 在 ExceptionLogic 类中，draw()方法根据变量 money 的取值来决定是否抛出异常。

③ 抛出的异常由 TestUserException 类的 main()方法处理。

程序运行结果如下：

```
called draw(4500)
正常支取
called draw(1500)
正常支取
called draw(10000)
UserException caught:支取额度超出范围
```

断言

9.4 断言

断言是 Java 异常处理的一种形式，使用 assert 关键字实现，主要用于程序调试。

在调试程序阶段使用断言语句，可以发现和定位错误。当程序正式运行时可以关闭断言语句，但仍把断言语句保留在程序中。如果以后应用程序又需要调试，再重新启用断言语句。

1．断言语句的格式

可使用关键字 assert 声明一条断言语句。断言语句有以下两种格式：

```
格式 1: assert 条件表达式;
格式 2: assert 条件表达式:描述信息;
```

在断言语句中，条件表达式的返回值是 true 或 false；描述信息是字符串表达式。

如果使用格式 1 形式的断言语句，当条件表达式的值是 true 时，程序从断言语句处继续执行；值是 false 时，程序从断言语句处停止执行。

如果使用格式 2 形式的断言语句，当条件表达式的值是 true 时，程序从断言语句处继续执行；值是 false 时，程序从断言语句处停止执行，并输出描述信息，用于提示出现的问题。

例如，对于如下断言语句：

```
assert x >=0;
```

如果表达式 x>=0 的值为 true，程序继续执行，否则程序立刻结束执行。

2．启用与关闭断言语句

运行 Java 程序时，断言语句默认是关闭的，在命令行窗口调试程序时可以使用参数-ea 启用断言语句。在 IntelliJ IDEA 环境下，启用断言语句的步骤如下。

① 在 IDEA 窗口，执行菜单栏中的“Run”→“Edit Configrations”命令，如图 9-2 所示。

② 在“Run/Debug Configurations”对话框中，依次执行（选择）“Modify options”→“Add VM options”选项，并在选项文本框中输入“-ea”，如图 9-3 所示，最后单击对话框中的“OK”按钮即可。这样，之后编译运行程序时就启动了断言功能。

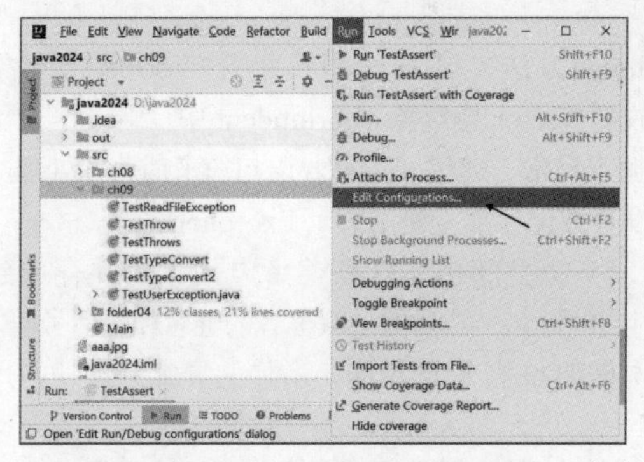

图 9-2　启动 IDEA 的“Edit Configrations”命令

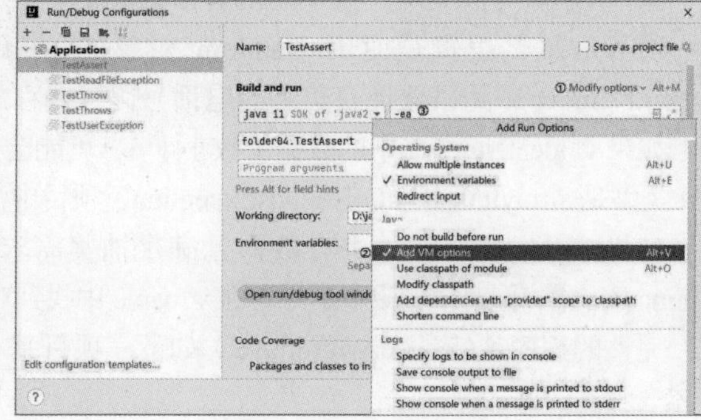

图 9-3　启动断言功能

【例 9-6】断言语句的应用。（源代码：TestAssert.java）

使用数组保存学生若干门课程的成绩，并计算成绩之和。在调试程序时启用断言语句，如果发现有成绩不在 0~100 之间，程序结束运行，并报告异常信息。程序如下：

```
package ch09;
public class TestAssert {
    public static void main (String args[ ]) {
        int [] scores={92,-82,89,120,90,100};
        int sum=0;
        for(int i:scores) {
            assert i>0 && i<-100:"成绩应介于 0~100 之间";
            sum=sum+i;
        }
        System.out.println("成绩之和:"+sum);
    }
}
```

开启断言功能后的运行效果如下：

```
Exception in thread "main" java.lang.AssertionError: 成绩应介于 0~100 之间
    at ch09.TestAssert.main(TestAssert.java:9)
```

如果关闭断言语句，程序正常运行，输出所有数值之和。

9.5　项目实践：抽奖数据格式的异常处理

本章项目在抽奖系统基本模型的基础上，添加异常处理功能，处理输入抽奖数据时的数据格式异常和初始参与抽奖用户数不足的异常。

项目实践：抽奖数据格式的异常处理

1．抽奖系统的基本模型

抽奖系统的基本模型已在第 8 章实现，主要包括以下内容。

① 定义两个 Vector 类，用于存放姓名、电话号码。

② 初始抽奖信息用 Scanner 类交互输入。

③ 从所有抽奖者中随机选择获奖者。

④ 输出获奖者信息。

2．输入抽奖者信息的异常处理

交互输入数据的格式是“姓名,电话号码”。如果输入数据格式不合要求，程序如下：

```
String name = parts[0];
String identNumber = parts[1];
```

上述代码会抛出异常，程序会进行异常处理。

3．初始参与抽奖用户数不足的异常处理

项目的抽奖逻辑是使用 Random 对象的 nextInt(3)方法，从抽奖用户集合 Vector 类对象 v_identNumber 中随机选择获奖者的电话号码，并存放到 Vector 类对象 v_printident 中。

如果 v_identNumber 中的数据个数小于 3，可能会抛出异常，通过 try-catch 语句块来捕获并处理。异常类型是 ArrayIndexOutOfBoundsException，项目中没有细化异常，使用的是 Exception 类。

如果 v_identNumber 中有数据且满足抽奖需求，系统会随机选择获奖者电话号码并存放到 v_printident 中，同时根据该电话号码在 v_name 中找到对应的姓名，然后输出获奖者的姓名和电话号码。

完整的程序（ChooseAward.java）如下（项目基本框架与第 8 章相同，增加的异常处理功能用粗体表示）：

```
package ch09;
import java.util.Random;
import java.util.Scanner;
import java.util.Vector;
public class ChooseAward {
    public static void main(String[] args) {
        Vector<String> v_identNumber = new Vector<String>();
        Vector<String> v_name = new Vector<String>();
        Vector<String> v_printident = new Vector<String>();
        Scanner scanner = new Scanner(System.in);
        System.out.println("请输入姓名和电话号码，格式为"姓名,电话号码"，输入"quit"结束输入：");
        while (true) {
            String input = scanner.nextLine();
            if (input.equals("quit")) {
                break;
            }
            try {    // 输入数据格式的异常处理
                String[] parts = input.split(",");
                String name = parts[0];
                String identNumber = parts[1];
                v_name.add(name);
                v_identNumber.add(identNumber);
            } catch(ArrayIndexOutOfBoundsException e) {
                System.out.println("输入数据格式异常！");
            }
        }
        scanner.close();
        // 输出Vector 中的全部数据
        for (int i = 0; i < v_identNumber.size(); i++) {
            String identNumber = (String) v_identNumber.get(i);
            String name = (String) v_name.get(i);
            System.out.println(name + ": " + identNumber);
        }
        // 输出获奖者信息并进行异常处理
        try {
            Random random = new Random();
            int index = random.nextInt(3);  // 假设前 3 条数据的任一条为获奖者
            // 获取获奖者的电话号码
            String winningNumber = v_identNumber.get(index);
            // 将获奖者的电话号码存放到 v_printident 中
            v_printident.add(winningNumber);
            // 获取获奖者的姓名
            // int index = v_identNumber.indexOf(winningNumber);
            String winningName = v_name.get(index);
            System.out.println("获奖者的姓名：" + winningName);
            System.out.println("获奖者的电话号码：" + winningNumber);
        } catch (Exception e) {
```

```
                System.out.println("Vector初始数据不足或发生其他异常");
                e.printStackTrace();
            }
        }
    }
```

程序运行结果如下，报告了输入数据格式异常信息：

```
请输入姓名和电话号码，格式为“姓名,电话号码”，输入“quit”结束输入：
Mike,19912345678
John,17656565634
Tom,13090807060
Kate1388997766
输入数据格式异常！
Kate,13998989898
quit
Mike: 19912345678
John: 17656565634
Tom: 13090807060
Kate: 13998989898
获奖者姓名：Tom
获奖者电话号码：13090807060
```

本章小结

本章介绍 Java 的异常处理技术，包括 Java 的系统异常和用户自定义异常两类。本章具体涉及的内容如下所示。

① 异常是程序在运行过程中发生的错误。Java 的异常继承于 Error 类和 Exception 类。

② 捕获异常通过 try-catch-finally 语句实现。try 语句块指定异常的范围，catch 语句块处理异常事件，finally 语句为异常处理提供统一的出口。

③ 使用 throws 语句在方法声明中抛出异常，使用 throw 语句在程序中生成异常对象。

④ 自定义异常用来处理应用程序中可能产生的逻辑错误，提高了程序的健壮性。

⑤ 断言语句的声明使用 assert 关键字，用于程序调试。

习题

1．选择题

（1）下列关于异常处理的描述中，不正确的是（　　）。

A．异常由用户或 JVM 进行处理

B．使用 try-catch-finally 语句捕获异常

C．使用 throws 语句抛出异常

D．捕获到的异常只能在当前方法中处理，不能在其他方法中处理

（2）关于异常的说法中，正确的选项是（　　）。

A．异常是一种对象　　B．异常类不可以被继承

C．为了保证程序运行速度，应尽量避免异常处理　　D．所有的异常都可以被捕获

（3）用来抛出异常的语句是（　　）。

A．try　　B．catch　　C．throws　　D．finally

（4）关于 catch 语句块的排列顺序，下列选项中正确的是（　　）。

A．父类异常在先，子类异常在后　　B．子类异常在先，父类异常在后

C．有继承关系的异常不能在同一个 try 语句块内　　D．父类异常和子类异常可以任意排列

（5）关于 try-catch-finally 语句的描述，下列选项中正确的是（　　）。

A. try 语句后面的代码块是处理异常的语句

B. catch()方法跟在 try 语句后面，该方法可以没有参数

C. catch()方法有一个参数，该参数是某异常类的对象

D. finally 语句后面的程序段不一定总是被执行的，如果抛出异常，该语句不执行

（6）在异常处理语句中，用于释放资源、关闭文件操作的是（　　）。

A. try 语句块　　B. catch 语句块　　C. finally 语句块　　D. throw 语句块

（7）假设 AClass 类中有一个会抛出 Exception 类型异常的静态方法 fun()；BClass 类和 AClass 类位于同一个包中，其中的静态方法 m()调用 AClass 类中的 fun()方法。下面程序中正确的是（　　）。

A.

```
class BClass throws Exception {
     public static void m(){AClass.fun();}
}
```

B.

```
class BClass throws new Exception() {
     public static void m(){AClass.fun();
}
```

C.

```
class BClass {
     public static void m()throws Exception { AClass.fun();}
}
```

D.

```
class BClass{
     public static void m()throws new Exception() { AClass.fun(); }
}
```

（8）下面程序的运行结果是（　　）。

```
class Test {
    static int x=0;
    public static void main( String ar[]) {
        System.out.println(x/0);
    }
}
```

A. 输出 0　　B. 报告异常 InterruptException

C. 报告异常 NullPointerException　　D. 报告异常 ArithmeticException

2．简答题

（1）什么叫异常？简述 Java 的异常处理过程。

（2）Throwable 类的子类包括 Error 类和 Exception 类，这两个类有什么不同？

（3）运行时异常和非运行时异常的区别是什么？

（4）Java 的系统异常和用户自定义异常的区别是什么？

3．编程题

（1）编程实现下述异常处理，并输出异常信息。

① 报告数组下标越界异常 ArrayIndexOutOfBoundsException，例如下面的程序：

```
char ch[] = new char[5];
ch[5] = 'k';
```

② 报告对象转换异常 ClassCastException，例如下面的程序：

```
Object x = new Double(0);
System.out.println((String)x);
```

（2）输入一个整数，求 100 除以它的商并显示。要求对从键盘输入的数值进行异常处理。

上机实验

实验 1：根据三角形三边计算面积并进行异常处理。

定义三角形 Triangle 类，并按照要求编写程序。

```
public class Triangle {
    int x,y,z;                  // 三边长
    public Triangle(int x, int y, int z) {
        //…
    }
    int getArea() {             // 计算面积
        //…
    }
}
```

（1）补全构造方法 Triangle(int x, int y, int z)的程序，要求实现功能：当三条边不能构成一个三角形时要抛出自定义异常 NotTriangleException。

（2）使用成员方法 getArea()计算三角形面积。

（3）在测试类中的 main()方法中构造一个 Triangle 对象，计算并输出三角形面积。

实验 2：输入数据求和并进行异常处理。

在控制台通过交互的方式输入一个整数字符串，再将该整数字符串转换为整型并求和。输入的数据包括以下格式（要求对有关的异常进行捕获和处理）：

```
12345
123  45
-45
123xyz456
```

第10章 Java 的多线程

【本章导读】

前面各章节的程序在运行时，一个程序只有一条执行路径。从线程的观点来看，这是单线程的程序。然而现实世界里的很多过程都具有多条路径同时执行的特征。例如，我们可以一边喝咖啡，一边听音乐；一个 Web 服务器可能要同时处理几个客户机的请求等。如果将这些活动映射到计算机中，从线程的观点来看，这是多线程的。

Java 支持多线程。本章详细介绍 Java 语言的多线程技术，包括线程和进程的概念、线程的创建、线程的状态与控制以及线程的同步等内容。

【本章实践能力培养目标】

通过本章内容的学习，读者应能实现抽奖系统的多线程模型，要求能模拟抽奖的"继续"和"暂停"过程，并对抽奖结果进行统计。抽奖的多线程模型将在第 12 章中进一步完善。

10.1 线程概述

每个 Java 程序都可以创建多个线程，每个线程可以完成一个相对独立的任务，且能够与其他线程并行执行，这种并行执行的方式和操作系统中的进程很相似。下面先介绍线程和进程的不同。

线程和进程

10.1.1 线程和进程

线程和进程都是操作系统的重要概念。进程是程序的动态执行过程，每个进程都有独立的内存空间、独立的内部数据、独立的系统资源。多进程是指在操作系统中能同时运行多个程序。这些进程之间相互独立，一个进程一般不允许访问其他进程的内存空间，因此，进程间通信非常困难。例如，Windows 操作系统中同时运行的"计算器"程序和"画图"程序可以理解为两个进程。

线程是用于完成某个特定功能的一段程序，是比进程更小的执行单位。与进程不同，同一个类的多个线程是共享一块内存空间和一组系统资源的。这样，在多个线程间切换时，负担要比进程小得多。正因如此，线程被称为轻量级进程。

例如，从 Web 服务器上下载一个非常耗时的文件时，CPU 被占用的资源比较少。如果是单线程程序，一次只能运行一个任务。只有前一个任务完成后，才能开始执行下一个任务，这就浪费了 CPU 资源。多线程环境下可以有多个线程同时运行，当一个线程暂时不需要 CPU 资源时，另一个线程可以占有 CPU 资源。所以，多线程机制有助于充分利用 CPU 资源，提高程序的运行效率。

一个进程在其执行过程中可以产生多个线程。每个线程是进程内部单一的一个执行单元。多线程指的是在一个程序中可以同时运行多个不同的线程，执行不同的任务。在基于线程的多任务处理环境中，线程是最小的处理单位。一个进程内的多个线程可以共享一块内存空间和一组系统资源，有可能互相影响。

线程的运行机制

10.1.2 线程的运行机制

线程由 java.lang.Thread 类来实现。在构造 Thread 类时，需要向 Thread 类的

构造方法传递一个 Runnable 对象，这个对象就是线程所需要的程序和数据的封装。Runnable 对象是指实现了 java.lang. Runnable 接口的任何对象。Runnable 接口只有一个方法：

```
public void run();
```

这个 run()方法实际上就是线程所要执行的程序。

启动线程，只需要执行 Thread 类的 start()方法，JVM 就会在 CPU 资源空闲时去调度执行 run()方法中的程序。

Java 程序中的 main()方法是应用程序的入口。实际上，在运行应用程序时，JVM 会自动创建一个线程，这个线程称为主线程，该线程负责执行 main()方法。在 main()方法的执行过程中，如果没有创建新的线程，当 main()方法执行完成后，JVM 就会结束 Java 应用程序。这就是单线程程序。

在 main()方法的执行过程中，如果创建并启动了其他线程，那么 JVM 就会在主线程和其他线程之间进行调度，保证每个线程都有机会使用 CPU 资源。main()方法即使执行完成后，JVM 也不一定会结束程序。一直要等到程序中的所有线程都结束之后，JVM 才结束应用程序。多线程程序的运行过程如图 10-1 所示。

图 10-1　多线程程序的运行过程

10.1.3　线程的优点

合理地使用线程，能够改善复杂应用程序的性能，提高应用程序响应的速度。下面是一些具体的优点。

① 方便调度和通信。与进程相比，多线程是一种非常“节俭”的多任务操作方式。

② 改进应用程序的响应。这对图形用户界面的程序尤其有意义。当一个操作耗时很长时，整个系统都会等待这个操作，此时程序不会响应键盘、鼠标、菜单的操作。而使用多线程技术，将耗时长的操作置于一个独立的线程中，可以避免这种情况产生。

③ 提高系统效率，使多 CPU 系统更加高效。当线程数不大于 CPU 数目时，JVM 会调度不同的线程运行在不同的 CPU 上。

④ 改善程序结构。一个复杂的进程可以分为多个线程，成为几个独立或半独立的运行部分，这样的程序便于理解和修改。

10.2　创建线程

Java 有两种创建线程的方式：实现 Runnable 接口和继承 Thread 类。

10.2.1　实现 Runnable 接口

创建线程最基本的方法就是定义一个线程载体类，该类需要实现 Runnable 接口，并重写其中的 run()方法。通过 Runnable 接口建立线程的步骤如下。

① 定义一个实现了 Runnable 接口的类，并重写其中的 run()方法。这里，run()方法就是线程将要执行的程序。例如：

```
class MyTask implements Runnable {
    public void run() {
        …
    }
}
```

② 将实现 Runnable 接口的类的对象作为参数传递给 Thread 类的构造方法，创建 Thread 类对象。例如：

```
MyTask mytask = new MyTask();
Thread thread = new Thread(mytask);
```

③ 调用线程对象的 start()方法，启动线程。

【例 10-1】通过向 Thread 类传递 Runnable 对象创建线程。（源代码：CreateThread1.java）

```
package ch10;
public class CreateThread1 {
    public static void main(String args[]) {
        System.out.println("主线程……");
        MyTask mytask = new MyTask(10);
         Thread thread = new Thread(mytask);
        thread.start();
        for (char ch = 'a'; ch <= 'k'; ch++) {
            System.out.print(" " + ch);
        }
    }
}
class MyTask implements Runnable {
    private int n;
    public MyTask(int n) {
        this.n = n;
    }
    public void run() {
        for (int i = 0; i < n; i++) {
            System.out.print(" " + i);
        }
    }
}
```

例 10-1 运行时创建了一个线程对象 thread。新创建的线程 thread 和 main()线程将并行运行，各自执行自己的程序。例 10-1 的运行结果将由 JVM 根据线程调度情况决定。根据例 10-1 的 3 次运行结果可以看出，thread 线程和 main()线程并行运行。

第 1 次运行结果：

```
主线程...
 a 0 b c d e f 1 g h i j 2 k 3 4 5 6 7 8 9
```

第 2 次运行结果：

```
主线程...
 a 0 b 1 c 2 d 3 e 4 f 5 g 6 h 7 i 8 j 9 k
```

第 3 次运行结果：

```
主线程...
 0 a 1 b 2 c 3 d 4 e 5 f 6 g 7 h 8 i 9 j k
```

继承 Thread 类

10.2.2 继承 Thread 类

通过继承 Thread 类创建线程的步骤如下。

① 定义一个新类继承 Thread 类，并重写 run()方法。

② 在主线程中创建 Thread 类的子类的对象，执行 start()方法来启动线程。

实际上，Thread 类本身就实现了 Runnable 接口，其中包含 run()方法，但用户通过在子类中重写 run()方法，可以指定线程需要执行的程序。

例 10-2 是一个通过继承 Thread 类创建线程的实例，该程序共有 3 个线程在执行，一个主线程 main()，还有 t1 和 t2 两个线程。例 10-2 还应用了 Thread 类中的 getName()方法，该方法用于返回线程名。线程名是在构造线程对象时传递过去的。

【例 10-2】通过继承 Thread 类创建线程。（源代码：CreateThread2.java）

```
package ch10;
public class CreateThread2 {
```

```
    public static void main(String[] args) {
        System.out.println("主线程…");
        Thread t1 = new Thread1("线程 a");          // 线程 a 为线程名
        Thread t2 = new Thread2("线程 b");
        t1.start();
        t2.start();
    }
}
class Thread1 extends Thread {
    Thread1(String str) {
        super(str);
    }
    public void run() {
        for (int i = 1; i <= 10; i++) {
            System.out.print(this.getName() + " " + i + "\t");
        }
    }
}
class Thread2 extends Thread {
    Thread2(String str) {
        super(str);
    }
    public void run() {
        for (char ch = 'Z'; ch >= 'S'; ch--) {
            System.out.println(this.getName() + "----" + ch);
        }
    }
}
```

程序的一次运行结果如下：

```
主线程……
线程 b----Z
线程 b----Y
线程 b----X
线程 b----W
线程 b----V
线程 b----U
线程 a 1  线程 b----T
线程 a 2  线程 b----S
线程 a 3  线程 a 4  线程 a 5  线程 a 6  线程 a 7  线程 a 8  线程 a 9  线程 a 10
```

线程类 Thread1 和 Thread2 的 run()方法规定了线程要执行的任务。线程对象 t1 显示数字 1 ~ 10 和线程名，t2 显示字符 Z ~ S，也同时显示线程名。

需要指出的是，线程类中的 run()方法并不是直接调用，而是通过线程的 start()方法来调用的。另外，在单核 CPU 的计算机和多核 CPU 的计算机上，线程的运行结果会有很大差异。为了比较好地模拟多线程的并行运行结果，有时通过调用 Thread 类的 sleep()方法来控制线程的调度执行。

两种方法的比较

两种方法的比较如下所示。

通过直接继承 Thread 类来创建线程的优点是编写简单，可以直接操纵线程；但缺点也是明显的，因为若继承 Thread 类，就不能再从其他类继承。

通过使用 Runnable 接口来创建线程的优点是：可以将 Thread 类与具体要处理任务的类分开，形成清晰的模型，还可以从其他类继承。

另外，如果直接继承 Thread 类，在类中 this 即指当前线程；若使用 Runnable 接口，要在类中获得当前线程，必须使用 Thread.currentThread()方法。

10.3 Thread 类的方法

Java 使用 Thread 类封装线程。该类提供若干构造方法和成员方法来控制线程的调度执行，主要方法如表 10-1 所示。

表 10-1 Thread 类的主要方法

方法名	功能描述
public Thread()	构造方法，创建线程对象
public Thread(Runnable target)	构造方法，使用 Runnable 接口对象创建线程
public Thread(String name)	构造方法，创建线程名为 name 的 Thread 类对象
void start()	启动线程
void stop()	过期的方法，终止线程
void suspend()	过期的方法，挂起线程
void sleep()	使线程休眠
void interrupted()	中断线程
boolean isAlive()	判断线程是否生存
static int activeCount()	返回激活的线程数
static void yield()	使正在执行的线程临时暂停，并允许其他线程执行
static Thread currentThread()	返回正在运行的 Thread 类对象
static void join()	线程等待或合并线程
void setPriority(int p)	设置线程的优先级
int getPriority()	返回线程的优先级
void setName(String name)	给线程设置名称

【例 10-3】Thread 类中方法的应用。（源代码：TestThread.java）

```
package ch10;
import java.util.Date;
import java.text.*;
public class TestThread {
    public static void main(String args[]) {
        Runner a = new Runner("Data");
        Thread thread1 = new Thread(a);
        Thread thread2 = new Thread(a);
        Runner b = new Runner("Info");
        Thread threadA = new Thread(b);
        Thread threadB = new Thread(b);
        Thread threadC = new Thread(b);
        Thread timer = new Thread(new Timer());
        thread1.setName("线程 a1");
        thread2.setName("线程 a2");
        threadA.setName("Thread-b1");
        threadB.setName("Thread-b2");
        threadC.setName("Thread-b3");
        timer.setName("计时器");
        thread1.start();
        thread2.start();
        threadA.start();
        threadB.start();
        threadC.start();
        timer.start();
    }
}
class Runner implements Runnable {          // 多个线程共享
    String para;
```

```
    Runner(String para) {
        this.para = para;
    }
    public void run() {
        int i = 0;
        while (i < 6) {
            i++;
            System.out.println(para + " " + Thread.currentThread().getName());
            try {
                Thread.sleep(100);      // 线程休眠，使其他线程有得到 CPU 资源的机会
            } catch (InterruptedException e) {
            }
        }
    }
}
class Timer implements Runnable {       // timer 线程
    public void run() {
        for (int i = 1; i < 3; i++) {
            System.out.println(Thread.currentThread().getName());
            System.out.println(new SimpleDateFormat("yyyy-MM-dd").
format(new Date()));
            try {
                Thread.sleep(300);
            } catch (InterruptedException e) {
            }
        }
    }
}
```

例 10-3 是一个多线程的程序，除了主线程 main()，还建立了其他 6 个线程，具体如下。

① 线程 thread1、thread2 共享 Runnable 对象 a，threadA、threadB、threadC 共享 Runnable 对象 b。

② 线程 timer 用于显示当前日期，该线程使用了 SimpleDateFormat 类及 Date 类。

③ 程序中使用的 Thread 类的相关方法包括 start()、setName()、getName()、currentThread()、sleep()。

程序的一次运行结果如下（可以看出几个线程同时运行的情况）：

```
计时器
Info Thread-b3
Info Thread-b1
Data 线程 a2
Data 线程 a1
Info Thread-b2
2023-07-30
Info Thread-b3
Info Thread-b1
…
```

线程的状态

10.4 线程的状态与控制

10.4.1 线程的状态

一个线程从被创建到停止执行要经历一个完整的生命周期。在这个周期中线程处于不同的状态。线程的状态表明了线程的活动情况及线程在该状态中能够完成的功能。

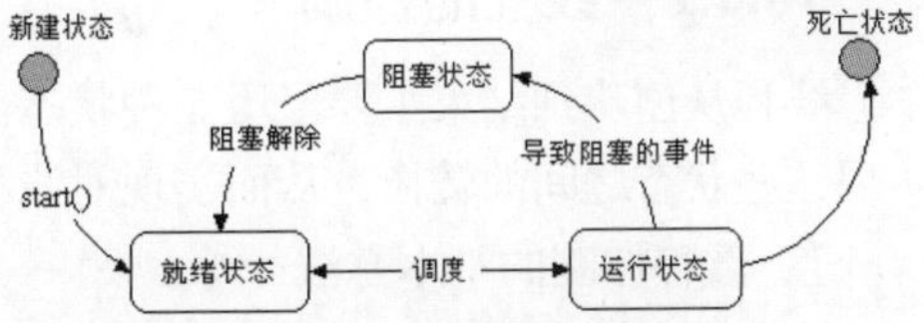

线程的生命周期有 5 种状态，如图 10-2 所示。

图 10-2 线程的状态

1. 新建状态

新建状态（New Thread）就是使用 new 运算符创建线程后的状态。执行下面语句时，线程就处

于新建状态：

```
Thread myThread = new MyThread();
```

其中，MyThread 是线程类。

当一个线程处于新建状态时，它仅仅是一个空的线程对象，还不能运行。

2．就绪状态

对处于新建状态的线程执行启动操作，则该线程进入了就绪状态（Runnable），即可运行状态。示例如下：

```
Thread myThread = new MyThread ();
myThread.start();
```

当一个线程处于就绪状态时，JVM 会为这个线程分配 CPU 资源，此时该线程已经具备了运行的条件，线程处于可运行状态。需要注意的是，该状态区别于运行状态，因为线程也许实际上并未运行。只有在 JVM 调度下获得 CPU 资源后，才能进入运行状态。

另外，原来处于阻塞状态的线程被解除阻塞后也将进入就绪状态。

3．运行状态

正在运行的线程处于运行状态（Running），此时该线程获得 CPU 资源的控制权。如果有更高优先级的线程出现，则该线程可能被迫放弃控制权进入就绪状态。使用 yield()方法可以使线程主动放弃 CPU 资源的控制权。线程也可能由于执行结束或执行 stop()方法放弃控制权，进入死亡状态。

4．阻塞状态

阻塞状态（Blocked）也称不可运行状态，是指线程因为某些原因放弃对 CPU 资源的占用，暂时停止运行。此时 JVM 不会为线程分配 CPU 资源，直到线程重新进入就绪状态，它才有机会转换到运行状态。进入阻塞状态的原因如下。

① 调用了 sleep()方法或 suspend()方法。

② 该线程正在等待 I/O 操作完成。

③ 调用 wait()方法。

处于阻塞状态的线程回到可运行状态，有以下几种情况。

① 调用 sleep()方法进入了休眠状态，等待指定的时间之后，自动脱离阻塞状态。

② 如果线程为了等待一个条件变量而调用 wait()方法进入了阻塞状态，需要这个条件变量所在的那个对象调用 notify()或 notifyAll()方法。

③ 如果一个线程因为调用 suspend()方法被挂起而进入了阻塞状态，必须在其他线程中调用 resume()方法。

④ 如果线程由于等待 I/O 操作而进入了阻塞状态，只能等待这个 I/O 操作完成之后，系统执行特定的指令来使该线程恢复到可运行状态。

5．死亡状态

线程的死亡状态（Dead）一般可通过两种方法实现：自然撤销（线程执行完）或是被强行停止。

10.4.2　线程的控制

线程从创建到结束主要经历 5 种状态。借助 Thread 类所提供的方法，可以实现这些状态之间的转换，从而实现对线程的控制。

1．线程控制的基本方法

（1）启动线程

启动线程使用 start()方法。该方法将调用 run()方法启动线程对象，使之从新建状态转入就绪状态。

（2）终止线程

终止后的线程生命周期结束，即进入死亡状态，不能再被调度执行。以下两种情况线程进入死亡状态。

① 线程执行完 run()方法后，会自然进入死亡状态。

② 通过控制线程状态的标记变量的值或调用 stop()方法来终止线程，使之转入到死亡状态。

（3）线程休眠

使线程休眠使用 sleep()方法。该方法使得当前的线程停止运行，释放所占用的 CPU 资源，使其他线程获得运行的机会。休眠完成后，线程会进入就绪状态，等待线程调度程序调度。sleep()方法有两种格式：

```
static void sleep(long millis)
static void sleep(long millis,int nanos)
```

其中，millis 单位为毫秒（千分之一秒），nanos 单位为纳秒（十亿分之一秒）。

（4）检测线程状态

可以通过 Thread 类中的 isAlive()方法来检测线程是否处于活动状态。线程启动后，直到其被终止之前的任何时刻，都处于活动状态。

（5）线程合并或线程等待

join()方法可以使当前正在运行的线程暂时停下来，等待调用该方法的线程结束后再恢复执行。该方法有以下 3 种格式：

```
void join()
void join(long millis)
void join(long millis,int nanos)
```

后两种方法表明等待指定的时间后再恢复执行当前线程。

2．线程控制的改进方法

Thread 类的 stop()、suspend()和 resume()等方法已经被列为过期方法，只是为了保持向下兼容才保留下来。这些方法在 JVM 中可能引起一些无法预知或者无法调度的错误。如果要终止线程最好利用标记变量，而非 stop()方法；使用 wait()方法和 notify()方法可以实现 suspend()方法和 resume()方法的功能。

线程控制的应用

10.4.3 线程控制的应用

1．使用 sleep () 方法使线程休眠

sleep()方法是 Thread 类的一个静态方法，该方法使当前执行的线程放弃占用 CPU 资源进入休眠状态。当指定的时间到后，该线程退出休眠状态进入就绪状态，等待线程调度程序调度。

使用 sleep()方法的格式如下：

```
try {
    Thread.sleep(n);
}catch(InterruptedException e) {
    …
}
```

当线程执行 sleep()方法（即线程处于休眠状态）时，外界可以中断它，此时，sleep()方法会抛出异常 InterruptedException。

【例 10-4】模拟计时器的实现。

创建线程时指定计时时间为 15 秒；线程运行时，每隔 3 秒输出一次剩余时间。程序如下：

（源代码：TimerThread.java）

```java
package ch10;
public class TimerThread implements Runnable {
    int interval;
    int rest;
    public TimerThread(int rest, int interval) {
        this.rest = rest;
        this.interval = interval;
    }
    public void run() {
        System.out.println("剩余时间: " + rest);
        while (true) {
            try {
                Thread.sleep(interval * 1000);
            } catch (InterruptedException e) {
                e.printStackTrace();
            }
            rest = rest - interval;        // 计数
            System.out.println("剩余时间: " + rest);
            if (rest <= 0)
                break;
        }
    }
    public static void main(String[] args) {
        Runnable r1 = new TimerThread(15, 3);
        new Thread(r1).start();
    }
}
```

程序运行结果如下：

```
剩余时间: 15
剩余时间: 12
剩余时间: 9
剩余时间: 6
剩余时间: 3
剩余时间: 0
```

需要注意的是，sleep()方法不能用于精确计时。因为休眠时间到后，线程并没有立刻进入运行状态，而是进入就绪状态。有时调度程序可能在就绪状态下很久后才能投入运行。

2．通过标记变量来结束线程

Thread 类的 stop()方法用于停止线程执行，但已经不建议使用。通常建议在程序中增加标记变量，在线程执行过程判断标记变量的值，如果满足条件则结束线程的执行，这是一种比较好的结束线程的方法。

【例 10-5】 通过标记变量来结束线程的应用。（源代码：ThreadStopByFlag.java）

```java
package ch10;
public class ThreadStopByFlag {
    public static void main(String args[]) {
        MyRunner1 r = new MyRunner1();
        Thread t = new Thread(r);
        t.start();
        for (int i = 1; i <1000; i++) {
            if (i % 200 == 0)
                System.out.println(" i=" + i);
        }
        System.out.println("主线程结束");
        r.shutDown();          // t.stop()可以强制结束线程
    }
}
class MyRunner1 implements Runnable {
    private boolean flag = true;
    public void run() {
```

```
        int j = 0;
        while (flag == true) {
            ++j;
            System.out.print(" j= " + j);
        }
    }
    public void shutDown() {
        flag = false;
    }
}
```

例 10-5 中，线程使用 shutDown()方法将变量 flag 的值修改为 false，从而结束线程。由于程序运行在多核计算机上，从运行效果看，两个线程接近于交错运行：

```
i=200
j= 1 i=400
j= 2 i=600
j= 3 i=800
j= 4 主线程结束
j= 5
```

3．使用 join() 方法合并线程

一个线程调用另一个线程的 join()方法可以使自己暂停运行，直至另一个线程停止，这就好像将两个并行执行的线程合并为一个线程。该方法为当前线程提供了一种等待另一个线程完成后再继续执行的功能。

【例 10-6】使用 join()方法合并线程。（源代码：TestJoin.java）

```
package ch10;
public class TestJoin {
    public static void main(String[] args) {
        MyThread2 t1 = new MyThread2("MyThread");
        t1.start();
        try {          // 有无 join()方法，运行结果不同
            t1.join();
        } catch (InterruptedException e) {
        }
        for (int i = 1; i <= 4; i++) {
            System.out.println("这是 main thread");
            try {
                Thread.sleep(200);
            } catch (InterruptedException e) {
            }
        }
    }
}
class MyThread2 extends Thread {
    MyThread2(String s) {
        super(s);
    }
    public void run() {
        for (int i = 1; i <= 4; i++) {
            System.out.println("那是 " + getName());
            try {
                sleep(200);
            } catch (InterruptedException e) {
            }
        }
    }
}
```

程序运行结果如下：

```
那是 MyThread
那是 MyThread
那是 MyThread
```

```
那是 MyThread
这是 main thread
这是 main thread
这是 main thread
这是 main thread
```

例 10-6 的程序中如果没有使用 join()方法，两个线程将并行运行；使用 join()方法后，主线程将等待 MyThread2 线程执行完毕，这实际上相当于两个线程串行运行。另外，join()方法可以抛出 InterruptedException 异常，所以在使用 join()方法时要捕捉异常或者在方法定义中抛出异常。

4．使用 yield () 方法切换线程

yield 方法可使当前执行线程放弃占用 CPU 资源，进入就绪状态，这样，线程调度程序可以重新分配 CPU 资源。这里存在两种情况：如果没有其他可运行的线程，该方法不起任何作用；如果有其他多个就绪线程存在，具体执行哪个线程要由线程调度程序来确定。

【例 10-7】使用 yield()方法实现线程切换。（源代码：TestYield.java）

```
package ch10;
public class TestYield {
    public static void main(String[] args) {
        MyThread3 t1 = new MyThread3("t1");
        MyThread3 t2 = new MyThread3("t2");
        t1.start();
        t2.start();
    }
}
class MyThread3 extends Thread {
    MyThread3(String s) {
        super(s);
    }
    public void run() {
        for (int i = 1; i <= 24; i++) {
            System.out.print("\t" + getName() + ": " + i);
            try {
                Thread.sleep((long) (Math.random() *200));
            } catch (InterruptedException e) {
            }
            if (i % 4 == 0) {
                yield();
            }
        }
    }
}
```

该程序执行时，当不同线程的 *i* 值能被 4 整除时，切换到另一线程。也就是说，到固定某一点时，t1、t2 两个线程就要进行切换。程序的运行结果如下（加★为固定的切换点）：

```
t2: 1     t1: 1     t1: 2     t1: 3     t1: 4★    t2: 2     t2: 3     t1: 5     t1: 6
t1: 7     t2: 4★    t2: 5     t1: 8★    t2: 6     t1: 9     t1: 10    t2: 7     t2: 8★
t1: 11    t1: 12★   t2: 9     t1: 13    t2: 10    t2: 11    t1: 14    t2: 12★   t1: 15
t2: 13    t2: 14    t1: 16★   t2: 15    t1: 17    t2: 16★   t1: 18    t1: 19    t2: 17
t1: 20★   t2: 18    t1: 21    t2: 19    t2: 20★   t2: 21    t2: 22    t1: 22    t1: 23
t1: 24★   t2: 23    t2: 24
```

10.4.4 线程的优先级

线程通常放在一个线程队列中，线程队列根据线程所拥有的优先级和线程就绪的时间来排队。优先级是指线程获得 CPU 资源的优先程度。优先级高的线程排在线程队列的前端，优先获得 CPU 资源的控制权，可以在短时间内进入运行

状态；而优先级低的线程获得 CPU 资源控制权的机会就相对小一些。如果两个或多个线程的优先级相同，则 JVM 通常采用先来先服务的方法对线程进行排队，即根据线程等待服务的时间来排序。

Java 中线程的优先级是用数字 1~10 来表示的，并且在 Thread 类中定义了 3 个常量。

- static int NORM_PRIORITY=5;
- static int MAX_PRIORITY=10;
- static int MIN_PRIORITY=1;

线程默认的优先级为 NORM_PRIORITY。与线程优先级有关的方法有以下两个。

```
final void setPriority(int newp);  // 修改线程的当前优先级
final int getPriority();           // 返回线程的优先级
```

【例 10-8】 设置不同线程的优先级。（源代码：TestPriority.java）

```
package ch10;
public class TestPriority {
    public static void main(String[] args) {
        Runnable r = new R();
        Thread t1 = new Thread(r);
        t1.setName("---t1---");
        Thread t2 = new Thread(r);
        t2.setName("***t2***");
        t1.setPriority(Thread.NORM_PRIORITY + 5);
        t2.setPriority(1);
        t1.start();
        t2.start();
    }
}
class R implements Runnable {
    public void run() {
        for (int i = 0; i < 10; i++) {
            try {
                Thread.sleep((long) (Math.random() * 100));
            } catch (InterruptedException e) {
            }
            System.out.println(Thread.currentThread().getName() + i);
        }
    }
}
```

程序运行部分结果如下：

```
***t2***0
---t1---0
---t1---1
***t2***1
***t2***2
---t1---2
---t1---3
---t1---4
***t2***3
```

例 10-8 设置了不同线程的优先级。从运行结果可以看出，虽然高优先级的线程有被优先调度的权利，但这种情况并不十分严格，只是优先调度的概率更高，实际的运行过程与 JVM 的实际调度情况有关。

10.5 线程同步

10.5.1 多线程共享数据存在的问题

多线程共享数据存在的问题

在包含多个线程的程序中，多个线程经常会共享资源。当多个线程同时访问共享资源时，可能会出现冲突。例如，一个线程从一个文件中读取数据，而另一个线程在同一文件中修改数据。在这种情况下，可能会出现数据不一致的问题。我们需要做的是让一个线程彻底完成任务后，再让下一个线程执行，即必须保证一个共享资源一次只被一个线程使用。实现此目的的过程称为同步，同步是线程设计的重要方法。

下面通过模拟订票业务来介绍线程同步。

【例 10-9】线程未同步的订票业务的实现。（源代码：ch10\d9）

程序模拟 3 个窗口同时开展订票业务。每个窗口订票成功后，会显示剩余的票数；如果剩余的票数不能满足订票要求，则给出提示，再显示剩余的票数。这个例子中的每个窗口可以理解为一个线程。

```
package ch10.d9;
class Tickets {
    private static int number = 100;                // 共享数据
    public void order(String name,int n) {          // 订票业务逻辑
        if (n <= number) {
            System.out.println(name +"\t 订票 " + n + " tickets");
            try {
                Thread.sleep(10);                   // 订票消耗时间
            } catch (InterruptedException e) {
                e.printStackTrace();
            }
            number = number - n;
        } else {
            System.out.println("剩余票数不足，不能预订."+name);
        }
        System.out.println("剩余 " + number + " 张");
    }
}
class OrderTickets extends Thread {                 // 订票线程
    private Tickets tickets;
    int num;
    public OrderTickets(Tickets tickets, int num) {
        this.tickets = tickets;
        this.num = num;
    }
    public void run() {
        tickets.order(this.getName(),num);
    }
}
class TestOrderTickets {                            // 测试类
    public static void main(String[] args) {
        Tickets tickets = new Tickets();
        Thread t1 = new OrderTickets(tickets, 40);  // 订票的 3 个线程
        t1.setName("窗口 1");
        Thread t2 = new OrderTickets(tickets, 30);
        t2.setName("窗口 2");
        Thread t3 = new OrderTickets(tickets, 50);
        t3.setName("窗口 3");
        t1.start();
        t2.start();
        t3.start();
    }
}
```

上述程序的某次运行结果如下：

```
窗口 3    订票 50 tickets
窗口 2    订票 30 tickets
窗口 1    订票 40 tickets
剩余 70 张
剩余 30 张
剩余 -20 张
```

很明显，程序的运行结果不是我们的预期结果。程序运行时，3 个线程访问 Tickets 类的对象 tickets。当一个线程修改 tickets 的数据时，另一个线程可能也正在修改其数据，这导致了不合理的运行结果。解决的办法是让 tickets 在某一时刻只能被一个线程访问。

像 tickets 这种在某一时刻只能被一个线程访问的资源称为临界资源。如果能实现多个线程不同时访问临界资源，就可以避免上述错误。这就需要引入线程的同步机制。

synchronized 关键字

10.5.2 synchronized 关键字

在 Java 中，线程同步是通过 synchronized 关键字来实现的。该关键字有两种用法：synchronized 方法和 synchronized 块，可以用来声明同步方法或同步代码块。被声明为同步的方法是原子的，只能被一个线程独立地占用。当一个线程执行同步方法时，该方法使用的资源是独占的，其他线程处于阻塞状态。

同步是基于监视器实现的。这个监视器类似一把锁，该锁只有一把钥匙，且只能被一个对象所占有。对一个对象而言，定义的访问临界资源的多个同步方法或同步代码块共同组成临界区。当有一个线程进入临界区时，即调用任何 synchronized 方法时，该对象就被锁定，并将钥匙交给该线程，这样其他线程将不能进入临界区。直至进入临界区的线程退出或以其他方式放弃临界区后，其他线程才有可能被调度进入临界区。注意：一个对象只有一个监视器。

设置同步方法的方式如下：

```
synchronized void method() {
}
```

在例 10-9 中，如果实现线程同步，只需将共享数据 tickets 的 order()方法修改为同步方法即可，具体如下：

```
public synchronized void order(int n) {
      // …
      // 与前面程序相同
}
```

随机一次的运行结果如下：

```
窗口 2      订票 30 tickets
剩余 70 张
窗口 1      订票 40 tickets
剩余 30 张
剩余票数不足，不能预订.窗口 3
剩余 30 张
```

在例 10-9 中，临界资源 tickets 被定义为 private 是非常必要的，否则其他类的方法就可以直接访问该临界资源，这样就失去了临界区的意义。

在程序设计中，如果只想对一段程序同步，而不是整个方法，还可以使用同步代码块，方法如下：

```
void method() {
   synchronized (object) {
   }  // …
}
```

其中，object 是对同步对象的引用。这种设置同步的方法会使程序的执行速度快一些，程序的可读性相对较差，但它为线程同步提供了更大的灵活性。

10.6 线程通信

线程间的协作是多线程完成一个任务时要考虑的问题，包括线程同步和线程通信。

10.6.1 线程通信的方法

线程通信的方法

Java 提供了一种线程通信的机制，这种通信是通过 Object 类中的线程等待与唤醒方法来实现的，包括 wait()、notify()或 notifyAll()等方法，如表 10-2 所示。

表 10-2 Object 类中的线程等待与唤醒方法

方法名	功能描述
void wait()	线程等待，直到被 notify()或 notifyAll()方法唤醒
void wait(long timeout)	线程等待，直到被唤醒或者经过指定的毫秒数后结束等待
void wait(long timeout,int nanos)	线程等待，直到被唤醒或者经过指定的毫秒数与纳秒数后结束等待
void notify()	唤醒同一对象上处于等待状态的线程，使其进入运行状态
void notify All()	唤醒执行 wait()方法的所有线程，优先级高的线程可能先运行

表 10-2 的方法中，wait()方法将使正在运行的线程放弃对 CPU 资源的占用，线程退出监视器，进入等待状态；如果没有设置等待的时限，就将一直等待到 notify()方法被调用；如果一直没有调用 notify()方法，就有可能产生死锁问题。

另外，wait()方法和 notify()方法都是 Object 类中的 final 方法，它们只能在 synchronized 方法中调用。

生产者-消费者问题

10.6.2 生产者-消费者问题

利用线程通信实现线程间的同步控制是多线程系统中的一个重要问题。下面用“生产者-消费者问题”这个一般性的模型来讨论线程的同步问题。

在一个应用系统中，使用某类资源的线程称为消费者，产生或释放同类资源的线程称为生产者。例如，在一个 Java 应用中，生产者线程向文件中写入数据，消费者从文件中读取数据，这样，程序中同时运行的两个线程共享同一个文件资源。生产者-消费者问题的典型特征是：当一个线程进入同步方法以后，临界资源如果不能满足它的要求，该线程需要等待（wait）；直到其他线程将临界资源修改为符合它的要求时，该线程被唤醒（notify）后才能向下执行。换句话说，当前线程需要退出监视器，进入等待状态，以便可以使其他线程进入临界区；其他线程交回监视器后，当前线程继续执行。

下面通过一个分苹果的程序来模拟生产者-消费者问题。生产者向篮子中投放苹果，如果篮子满了，则等待消费者从篮子中取走苹果；消费者从篮子中取走苹果，如果篮子空了，则等待生产者向篮子中投放苹果。按照面向对象的思维，程序包括以下 5 个类，具体实现如例 10-10 所示。

① 苹果类（Apple）：该类的对象，放在篮子中。

② 篮子类（Basket）：是个容器，设计容量是 5，即最多可以盛 5 个苹果，用数组来实现。

③ 生产者类（Producer）：向篮子中放苹果的线程，main()方法中构造了一个生产者。

④ 消费者类（Consumer）：取走苹果的线程，main()方法中构造了两个消费者。

⑤ 测试类：驱动上述对象运行。

【例 10-10】生产者-消费者问题的模拟。（源代码：ch10\d10）

```
package ch10.d10;
// 1. 苹果类。苹果用一个 id 来标识
class Apple {
    int id;
    Apple(int id) {
        this.id = id;
    }
    public String toString() {
        return "apple : " + id;
    }
```

```
}
// 2. 篮子类。push()和pop()方法是同步的
class Basket {
    int index = 0;
    Apple[] apples = new Apple[5];
    public synchronized void push(Apple apple) {
        if (index < apples.length) {
            apples[index] = apple;
            index ++;
        }
    }
    public synchronized Apple pop() {
        if (index > 0) {
            index--;
            return apples[index];
        }
        return apples[index];
    }
}
// 3. 生产者类。该类共享数据basket，通过实现Runnable接口来实现线程，
// 功能是生产苹果，并放到basket中
class Producer implements Runnable {
    Basket basket = null;
    Producer(Basket basket) {
        this.basket = basket;
    }
    public void run() {
        for (int i = 0; i < 16; i++) {
            Apple apple = new Apple(i);
            System.out.println(Thread.currentThread().getName() + "生产了：" + apple);
            basket.push(apple);
            try {
                Thread.sleep((int) (Math.random() * 100));
            } catch (InterruptedException e) {
                e.printStackTrace();
            }
        }
    }
}
// 4. 消费者类。该类共享数据basket，通过实现Runnable接口来实现线程，
// 功能是取走篮子中的苹果
class Consumer implements Runnable {
    Basket basket = null;
    Consumer(Basket basket) {
        this.basket = basket;
    }
    public void run() {
        for (int i = 0; i < 8; i++) {
            Apple apple = basket.pop();
            System.out.println(Thread.currentThread().getName() + "消费了：" + apple);
            try {
                Thread.sleep((int) (Math.random() * 300));
            } catch (InterruptedException e) {
                e.printStackTrace();
            }
        }
    }
}
// 5. 测试类
public class ProducerAndConsumer {
    public static void main(String[] args) {
        Basket basket = new Basket();
        Producer p = new Producer(basket);
        Consumer c = new Consumer(basket);
```

```
        Thread t1 = new Thread(p);
        t1.setName("生产者1 ");
        Thread t2 = new Thread(c);
        t2.setName("消费者1 ");
        Thread t3 = new Thread(c);
        t3.setName("消费者2 ");
        t1.start();
        t2.start();
        t3.start();
    }
}
```

程序一次运行的结果（部分）如下：

```
消费者1 消费了：null
消费者2 消费了：null
生产者1 生产了：apple : 0
消费者1 消费了：apple : 0
消费者2 消费了：apple : 0
生产者1 生产了：apple : 1
生产者1 生产了：apple : 2
生产者1 生产了：apple : 3
消费者1 消费了：apple : 3
…
```

从运行结果看，我们发现程序可能存在如下问题。

① 如果没有苹果产生，存在消费的苹果为空（null）的现象。

② 如果苹果产生过快，篮子被装满，存在苹果丢失的现象。

③ 存在一个苹果多次被消费者取走的现象。

④ 存在篮子中有苹果没有被取走的现象。

上面的输出并不是我们所希望的结果。程序运行的合理结果应当是：生产者产生的苹果全部放入篮子中，消费者从篮子中逐个取走苹果。

为了得到合理的结果，就必须使生产者线程向 Basket 中存储数据和消费者线程从 Basket 中读取数据同步起来。改进后的程序如下：

```
class Basket {
    int index = 0;
    Apple[] apples = new Apple[5];
    public synchronized void push(Apple apple) {
        while(index == apples.length) {
            try {
                this.wait();
            } catch (InterruptedException e) {
                e.printStackTrace();
            }
        }
        this.notifyAll();
        apples[index] = apple;
        index ++;
    }
    public synchronized Apple pop() {
        while(index == 0) {
            try {
                this.wait();
            } catch (InterruptedException e) {
                e.printStackTrace();
            }
        }
        this.notifyAll();
        index--;
```

```
        return apples[index];
    }
}
```

改进后的 Basket 类的程序运行结果如下：

```
生产者1 生产了：apple : 0
消费者1 消费了：apple : 0
生产者1 生产了：apple : 1
消费者2 消费了：apple : 1
生产者1 生产了：apple : 2
消费者2 消费了：apple : 2
生产者1 生产了：apple : 3
生产者1 生产了：apple : 4
生产者1 生产了：apple : 5
消费者1 消费了：apple : 5
消费者2 消费了：apple : 4
生产者1 生产了：apple : 6
生产者1 生产了：apple : 7
…
```

可以看出，生产者线程和消费者线程很好地实现了同步。

程序还需要注意下面的问题。

① 由于生产者是 1 个线程，消费者是 2 个线程，为简化程序，并且使程序正常结束，所以生产了 16 个苹果，每个消费者消费 8 个苹果。实际上，可以通过信号量来控制，使每个消费者线程消费苹果的数量是可变的。

② wait()方法使当前线程处于等待状态，直到其他线程调用 notify()方法来通知它。push()方法包含了一个 while 循环，而没有使用 if 判断，这是为了保证线程不被中断。

③ 消费者是多个线程，唤醒时使用了 notifyAll()命令。

项目实践：抽奖系统的多线程模型

10.7 项目实践：抽奖系统的多线程模型

本章完成抽奖系统的多线程模型，通过交互输入模拟抽奖的“继续”和“暂停”过程，并统计抽奖次数。抽奖的多线程模型将在第 12 章中进一步完善。

1. 主线程

主线程负责启动抽奖线程。在实际项目中，主线程是基于图形用户界面的。

2. 抽奖线程

抽奖线程有“继续”和“暂停”两种状态，本线程通过控制台交互输入信息来模拟：首先在 launch()方法中定义线程是否运行的标记变量，启动线程；然后在线程体（run()方法）中循环产生获奖者电话号码并计数，通过 Vector 类保存获奖者电话号码；最后根据提示信息确定是否继续抽奖。

抽奖线程的“继续”和“暂停”状态是在图形用户界面上通过按钮来控制的。

完整程序（ChooseAward.java 和 ChooseThread.java）如下：

（1）主线程

```
package ch10;
public class ChooseAward {
    public static void main(String[] args) {
        // 启动随机抽奖线程
        ChooseThread awardThread = null;
        awardThread = new ChooseThread();
        awardThread.changeflag_start();
    }
}
```

(2)抽奖线程

```
package ch10;
import java.util.Random;
import java.util.Scanner;
import java.util.Vector;
class ChooseThread extends Thread {
    private boolean runFlag = true;          // 控制线程是否运行的标记变量
    private int times = 0;                   // 抽奖次数统计
    Vector<String> vector = new Vector();
    Random randomNumber = new Random();      // 创建随机数生成器
    public ChooseThread() {
        launch();
    }
    public void launch() {
        runFlag = false;
        super.start();                       // 启动线程体
    }
    public void changeflag_start() {
        runFlag = true;
    }
    public void changeflag_stop() {
        runFlag = false;
    }
    public void run() {                      // 线程体
        Scanner sc = new Scanner(System.in);
        while (runFlag) {
            System.out.println("抽奖开始…");
            long phoneNum;                   // 模拟电话号码
            phoneNum = randomNumber.nextInt(10000000) + 13000000000L;
            times++;
            System.out.println("获奖电话号码: " + phoneNum + "\t" + "计数: " + times);
            vector.add(phoneNum + "");       // 保存获奖者电话号码
            try {
                sleep(100);
            } catch (Exception e) {
                e.printStackTrace();
            }
            System.out.print("输入任意字符继续, EXIT 结束抽奖: ");
            String answer = sc.next();
            if (answer.toLowerCase().equals("exit")) {
                System.out.println("获奖信息" + vector);
                this.changeflag_stop();
            }
        }
    }
}
```

运行结果如下:

```
抽奖开始…
获奖者电话号码: 13007873445  计数: 1
输入任意字符继续, EXIT 结束抽奖: y
抽奖开始…
获奖者电话号码: 13006870159  计数: 2
输入任意字符继续, EXIT 结束抽奖: y
抽奖开始…
获奖者电话号码: 13005544873  计数: 3
输入任意字符继续, EXIT 结束抽奖: exit
获奖信息[13007873445, 13006870159, 13005544873]
```

本章小结

本章介绍线程的概念及应用，主要包括 Thread 类的线程调度方法和 Object 类的线程通信方法。本章具体涉及的内容如下。

① 线程是比进程更小的执行单位，是用于完成某个特定功能的一段程序。一个进程在执行过程中可以产生多个线程。

② 线程由 java.lang.Thread 类来实现，创建线程有实现 Runnable 接口和继承 Thread 类两种方式。

③ 线程的生命周期包括新建、就绪、运行、阻塞、死亡等 5 种状态。

④ 控制线程状态主要使用 setPriority(int n)、getPriority()、sleep(long m)、join()、yield()、getName()、setName(String s)等方法。

⑤ 线程同步需使用 synchronized 关键字，该关键字可以用来声明同步方法或同步代码块。

⑥ 线程通信通过 Object 类的 wait()、notify()或 notifyAll()等方法实现。

习题

1．选择题

（1）下列关于线程的叙述中，不正确的是（　　）。

A. 线程创建后，CPU 资源空闲时会自动运行

B. 多个线程可以共享数据

C. 可以通过继承 Thread 类来创建线程

D. 因多线程并发执行而引起的执行顺序的不确定性可能造成执行结果的不确定

（2）执行 Thread.sleep(long n)方法后，线程进入的状态是（　　）。

A. 就绪　　B. 阻塞　　C. 停止　　D. 运行

（3）线程完整的生命周期包括（　　）。

A. 新建状态、运行状态和死亡状态

B. 新建状态、运行状态、阻塞状态和死亡状态

C. 新建状态、就绪状态、运行状态、阻塞状态和死亡状态

D. 新建状态、就绪状态、运行状态、恢复状态和死亡状态

（4）可以使当前同优先级线程重新获得运行机会的方法是（　　）。

A. wait()　　B. join()　　C. yield()　　D. interrupt()

（5）Thread 类中能使线程启动运行的方法是（　　）。

A. start()　　B. resume()　　C. init()　　D. run()

（6）下面不属于 Object 类的方法是（　　）。

A. notify()　　B. clone()　　C. wait(long m)　　D. sleep(long m)

（7）下面有关 wait()和 notify()方法的选项中，正确的是（　　）。

A. 如果有多个线程处于 wait 状态，那么等待时间最长的线程被唤醒

B. 如果有多个线程处于 wait 状态，无法预知哪个线程将被唤醒

C. notify()方法定义在 Thread 类中

D. notify()方法调用只能出现在 while 循环中

（8）编译运行下面的程序会发生（　　）。

```
public class AThread implements Runnable {
    public void run(String s){
        System.out.println("oh,myGod!");
```

```
    }
     public static void main(String args[]){
         Thread t=new Thread(new AThread ();
         t.start();
    }
}
```

A. 编译出错　　B. 运行出错

C. 运行时不输出任何内容　　D. 输出：oh,myGod!

2．简答题

（1）什么是进程？什么是线程？二者之间有哪些区别和联系？

（2）Java 创建线程有哪两种方法？

（3）用于控制线程的常用方法有哪些？

（4）多线程同步主要使用哪些关键字或方法？

3．编程题

（1）创建两个线程，每个线程执行 6 次循环，每次循环显示当前循环的次数和当前运行的线程名称，然后休眠一个随机时间。

（2）创建 t1 和 t2 两个线程，线程 t1 启动后直接进入休眠状态，休眠时间为 10s；线程 t2 启动后重复产生并输出 0 ~ 1 之间的某个随机数，直至线程 t1 终止。t2 每次产生一个随机数后休眠 1s。若产生的随机数小于 0.2，则向线程 t1 发出中断请求。线程 t1 退出休眠后，先输出实际休眠的时间，然后再终止。

（3）已知整型数组 a={1,2,3,4,5,6}，两个线程 t1 和 t2 共享整型数组 a，t1 线程负责使整型数组元素乘以 2，t2 线程负责使每个整型数组元素加 1。编写程序仿真这一过程。

上机实验

实验 1：创建线程。

（1）用继承 Thread 类的方法实现一个多线程程序。该程序先后启动 3 个线程，每个线程首先输出线程创建信息，然后休眠随机时间，最后输出线程结束信息后退出。

（2）通过向 Thread 类传递 Runnable 接口的对象来实现（1）中的多线程程序。

实验 2：输入特征值结束线程。

编写程序，产生一个时间线程，显示格式为 hh:mm:ss，每秒显示一次，当输入“stop”后结束程序。

第 11 章 File 类及 I/O 操作

【本章导读】

File 类是 java.io 包中表示文件信息的类，它定义了一系列方法来操作文件和目录。I/O 操作即输入/输出操作，Java 的 I/O 操作使用“流”的概念，程序从“流”中读取数据或者向“流”中写入数据。本章介绍 File 类和以流为基础的 I/O 操作。

【本章实践能力培养目标】

通过本章内容的学习，读者应能完成抽奖系统中抽奖名单的导入，并模拟随机抽取获奖用户的过程。要求：将抽奖者信息保存在文本文件中，从文本文件中读取抽奖者的姓名和电话号码后存入到 Vector 中；使用 Random 类中的方法获取获奖者信息。

11.1 File 类

File 类提供了一系列访问文件属性、更改文件名、删除文件、创建文件或目录的方法，用于实现文件和目录操作。

File 类的方法

11.1.1 File 类的方法

1. File 类的构造方法

每个 File 类的对象标识了一个文件或目录。创建 File 类对象需要指明文件或目录名，File 类通过重载的构造方法来接收文件和目录名信息，如表 11-1 所示。

表 11-1 File 类的构造方法

方法	功能描述
File(String path)	参数 path 表示文件路径
File(String path , String name)	字符串参数 path 表示文件路径，参数 name 表示文件名
File(File path ,String name)	File 类对象 path 表示文件路径，参数 name 表示文件名

需要说明的是，在 File 类的构造方法中，参数 path 和 name 不能为 null，否则将抛出 NullPointerException 异常。路径 path 可以是绝对路径，也可以是相对路径，但路径格式应该与本地操作系统的文件格式相匹配。下面的程序表示创建了 File 类对象：

```
File file1 = new File("d:\\java2024\\A.java");          // d:\java2024 是一个文件夹
File file2 = new File("d:\\java2024","myFile.txt"); // myFile.txt 是文件名
File dir  = new File ("d:\\java2024");                  // d:\java2024 默认是一个文件夹
File file3 = new File(dir,"pd.dat");                    // file3 是指向文件的一个对象
```

创建 File 类对象时，无论参数所指的文件或者目录是否存在，都不会影响对象的创建。

2. 路径分隔符

文件操作经常需要使用路径分隔符，不同操作系统的路径分隔符是不一样的。在 Windows 操作系统中，正斜线(/)和反斜线(\)均可作为路径分隔符，但反斜线作为路径分隔符时，要使用转义符。Unix 操作系统使用正斜线(/)作为路径分隔符。

为了使 Java 程序能在不同的操作系统间移植，可以使用 System 类的 getProperty()方法获取路径分隔符：

```
String sep = System.getProperty("file.separator");
```

其中，separator 是 File 类的一个静态常量，用于表示路径分隔符。

3．File 类的常用方法

一旦创建了 File 对象，就可以调用 File 类的方法来判断该对象标识的文件或目录是否存在，并获取文件的属性信息。表 11-2 给出了 File 类定义的一些常用方法。

表 11-2　File 类的常用方法

方法	功能描述
boolean exists()	测试 File 对象所标识的文件（或目录）是否存在
boolean isFile()	测试 File 对象所标识的文件是否是一个文件
boolean isDirectory()	测试 File 对象所标识的是否是一个目录
boolean canRead()	测试文件或目录是否可读
boolean canWrite()	测试文件或目录是否可写
String getName()	返回文件或者目录的名字，即路径中的最后一个名字
String getParent()	返回 File 对象所标识的文件或目录的上一级目录的路径名
String getPath()	返回 File 对象表示的路径名
String getAbsolutePath()	返回绝对路径。若 File 对象表示的路径是相对路径，则在前面加上用户当前的目录路径
long lastModified()	返回文件最后修改的时间（自 1970 年 1 月 1 日 0 时 0 分 0 秒起的毫秒数）
long length()	返回文件的大小（字节数）
boolean createNewFile() throws IOException	当 File 对象所标识的文件不存在而其父路径存在时，新建一个空文件并返回 true。若所标识文件的父路径也不存在，则抛出 IOException 异常

【例 11-1】File 类方法的应用。　　（源代码：TestMethodOfFile.java）

```
package ch11;
import java.io.*;
public class TestMethodOfFile {
    public static void main(String[] args) {
        File file = new File("d:/Java2024/myfile.txt");  // 创建 File 类对象
        // File file = new File("myfile/b.txt");    // 用相对路径表示
        System.out.println(file.getAbsolutePath());     // 绝对路径为 d:\Java2024\myfile.txt
        System.out.println(file.getName());             // 文件名为 myfile.txt
        System.out.println(file.getPath());             // 路径为 d:\Java2024\myfile.txt
        System.out.println(file.getParent());           // 父路径为 d:\Java2024
        String sep = System.getProperty("file.separator"); // 路径分隔符
        System.out.println(sep);
        System.out.println(file.getTotalSpace());       // 返回磁盘容量
        System.out.println(file.canRead());             // 返回可读文件属性,true
        System.out.println(file.isDirectory());         // 判断 file 对象是否为目录, false
        System.out.println(file.isFile());              // 判断 file 对象是否为文件, true
        System.out.println(file.exists());              // 判断文件是否存在,true
        System.out.println(file.length());              // 文件长度
    }
}
```

程序运行结果请参考注释，运行时要注意下面的问题。

① 程序运行时，默认 d:\Java2024\myfile.txt 文件是存在的。如果该文件不存在，则运行结果与注释不同。

② 程序的功能是测试 File 类的常用属性。

③ 建立 File 对象时，也可以使用如下语句：

```
File file = new File("d:\\Java2024\\myfile.txt);
```

这里使用了 Windows 操作系统的路径分隔符（是反斜线），并使用了转义符。

11.1.2 File 类的目录操作

File 类的目录操作

目录就是文件夹，包含其他文件和目录。当创建一个 File 对象并且该对象是目录时，isDirectory()方法返回 true。File 类操作目录的方法如表 11-3 所示。

表 11-3 File 类操作目录的方法

方法	功能描述
boolean mkdir()	当 File 对象所标识的目录不存在而其父路径存在时，新建一个目录并返回 true
boolean mkdirs()	当 File 对象所标识的目录不存在时，新建一个目录（包括其所有必需的父目录）并返回 true；如果该目录已存在。则不执行任何操作
boolean delete()	删除由 File 对象所标识的文件或者目录。若删除的是目录，则该目录必须为空（不包含任何文件和子目录）
boolean renameTo(File dest)	将当前 File 对象所标识的文件或者目录更改为由参数 dest 标识的文件或目录。该方法既可以实现文件或目录的更名，也可以实现文件或目录的移动。在实现移动时，此方法会自动创建需要的各级目录
String[] list()	返回 File 对象所标识目录中的所有文件和子目录的名字。若当前 File 对象标识的是普通文件而不是一个目录，则返回 null
File[] listFiles()	与 list()方法相比，该方法不是返回文件或子目录的名字，而是返回标识这些文件和子目录的 File 对象

【例 11-2】 File 类的目录操作。（源代码：TestMethodOfDir.java）

```
package ch11;
import java.io.*;
public class TestMethodOfDir {
    public static void main(String[] args) throws IOException {
        File file = new File("d:\\java2024\\dir");
        file.mkdir();                                          // 在 d 盘建立目录 dir
        System.out.println(file.isDirectory());                // true
        System.out.println(file.getPath());                    // d:\java2024\dir
        int c = System.in.read();                              // 接收键盘输入
        file.delete();                                         // 删除目录 dir
        System.out.println(file.getPath());                    // 删除 file 对象后仍可显示路径
    }
}
```

此程序的功能是建立一个空目录 d:\java2024\dir，按回车后可删除该目录。运行结果请参考注释。

【例 11-3】 递归列出指定目录下的所有文件和子目录。（源代码：ListFilesByRecursion.java）

```
package ch11;
import java.io.*;
public class ListFilesByRecursion {
    public static  void main(String[] args) {
        File f = new File("d:/java/content");
        System.out.println(f.getName());
        tree(f, 1);
    }
    private static void tree(File f, int level) {
        String preStr = "";
        for(int i=0; i<level; i++) {
            preStr += "....";
```

```
            }
            File[] childs = f.listFiles();
            for(int i=0; i<childs.length; i++) {
                System.out.println(preStr + childs[i].getName());
                if(childs[i].isDirectory()) {
                    tree(childs[i], level + 1);
                }
            }
        }
}
```

程序运行结果如下，按层次关系展示了 d:/java/content 目录下的子目录及文件：

```
content
....idea
........inspectionProfiles
............profiles_settings.xml
........modules.xml
........workspace.xml
....folder1
........loan.py
....practice03
........peach.txt
....practice16
```

11.2 I/O 流的概念

Java 通过“流”（Stream）来实现 I/O 操作。“流”是一个抽象的概念，是一个流动的数据序列，按输入和输出两个方向传递数据。程序通过流连接到计算机设备。从程序的角度看，按数据传输的方向，流可以分为流向程序的输入流和从程序流出的输出流。流的数据传输方式如图 11-1 所示。

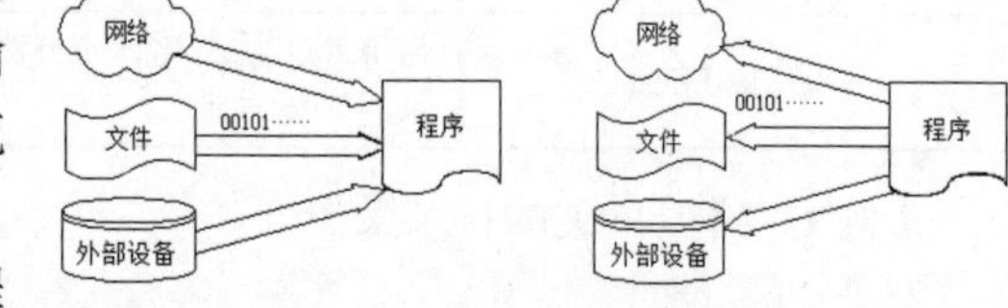

图 11-1　流的数据传输方式

① 输入流将数据传递到当前运行的计算机程序中。输入流与数据源相连，数据源可以是网络、文件或外部设备等。程序可通过输入流从数据源中读取数据。

② 输出流连接网络、文件或外部设备，程序可向输出流写入数据，将数据送到目的地。

I/O 流的一个显著特点是数据的获取和发送均按照数据序列顺序进行。每一个数据都必须等待排在它前面的数据读入或者送出之后才能被读取或写入，而不能够随意地选择输入或输出位置。可以将“流”看作数据从一种设备流向另一种设备的过程。从程序运行的角度看，流的一端可以和数据源相连，另一端和 java.io 包中的流类相连。不同流中的数据内容和格式不同，数据流动方向不同，流的属性和处理方法也就不同。java.io 包中提供了多种不同的流类。

顶层流类

11.2.1 顶层流类

java.io 包中封装了完成 I/O 操作的各种流类，直接继承于 Object 类中与流相关的类。顶层流类的层次结构如图 11-2 所示。

① InputStream 抽象类：输入字节流，处理与字节输入相关的操作。

② OutputStream 抽象类：输出字节流，处理与字节输出相关的操作。

③ Writer 抽象类：输出字符流，处理所有字符流的输出操作。

④ Reader 抽象类：输入字符流，处理所有字符流的输入操作。

⑤ RandomAccessFile 类：处理文件的随机访问操作。

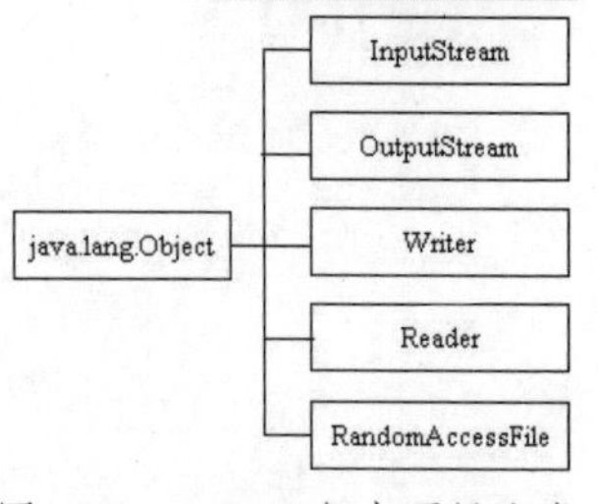

图 11-2　java.io 包中顶层流类的层次结构

除了 RandomAccessFile 类，图 11-2 中的类都是抽象类，它们主要用来提供子类接口的规范。程序通常使用顶层流类的具体子类，例如

FileInputStream、FileOutputStream、FileReader、FileWriter 等，这些子类都是功能比较完备的流类。RandomAccessFile 类是支持文件随机读/写的类。

不同的流类可以针对性地处理不同格式的数据，完成数据加工、处理或转换操作。流类的多数方法在遇到错误时会抛出异常，这些异常都是 IOException 类的子类，程序在调用流类的方法时必须捕获或抛出 IOException 异常。

流的分类

11.2.2 流的分类

根据处理数据的类型，可以将流分为字节流和字符流。在 JVM 底层，I/O 操作仍然是字节型的，因而字节流是更基本的流类型。字符流只是为处理字符型数据提供的更快捷的方法。

1．字节流类

字节流以字节为单位处理数据，它提供了处理字节型数据输入和输出的方法。字节流用于读取和写入二进制数据，适用于不同格式的文件。字节流类的顶层是抽象类 InputStream 和 OutputStream。InputStream 定义了字节型数据输入的公共方法，OutputStream 定义了字节型数据输出的公共方法。

InputStream 类和 OutputStrearn 类的子类可以完成各种功能，包括读取和写入数据的细节操作。表 11-4 给出了部分字节流类的说明。

表 11-4　字节流类

分类	类名	功能
输入流	InputStream	输入字节流的抽象类
	FileInputStream	文件输入流，用于从文件中读取数据
	ByteArrayInputStream	字节数组输入流，用于从数组中读取数据
	ObjectInputStream	对象输入流，用于从文件中读取对象
	DataInputStream	数据输入流，FilterInputstream 的子类，以与机器无关的方式读取 Java 中的基本类型数据
	BufferedInputStream	输入缓冲流，FilterInputstream 的子类
输出流	OutputStream	输出字节流的抽象类
	FileOutputStream	文件输出流，用于向文件中写入数据
	ByteArrayOutputStream	字节数组输出流，用于向数组中写入数据
	ObjectInputStream	对象输出流，用于向文件中写入对象
	DataOutputStream	数据输出流，FilterOutputstream 的子类，将 Java 中的基本类型数据写入到底层输入流中
	BufferedOutputStream	输出缓冲流，FilterOutputstream 的子类

2．字符流类

字符流以字符为单位处理数据，在处理字符文件时，字符流比字节流更有效率。在 Java 内部，字符流读取的总是 2 个字节的 Unicode 编码的字符。字符流类的顶层是两个抽象类：Reader 和 Writer。Reader 用于输入，Writer 用于输出。这两个类的子类也都是采用 Unicode 编码的字符流。

字符流类是成对出现的，大多数写数据的输出流类都有相应的读取数据的输入流类。表 11-5 是部分字符流类的说明。

表 11-5　字符流类

分类	类名	功能
输入流	Reader	读取字符流的抽象类
	InputStreamReader	字节流到字符流的转换类，能将输入字节流转换成字符流
	FileReader	InputStreamReader 的子类，文件输入流，用于从文件中读取字符数据
	BufferedReader	输入缓冲流

续表

分类	类名	功能
输入流	LineNumberReader	BufferedReader 的子类
输出流	Writer	写入字节流的抽象类
	OutputStreamWriter	字节流到字符流的转换类，能将输出字节流转换成字符流
	FileWriter	OutputStreamWriter 的子类，文件输出流，用于向文件中写入数据
	BufferedWriter	输出缓冲流
	LineNumberWriter	BufferedReader 的子类

在各种流类中，一些流类的参数是特定的介质（文件、内存、设备），这些流类包括 FileInputStream、FileOutputStream、FileReader、FileWriter、ByteArrayInputStream、ByteArrayOutputStream 等。

一些流类不直接与文件、内存或设备相连，而是与另外的流类进行配合，包括 BufferedInputStream、BufferedOutputStream、BufferedReader、BufferedWriter、DataInputStream、DataOutputStream 等。这从流类的构造方法中可以看出来。

11.3 字节流类

11.3.1 InputStream 类和 OutputStream 类

InputStream 类和 OutputStream 类

字节流类的顶层是 InputStream 类和 OutputStream 类，这两个类是抽象类。表 11-6 和表 11-7 分别列出了 InputStream 类和 OutputStream 类的方法。这些方法运行遇到错误时会抛出 IOException 异常。

表 11-6　InputStream 类的方法

方法	功能描述
int available()	返回输入流中可以读取的字节数
void close()	关闭输入流
void mark(int readlimit)	在输入流的当前位置处设置标记，后续的 reset()方法可以将读操作重新定位于该位置
int read()	从输入流中读取下一字节数据，到达文件尾返回-1
int read(byte[] b)	从输入流中读取多个字节，并将其保存在字节数组 b 中
int read(byte[] b,int off,int len)	从输入流中读取多个字节，并将其保存在字节数组 b 中，其中 len 表示要读取的最大字节数，off 用于指定在数组中的存放位置
long skip(long n)	位置指针从当前位置向后跳过 n 个字节
void reset()	将位置指针返回到标记位置处

表 11-7　OutputStream 类的方法

方法	功能描述
void close()	关闭输出流
int flush()	清空输出缓冲区
int write(int b)	向输出流中写入一个字节数据，即将参数 b 的低 8 位写入输出流中
int write(byte[] b)	将整个字节数组的数据写入输出流中
int write(byte[] b,int offset,int n)	将字节数组从 offset 处开始、长度为 n 个字节的子数组写入输出流中

11.3.2 FileInputStream 类和 FileOutputStream 类

利用字节流读/写文件是流的基本应用。FileInputStream 类和 FileOutputStream 类分别是 InputStream 类和 OutputStream 类的子类，用于连接到文件，并提供了读/写文件的 read()方法和 write()方法。

1．向文件中写入数据

创建 FileOutputStream 类的一个对象，并连接到输出文件，主要的构造方法如下：

```
FileOutputStream fos = new FileOutputStream (String fileName);
```

其中，fileName 指定要打开的文件名。如果打开文件失败，则抛出 FileNotFoundException 异常。

建立一个对象后，可以调用 write()方法向文件中写入数据：

```
fos.write(int b);
```

该方法将整数 *b* 的低 8 位作为一个字节数据写入文件中。在写入过程中若产生错误，则抛出 IOException 异常。

程序向文件中写入数据时，写入操作并不会立刻执行。写入的数据会被暂时保存在系统的缓存区中，直到缓存区中的数据能够被一次性写入文件中为止。这样做可以减少系统操作磁盘的次数，提高写入文件的效率。如果想要每次写入操作都立刻执行，而不等待缓存区充满，则可以使用 fos.flush()方法。

【例 11-4】向文件中写入数据。（源代码：TestFileOutputStream.java）

```
package ch11;
import java.io.*;
public class TestFileOutputStream {
    public static void main(String[] args) throws IOException {
        OutputStream fos=new FileOutputStream("file1.txt");
        byte[] bytes=null;
        String s="The central task";
        bytes=s.getBytes();
        fos.write(bytes);                       // 向文件中写入数据
        fos.close();
    }
}
```

例 11-4 向文件 file1.txt 中写入文本数据“The central task”。在 IntelliJ IDEA 环境下，文件保存在项目的根目录下。例 11-4 没有捕获异常，而是直接抛出 IOException 异常。

2．从文件中读取数据

要打开一个输入文件，可以创建 FileInputStream 类的一个对象，构造方法如下：

```
FileInputStream fis = new FileInputStream(String fileName);
```

其中，fileName 指定要打开的文件名。如果文件不存在，则抛出 FileNotFoundException 异常。

创建一个对象后，可以调用 read()方法读取数据：

```
int data=fis.read();
```

每次调用 read()方法，就从文件中读取一个字节数据并将其作为整数返回，到达文件尾时返回整数“−1”。如果在读取过程中发生错误，则抛出 IOException 异常。

【例 11-5】从文件中读取数据。（源代码：TestFileInputStream.java）

```
package ch11;
import java.io.*;
import java.util.Scanner;
public class TestFileInputStream {
    public static void main(String[] args) throws IOException {
        System.out.print("请输入打开的文件名：");
        Scanner sc = new Scanner(System.in);
        String fileName = sc.next();
```

```
        try {
            InputStream fis = new FileInputStream(fileName);
            byte[] bytes = fis.readAllBytes();
              String s = new String(bytes);
              System.out.println(s);
            fis.close();
        } catch (IOException e) {
            System.out.println("文件异常");
        }
    }
}
```

程序运行结果如下：

```
请输入打开的文件名：file1.txt
The central task
```

与例 11-4 相比，例 11-5 一是使用 try…catch 语句进行了异常处理，二是用户可以通过 Scanner 类的方法交互式输入文件名。程序运行结果显示了例 11-5 建立的 file1.txt 文件的内容。

【例 11-6】将一个文件的内容复制到另一个文件中，类似于操作系统中的“复制”操作。

（源代码：TestCopyFile.java）

```
package ch11;
import java.io.*;

public class TestCopyFile {
    public static void main(String[] args) {
        try {
            int i = 0;
              InputStream fis = new FileInputStream("d:/java2024/photo.jpg");
              OutputStream fos = new FileOutputStream("d:/java2024/photo.bak")
            long start = System.currentTimeMillis();                // 获得复制前时间
            while ((i = fis.read()) != -1) {
                fos.write(i);
            }
            fos.close();
            fis.close();
            System.out.println("复制完成");
            long end = System.currentTimeMillis();                  // 获得复制后时间
            System.out.println("复制时间:" + (end - start) + "ms");  // 显示复制时间
        } catch (FileNotFoundException e) {
            System.out.println("无法打开文件");
        } catch (IOException e) {
            e.printStackTrace();
        }
    }
}
```

程序的运行结果如下：

```
复制完成
复制时间:4524ms
```

例 11-6 完成的操作类似于操作系统中的“复制”操作，复制操作是基于字节流的。编写程序时需要注意下面几个问题。

① 程序执行时需要将被复制文件“photo.jpg”放置在 d:/java2024/文件夹中，否则运行时系统将会抛出 FileNotFoundException 异常。

② 程序的功能是复制文件并计算复制操作所用时间。对比在 Windows 10 操作系统下复制文件的时间，会发现复制一个 1984KB（photo.jpg 的文件大小）的文件需要耗时 22.2s，效率太低了。这是因为程序没有使用缓冲流对输入/输出流进行优化导致的。

③ 程序中显式地使用了 try...catch 语句进行了异常处理，同时将异常进行了细化。可能存在找不到要复制文件的情况，因此抛出了 FileNotFoundException 异常。最后，由于是 I/O 操作，因此抛出了 IOException 异常。实际上，也可以不细化这些异常或直接抛出异常。

11.3.3 BufferedInputStream 类和 BufferedOutputStream 类

BufferedInputStream
类和
BufferedOutputStream
类

BufferedInputStream 类和 BufferedOutputStream 类是缓冲流类。当一个简单的写入请求产生后，数据不会立即被写入所连接的输出流和文件中，而是写入系统缓存区中。当缓存区中写满后，执行清空流操作或关闭流操作时，再一次性地从缓存区中把数据写入输出流或文件中。类似地，从一个带有缓冲流的输入流读取数据时，也可以先把缓存区读满，随后的读取请求直接从缓存区中而不是从文件中读取。

使用缓冲流类，可以减少实际写入的次数，特别是磁盘操作次数，提高数据写入或读取的效率。

BufferedInputStream 和 BufferedOutputStream 这两个类构造方法的参数是 InputStream 对象和 OutputStream 对象，可以使用 FileInputStream 和 FileOutputStream 对象作为参数，来完成连接文件的操作，程序如下：

```
BufferedInputStream bis =new BufferedInputStream (new FileInputStream(fileName));
BufferedOutputStream bos=new BufferedOutputStream (new FileOutputStream(fileName));
```

【例 11-7】使用 BufferedInputStream 类和 BufferedOutputStream 类复制文件。

（源代码：TestFileCopy.java）

```
package ch11;
import java.io.*;

public class TestFileCopy {
    public static void main(String[] args) {
        try {
            int i = 0;
            byte[] buff = new byte[2048];                          // 缓冲区大小为 4KB
            InputStream fis = new FileInputStream("d:\\java2024\\photo.jpg");
            OutputStream fos = new FileOutputStream("d:/java2023/photo.dat");
            BufferedInputStream bis = new BufferedInputStream(fis);    // 缓冲流
            BufferedOutputStream bos = new BufferedOutputStream(fos);
            long start = System.currentTimeMillis();
            while ((i = bis.read(buff)) != -1) {                   // 从流中读取数据到缓冲区
                bos.write(buff);                                   // 向流中写入数据到缓冲区
            }
            bis.close();
            bos.close();
            fis.close();
            fos.close();
            System.out.println("复制完成");
            long end = System.currentTimeMillis();
            System.out.println("复制时间:" + (end - start) + "ms");
        } catch (FileNotFoundException e) {
            System.out.println("无法打开文件");
        } catch (IOException e) {
            e.printStackTrace();
        }
    }
}
```

程序运行结果如下：

```
复制完成
复制时间:45ms
```

与例 11-6 比较，例 11-7 复制了同一个文件，但例 11-7 只用了 45ms，文件的读/写效率明显提高。

11.3.4 DataInputStream 类和 DataOutputStream 类

DataInputStream 类和
DataOutputStream 类

DataInputStream 类和 DataOutputStream 类是 InputStream 类和 OutputStream 类的间接子类，以字节为单位读/写二进制数据，用于读/写 Java 定义的基本数据类型，如 int、float、double、short、byte 等类型。

DataOutputStream 类可以将 Java 基本数据类型写到输出流中。DataOutputStream 类实现了 DataOutput 接口，该接口定义了从基本数据类型到字节序列的转换，而字节序列又会进一步变换为二进制流。DataInputStream 类实现了 DataInput 接口，该接口提供了读取 Java 基本数据类型的规范。与 DataOutputStream 类相同，基本数据类型的读取是以其在内存中的形式（即二进制形式）进行的，而不是通常的文本格式。

DataOutputStream 类和 DataInputStream 类的方法可以查看 JDK 文档，这里不再详细叙述。

DataInputStream 类的方法需要接收 InputStream 类的参数，DataOutputStream 类的方法需要接收 OutputStream 类的参数。可以使用 FileInputStream 类和 FileOutputStream 类作为参数，连接文件的程序如下：

```
DataInputStream dis=new DataInputStream(new FileInputStream(fileName));
DataOutputStream dos=new DataOutputStream(new FileOutputStream(fileName));
```

【例 11-8】DataInputStream 类和 DataOutputStream 类的应用。（源代码：TestDataStream.java）

```
package ch11;
import java.io.*;

public class TestDataStream {
    public static void main(String[] args) throws IOException {
        FileOutputStream fos = new FileOutputStream("file2.dat");
        DataOutputStream dos = new DataOutputStream(fos);
        dos.writeInt(100931);
        dos.writeUTF("人工智能概论");
        dos.writeBoolean(true);
        dos.close();
        fos.close();
        System.out.println("写入数据成功");
        FileInputStream fis = new FileInputStream("file2.dat");
        DataInputStream dis = new DataInputStream(fis);
        System.out.println(dis.readInt() + "\t" + dis.readUTF() + "\t" + dis.readBoolean());
        dis.close();
        fis.close();
    }
}
```

例 11-8 首先向文件中写入基本数据类型，然后再从文件中重新读取这些数据。程序运行结果如下：

```
写入数据成功
100931    人工智能概论    true
```

例 11-8 中读/写的都是基本类型的数据。如果用记事本打开数据文件“file2.dat”，在文本编辑器中会显示为乱码。这是因为基本数据类型并不是以字符编码的形式保存的，而是以其在内存中的形式（即二进制的形式）保存的。

11.4 字符流类

Reader 类和
Writer 类

11.4.1 Reader 类和 Writer 类

面向字符的流类包括 Reader 类、Writer 类以及它们的一些子类。表 11-8 和表 11-9 分别列出了 Reader 类和 Writer 类的常用方法，这些方法被子类继承，在执行中产生错误时都会抛出 IOException 异常。

表 11-8　Reader 类常用的方法

方法	功能描述
void close()	关闭输入流
void mark(int readlimit)	在当前位置处设置一个标记，后续的 reset()方法可以将读操作重新定位于该位置
int read()	从输入流中读取下一字符数据，到达文件尾返回-1
int read(char[] ch)	从输入流中读取多个字符，并将其保存在数组 ch 中
int read(char[] ch,int off, int len)	从输入流中读取多个字符，并将其保存在数组 ch 中，其中 len 用于指定要读取的字符数，off 用于指定在数组中的存放位置
long skip(long n)	位置指针从当前位置向后跳过 *n* 个字符
void reset()	将位置指针返回到标记位置处

表 11-9　Writer 类的常用方法

方法	功能描述
void close()	关闭输出流
int flush()	清空输出缓冲区
int write(int ch)	向输出流中写入一个字符数据。该方法接收一个 int 型参数 ch，并将参数 ch 的低 16 位作为 Unicode 编码字符写入输出流中
int write(char [] ch)	将整个字符数组的数据写入输出流中
int write(char[] ch,int offset,int n)	将数组从 offset 处开始、长度为 *n* 个字符的子数组写入输出流中

11.4.2　FileReader 类和 FileWriter 类

FileReader 类和 FileWriter 类使用字符流读/写文件。字符流可以用来完成和字节流同样的文件处理操作，优势在于字符流直接以字符为单位操作 Unicode 编码。因此在需要存取字符文本的情况下，字符流是较好的选择。

FileReader 类和 FileWriter 类

1．FileWriter 类

FileWriter 类是 OutputStreamWriter 类的子类，用于向文件中写入字符数据。可使用 FileWriter 类创建一个连接文件的 Writer 字符流，常用的构造方法如下：

```
FileWriter(String fileName) throws IOException
FileWriter(String fileName,boolean append)throws IOException
```

其中，fileName 指定要打开的文件名。如果参数 append 的值为 true，则输出将连接到当前文件的末尾；否则覆盖当前文件。

上述两个构造方法在执行过程中发生错误时将抛出 IOException 异常。

【例 11-9】使用 FileWriter 类向文件中写入数据。　　　　（源代码：TestFileIWriter.java）

```
package ch11;
import java.io.*;
public class TestFileWriter {
    public static void main(String[] args) throws IOException {
        String[] s ={"Reader","Writer","InputStream","OutputStream"};
        Writer fw = new FileWriter("file3.txt");
        for (String str:s ){
            fw.write(str);
            fw.write("\n");
        }
        fw.close();
    }
}
```

2. FileReader 类

FileReader 类是 InputStreamReader 类和 Reader 类的子类，用于从文件中读取字符数据。FileReader 类可创建一个连接到文件的字符输入流，常用构造方法如下：

```
FileReader(String fileName) throws FileNotFoundException
```

其中，fileName 是要打开的文件名。当打开文件出错时，系统会抛出 FileNotFoundException 异常。

【例 11-10】文件复制功能的实现。（源代码：CopyFile.java）

例 11-10 的程序结构与例 11-6 类似，不同的是例 11-10 以字符为单位读/写数据，使用 FileReader 类和 FileWriter 类复制当前文件并同时显示在屏幕上。

```
package ch11;
import java.io.*;
public class CopyFile {
    public static void main(String[] args) {
        try {
            int ch = 0;
            String filename = "D:/java2024/src/ch11/CopyFile.java";
            Reader fr = new FileReader(filename);
            Writer fw = new FileWriter("copy.txt");
            while ((ch = fr.read()) != -1) {
                fw.write(ch);
                System.out.print((char) ch);
            }
            fr.close();
            fw.close();
            System.out.println("复制完成");
        } catch (Exception e) {
            e.printStackTrace();
        }
    }
}
```

BufferedReader 类和 BufferedWriter 类

11.4.3 BufferedReader 类和 BufferedWriter 类

BufferedReader 类和 BufferedWriter 类可以用来实现字符流的缓冲。BufferedReader 类用来提高字符数据的输入效率，BufferedWriter 类增强了将批量字符数据输出到另一个输出流的能力。

BufferedReader 类和 BufferedWriter 类的构造方法需要接收 InputStream 类和 OutputStream 类的参数。

BufferedReader 类和 BufferedWriter 类的方法与 BufferedInputStream 类和 BufferedOutputStream 类的方法类似。BufferedReader 类还提供了 readLine()方法，用于读取一行字符。如果到了输入流的末尾，readLine()方法返回 null。BufferedWriter 类提供了 newLine()方法，该方法用于生成换行符。

【例 11-11】使用 BufferedReader 类和 BufferedWriter 类实现文件复制。（源代码：FileCopy.java）

```
package ch11;
import java.io.*;
public class FileCopy {
    public static void main(String[] args) throws IOException {
        String filename = "d:\\java2024\\result.txt";
        FileReader input = new FileReader(filename);
        BufferedReader br = new BufferedReader(input);
        FileWriter output = new FileWriter("temp.txt");
        BufferedWriter bw = new BufferedWriter(output);
        String s = br.readLine();
        while (s != null) {
            bw.write(s);
            bw.newLine();
            System.out.println(s);
            s = br.readLine();
```

```java
        }
        System.out.println("复制完成");
        br.close();
        bw.close();
        input.close();
        output.close();
    }
}
```

比较例 11-12、例 11-11 和例 11-7，可以看出使用字符缓冲流可以提高 I/O 操作的效率。

BufferedReader 类还提供了 readLine()方法，放在循环中可以逐行读取文件。Scanner 类也提供了读取文件的方法。Scanner 类的构造函数可以接收 File 对象作为参数，使用 hasNextLine()方法判断文件是否结束，使用 nextLine()方法返回行的内容，然后解析读取的内容或将读取的内容写入文件。

【例 11-12】使用 Scanner 类和 BufferedWriter 类实现文件复制。　　（源代码：FileCopy2.java）

```java
package ch11;
import java.io.*;
import java.util.Scanner;
public class FileCopy2 {
    public static void main(String[] args) throws IOException {
        File file = new File("d:\\java2024\\result.txt");
        Scanner sc = new Scanner(file);
        FileWriter fw= new FileWriter("temp2.txt");
        BufferedWriter bw = new BufferedWriter(fw);
        while (sc.hasNextLine()) {
            String s=sc.nextLine();
            bw.write(s);
            bw.newLine();
        }
        System.out.println("复制完成");
        bw.close();
        fw.close();
    }
}
```

程序的执行结果与例 11-11 相同。

LineNumberReader 类

11.4.4　LineNumberReader 类

LineNumberReader 类是 BufferedReader 类的子类，可以跟踪文件每行的行号。LineNumberReader 类的 setLineNumber()方法和 getLineNumber()方法分别用来设置和返回当前行的行号，readLine()方法用于读取一行的内容。

【例 11-13】为文本文件添加行号。　　（源代码：TestLineNumberReader.java）

```java
package ch11;
import java.io.*;
public class TestLineNumberReader  {
    public static void main(String[] args) throws IOException {
    Reader fr = new FileReader("D:\\java2024\\src\\ch11\\TestLineNumberReader.java");
        Writer fw=new FileWriter("target.txt");
        LineNumberReader lnr = new LineNumberReader(fr);
         lnr.setLineNumber(0);
        String s=null;
        while ((s=lnr.readLine())!=null) {
            fw.write(lnr.getLineNumber()+"\t"+s);
            fw.write("\r\n");
        }
        fw.close();
        lnr.close();;
        fr.close();
    }
}
```

生成的文件如图 11-3 所示。

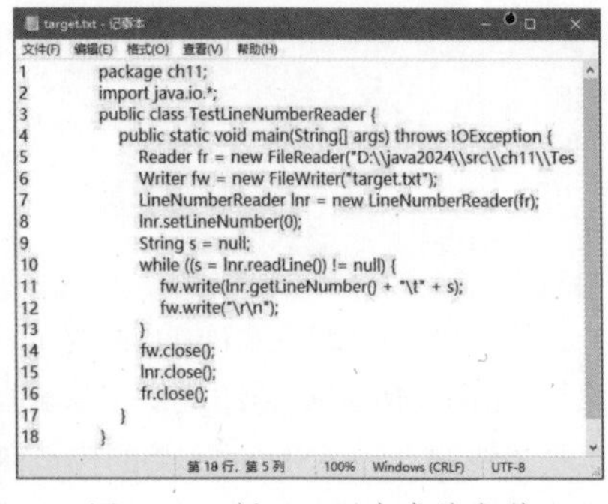

```
1	package ch11;
2	import java.io.*;
3	public class TestLineNumberReader {
4	    public static void main(String[] args) throws IOException {
5	        Reader fr = new FileReader("D:\\java2024\\src\\ch11\\Tes
6	        Writer fw = new FileWriter("target.txt");
7	        LineNumberReader lnr = new LineNumberReader(fr);
8	        lnr.setLineNumber(0);
9	        String s = null;
10	        while ((s = lnr.readLine()) != null) {
11	            fw.write(lnr.getLineNumber() + "\t" + s);
12	            fw.write("\r\n");
13	        }
14	        fw.close();
15	        lnr.close();
16	        fr.close();
17	    }
18	}
```

图 11-3　例 11-13 生成的文件

例 11-13 运行后，会为打开的文件创建一个添加了行号的文件。使用 LineNumberReader 类来跟踪行号时，用 setLineNumber() 方法设置行号，行号的初始值为 0。目标文件第一行的行号是 1，这是因为 LineNumberReader 类在读取到换行符 “\n” “\r” 或者回车符后紧跟换行符时，行号会自动加 1。

11.4.5　PrintWriter 类

PrintWriter 类

PrintWriter 类用于输出字符数据。

很多情况下，使用系统标准输出流 System.out 向控制台输出数据。但在实际应用中，也经常使用 PrintWriter 类输出数据。PrinterWriter 类是 Writer 类的子类，包括很多重载的构造方法，例如：

```
public PrintWriter(Writer out, boolean autoFlush);
public PrintWriter(OutputStream out, boolean autoFlush);
```

其中，out 是 Writer 类的对象；boolean 类型的参数 autoFlush 表示在每输出新的一行数据时是否要执行输出流的清空缓存区操作。如果该参数为 true，则清空操作自动进行，否则清空操作需由 flush() 方法显式地进行。

PrintWriter 类包括成员方法 print()方法和 println()方法。println()方法的作用是：每当输出新的一行时，流的缓存区自动清空，这是它和 print()方法的一个主要区别。

需要指出的是，System.out 中的 print()方法和 println()方法和 PrintWriter 类的 print()方法和 println()方法类似，但 System.out 是 PrintStream 类的对象。

【例 11-14】 使用 PrintWriter 类向文件 log.log 中写入数据。　　（源代码：TestPrintWriter.java）

```
package ch11;
import java.util.*;
import java.io.*;
public class TestPrintWriter {
    public static void main(String[] args) {
        String s = null;
        Scanner sc=new Scanner(System.in);
        try {
            FileWriter fw = new FileWriter("d:/java2024/log.log", true);
            PrintWriter log = new PrintWriter(fw);       // PrintWriter 类连接文件输出流
            System.out.println("Please input log,exit to quit");
            while ((s = sc.nextLine())!=null) {
                if(s.equalsIgnoreCase("exit")) break;
                System.out.println(s.toUpperCase());
                log.println(s.toUpperCase());            // 向文件中写入数据
                   log.println("-----");
                   log.flush();
            }
            log.println("==="+new Date()+"===");
            log.flush();
            log.close();
        } catch (IOException e) {
            e.printStackTrace();
        }
    }
}
```

程序运行时，将输入数据显示在屏幕上，并写入文件 log.log 中。当输入 “exit” 时，退出写入循环，并在写入信息的末尾加上完成输入的具体日期和时间。实际上，这是一个简易的日志建立程序，程序调用 PrintWriter 类的 println()方法将信息写入日志文件中。

11.5 RandomAccessFile 类

RandomAccessFile 类

java.io.RandomAccessFile 类支持文件的随机读/写。RandomAccessFile 类是 Object 类的直接子类，它同时实现了 DataInput 接口和 DataOutput 接口，并增加了一些用于随机访问的方法。在 RandomAccessFile 类的方法中，最常见的是读/写随机文件的方法。RandomAccessFile 类的部分方法如表 11-10 所示。

表 11-10 RandomAccessFile 类的部分方法

方法	功能描述
RandomAccessFile(File name, String mode)	构造方法
RandomAccessFile(String name,String mode)	构造方法
int read()	从文件中读取一个字节
boolean readBoolean()	从文件中读取一个 boolean 值
byte readByte()	从文件中读取一个有符号的八位值
double readDouble()	从文件中读取一个 double 值
void write(int b)	向文件中写入指定的字节
void writeBoolean(boolean b)	按单字节值将 boolean 写入该文件中
writeDouble(double v)	按 8 个字节将 double 值写入文件中，先写高字节
void seek(long pos)	移动文件的位置指针
long getFilePointer()	返回文件的位置指针（从文件头开始计算的绝对位置）
int length()	返回文件的字节长度

在构造方法中，参数 name 指明了文件路径及名称；mode 为打开方式，有两种取值："r" 表示以只读方式打开文件，"rw" 表示以读/写方式打开文件。

创建 RandomAccessFile 对象时，可能产生两种异常：当指定的文件不存在时，系统将抛出 FileNotFoundException 异常；如果试图以"rw"方式打开只读文件或出现了其他的输入/输出错误，将会抛出 IOException 异常。下面是创建 RandomAccessFile 对象的程序：

```
File file = new File("e:/java/data.dat");
RandomAccessFile raf = new RandomAccessFile(file,rw);
```

【例 11-15】使用 RandomAccessFile 类读/写文件。（源代码：TestRandomAccessFile.java）

程序向文件 pd.dat 中写入了 20 个 int 型数据、20 个 double 类型的随机数和 20 个 String 类型的数据，然后再读取这些数据。

```
package ch11;
import java.io.*;
public class TestRandomAccessFile {
    public static void main(String[] args) {
        try {
            RandomAccessFile raf = new RandomAccessFile("pd.dat", "rw");
            for (int i = 0; i < 20; i++) {
                raf.writeInt(i);
                  raf.writeDouble(Math.random());
                  raf.writeUTF("String: " + Integer.toString(i));
            }
            raf.close();
            raf = new RandomAccessFile("pd.dat", "r");
            for (int i = 0; i < 20; i++) {
                int r1 = raf.readInt();
                double r2 = raf.readDouble();
                String r3 = raf.readUTF();
                System.out.println(r1 + "\t" + r2 + "\t" + r3);
```

```
            }
            raf.close();
        } catch (IOException e) {
            e.printStackTrace();
        }
    }
}
```

程序运行结果如下：

```
0    0.37610041952580764   String: 0
1    0.1640970128869239    String: 1
2    0.12823132586148678   String: 2
3    0.9618897607486742    String: 3
4    0.009258668629820166  String: 4
5    0.3290160172649752    String: 5
6    0.9763718142105571    String: 6
7    0.7907089338611594    String: 7
8    0.08710310352932649   String: 8
…
```

项目实践：导入抽奖名单

11.6 项目实践：导入抽奖名单

本章从文本文件中导入格式化的抽奖数据，然后随机抽取获奖者，并进行必要的异常处理。

1．抽奖系统基本模型

抽奖系统的基本模型参考第 8 章。本项目的主要功能是将抽奖信息的交互式输入升级为从格式化的文本文件中导入。

① 初始抽奖信息从文本文件中导入。

② 文件中的数据经解析后保存到两个 Vector 类中，分别存放姓名、电话号码。

③ 随机抽取获奖者。

④ 输出获奖者信息。

2．实现要点

① 引入 Scanner 类和 File 类，从文件中读取数据并存放到 Vector 类中。

② 被读取的数据保存在文本文件“抽奖信息.txt”中，每行格式为“姓名：电话号码”。

③ 程序从文件中读取数据，分别存放到 Vector 类的对象 v_name 和 v_identNumber 中，并输出所有数据。

④ 如果文件不存在或者无法打开，抛出一个 FileNotFoundException 异常，通过 try…catch 语句块来捕获并处理这个异常。

⑤ 如果 Vector 类中有数据，可以从中随机选择一条记录并存放到 v_printident 中，同时通过该记录中的电话号码在 v_name 中找到对应的姓名，然后输出获奖者的姓名和电话号码。

完整的程序（ChooseAward.java）如下（项目基本框架与第 8 章相同，增加的从文件中导入的数据用粗体表示）：

```
package ch11;
import java.io.File;
import java.io.FileNotFoundException;
import java.util.Random;
import java.util.Scanner;
import java.util.Vector;
public class ChooseAward {
    public static void main(String[] args) {
        Vector<String> v_identNumber = new Vector<String>();
        Vector<String> v_name = new Vector<String>();
        // Vector<String> z_identNumber = new Vector<String>();
        // Vector<String> z_name = new Vector<String>();
```

```
        Vector<String> v_printident = new Vector<String>();  // 保存获奖信息，备用
        try {
            Scanner scanner = new Scanner(new File("抽奖信息.txt"));
            while (scanner.hasNext()) {
                   String input = scanner.nextLine();
                   String[] parts = input.split("-");
                   String name = parts[0];
                   String identNumber = parts[1];
                   v_name.add(name);
                   v_identNumber.add(identNumber);
            }
            scanner.close();
        } catch (FileNotFoundException e) {
            System.out.println("文件不存在或无法打开! ");
            e.printStackTrace();
        }
        // 输出 Vector 类中的数据
        for (int i = 0; i < v_identNumber.size(); i++) {
            String identNumber = (String) v_identNumber.get(i);
            String name = (String) v_name.get(i);
            System.out.println(name + ": " + identNumber);
        }
        // 获取获奖者信息
        try {
            Random random = new Random();
            int index = random.nextInt(v_identNumber.size());// 随机抽取一个获奖者
            // 获奖者的电话号码
            String winningNumber = v_identNumber.get(index);
            String winningName = v_name.get(index);
            // 将获奖者的电话号码存放到 v_printident 中，待程序扩展功能时使用
            v_printident.add(winningNumber);
            System.out.println("获奖者姓名: " + winningName);
            System.out.println("获奖者电话号码: " + winningNumber);
        } catch (Exception e) {
            System.out.println("Vector 类中初始数据不足或者发生其他异常");
            e.printStackTrace();
        }
    }
}
```

程序运行结果如下：

```
13940909673: 13940909673
13500757385: 13500757385
13795175751: 13795175751
15940876540: 15940876540
13998699317: 13998699317
13591193926: 13591193926
13942048095: 13942048095
13591813521: 13591813521
…
获奖者姓名: 13795175751
获奖者电话号码: 13795175751
```

本项目的主要功能是实现文件读取功能，所以只设定 1 名获奖者。如果设定 3 名或更多获奖者，需要按下面方法实现。

① 遍历显示 Vector 类的对象 v_printident 保存的所有获奖者信息。

② 如果用户已中奖，需要从 v_identNumber 和 v_name 对象中同步删除用户信息。

本章小结

本章介绍 File 类和以流为基础的 I/O 操作，具体涉及的内容如下所示。

① File 类提供了操作文件或目录的方法，包括访问文件属性、更改文件名、删除文件、创建文件或目录等。

② 字节流以字节为单位处理数据，主要用于读取和写入二进制数据，尤其适用于不同格式的文件。字符流以字符为单位处理数据，用于处理字符型数据。

③ 与文件相关的流类包括 FileInputStream、FileOutputStream、FileReader、FileWriter 等，缓冲流类包括 BufferedInputStream、BufferedOutputStream、BufferedReader、BufferedWriter 等；DataInputStream 类和 DataOutputStream 类以字节为单位读/写二进制数据，用于读/写 Java 的基本类型数据；LineNumberReader 类用于为文件添加行号；PrintWriter 类用于输出字符数据。

④ RandomAccessFile 类可以实现对文件的随机访问，可读可写，可定位文件指针位置。

习题

1．选择题

（1）关于 java.io 包中 File 类的说法中，不正确的是（　　）。

A．不属于字符流类　　B．用于操作文件和目录

C．创建 File 类对象时，需要捕获异常　　D．属于非流类

（2）程序 File f = new File("com")创建了 File 对象，下面不可能返回 true 的选项是（　　）。

A．f.mkdir()　　B．f.delete()　　C．F.getPath()　　D．f.canRead()

（3）程序读取文本文件时，能够以文件作为参数的类是（　　）。

A．FileReader　　B．BufferedReader　　C．LineNumberReader　　D．PrintWriter

（4）关于下面程序的叙述中，正确的选项是（　　）。

```
try {
    FileWriter f = new FileWriter("a.txt", true);
}catch(Exception e) {
    e.printStackTrace();
}
```

A．如果文件 a.txt 存在，则抛出异常

B．如果文件 a.txt 不存在，则抛出异常

C．如果文件 a.txt 存在，则覆盖掉文件已有内容

D．如果文件 a.txt 存在，则将在文件末尾添加新内容

（5）可以作为 BufferedOutputStream 类构造方法的参数对象是（　　）。

A．String　　B．File　　C．FileOutputStream　　D．RandomAccessFile

（6）下面程序中，编译不正确的是（　　）。

A．File f = new File("/","aerwerwa.txt");

B．DataInputStream f = new DataInputStream(System.in);

C．OutputStreamWriter f = new OutputStreamWriter(System.out);

D．RandomAccessFile f = new RandomAccessFile("data.txt");

（7）编译和运行下面程序，下面选项是正确的是（　　）。

```
class Test {
    public static void main(String[]args) {
        String s="Java 语言";
```

```
        byte[]b=s.getBytes();        // 获得包含字符串 s 中各字符编码的字节数组
        for(int i=0;i<b.length;i++){
            System.out.write(b[i]);
        }
        System.out.flush();
    }
}
```

A. 编译出错　　B. 输出乱码　　C. 输出 8 个数据　　D. 输出：Java 语言

2．简答题

（1）Java 的字节流和字符流有什么区别?

（2）DataInputStream 类可以直接指向一个文件吗？为什么？

（3）LineNumberReader 类可以跟踪文件每行的行号，列举出 3 个相关的方法。

（4）写出下列操作的程序。

① 构造 BufferedReader 对象，用于从文本文件中读取数据。

② 构造 BufferedWriter 对象，用于向文本文件中写入数据。

③ 构造 PrintWriter 对象，用于向文本文件中写入数据。

3．编程题

（1）编写程序，按下面要求完成文件复制功能。

① 使用 FileInputStream 类和 FileOutputStream 类实现。

② 使用 BufferedReader 类和 BufferedWriter 类实现。

③ 把一个文件中的所有英文字母转换成大写，复制到另一文件中。

④ 删除一个文件中的某个单词后，复制到另一个文件中。

（2）将键盘输入的内容逐行写入文件中，输入“exit”程序结束运行。生成的文件名使用 Scanner 类的方法交互输入。

（3）读取一个文本文件，统计文件中每个单词出现的次数。

（4）读取一个 Java 程序文件，为每行添加行号。

上机实验

实验 1：比较 FileOutputStream 类和 FileWriter 类写文件的区别。

（1）编写程序，使用 FileOutputStream 类将字符串“12345”写入文件 a.txt 中，使用 FileWriter 类将字符串“12345”写入文件 b.txt 中。

（2）比较生成的 a.txt 和 b.txt 文件的内容及长度。

实验 2：读取结构化文件，并根据要求排序。

文本文件 score.txt 中记录了学生成绩信息，每行包括学生的姓名和成绩两项信息。程序在控制台输出按成绩降序排列的学生信息。score.txt 内容如下：

```
Rose 78
Mike 64
Kate 91
Tom  60
…
```

第12章 图形用户界面

【本章导读】

程序与用户交互时，图形用户界面比命令行界面更加直观、方便。Java 主要使用 java.awt 包和 javax.swing 包中的组件来实现用户交互界面。本章主要介绍 Swing 组件、布局管理器、事件处理等内容。

【本章实践能力培养目标】

通过本章内容的学习，读者应能完成可视化随机抽奖系统的图形用户界面设计，要求实现页面布局设计和背景图片以及 JFileChooser、ImageIcon、Font 等类的应用。

12.1 AWT 组件与 Swing 组件

开发图形用户界面的应用程序主要使用 AWT（Abstract Window Toolkit，抽象窗口工具包）组件与 Swing 组件，这两类组件分别在 java.awt 包和 javax.swing 包中。java.awt 包主要提供字体类和布局管理器类，javax.swing 包提供各种组件。如果需要处理组件的事件，还需要使用 java.awt.event 包，这个包提供了事件处理的接口和类。

Swing 组件

12.1.1 Swing 组件

Java 早期用 AWT 组件开发图形用户界面。java.awt 包中用于构建图形用户界面的按钮、标签、文本框等类通常被称为 AWT 组件。应用 AWT 组件来构建图形用户界面时，需要依赖本地系统，一旦移植到其他平台上运行，组件外观可能会发生变化。

Swing 组件是在 AWT 组件基础上构建的图形用户界面系统。Swing 组件在 javax.swing 包中，该组件完全由 Java 实现，即使移植到其他系统平台上，界面外观也不会发生变化。也就是说，Swing 组件并不依赖本地操作系统。相对于 AWT 组件，Swing 组件更加丰富，外观也更灵活多样。

尽管 Swing 组件为 Java 应用程序的开发提供了方便，但 Swing 组件并不能完全替代 AWT 组件。图形用户界面的布局管理和事件处理仍需要 AWT 组件中的类来完成。通常将 AWT 组件称为重量级组件；Swing 组件不依赖本地资源，只保留了几个重量级组件，其余的都是轻量级组件。

Swing 组件的层次结构

12.1.2 Swing 组件的层次结构

在 Java 的 GUI 编程中，容器和组件是两个重要的概念。容器是 java.awt.Container 类的子类，组件是 javax.swing.JComponemt 类的子类。javax.swing 包中既提供容器，又提供组件。

① 容器：包括可以独立显示的顶层容器和中间容器。顶层容器包括 JFrame 组件和 JDialog 组件，可以向其中添加中间容器或其他组件。中间容器不能独立显示，可以作为过渡容器并向其中添加其他组件或中间容器。中间容器包括 JPanel、JScrollPane、JTablePane 等。

② 组件：独立的组件需要在容器中显示，可以完成事件响应功能，如 JTextField、JButton、JLabel 等。

Swing 组件部分类的层次如图 12-1 所示。

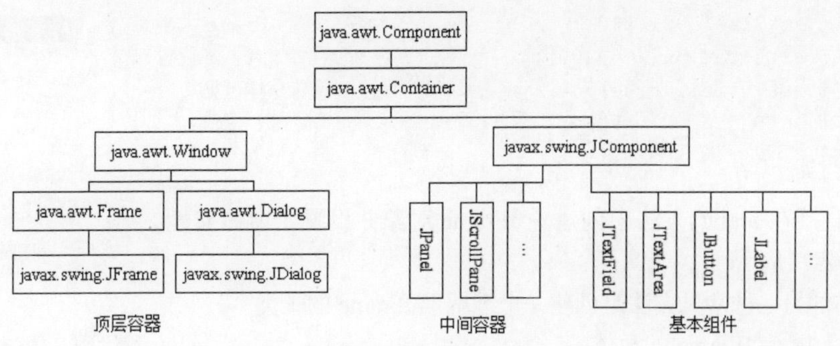

图 12-1　Swing 组件部分类的层次

应用 Swing 组件的 GUI 编程，就是使用顶层容器、中间容器、各种基本组件构建界面并完成事件响应的过程。

12.2　常用容器

为方便了解图形用户界面的构建过程，本节介绍顶层容器 JFrame 和中间容器 JPanel，12.3 节将介绍 JButton、JLabel、JTextField、JTextArea 等组件。

12.2.1　JFrame

Java 的顶层窗口被称为窗体，不能被其他窗口包含。JFrame 是最常用的窗体容器，用于添加中间容器或其他组件。JFrame 的常用方法如表 12-1 所示。

表 12-1　JFrame 的常用方法

方法	功能
JFrame()	构造方法，创建一个无标题的窗口
JFrame(String s)	构造方法，创建一个标题为 s 的窗口
void setSize(int width, int height)	设置窗口的大小
void setVisible(boolean flag)	参数 flag 值为 true 时窗口可见，否则窗口不可见
void setResizable(boolean flag)	参数 flag 值为 true 时窗口大小可调整，否则大小不可调整
Container getContentPane()	获取当前窗体的 Container 对象，将其作为容器来添加组件或设置布局管理器
Component add(Component c)	添加组件 c，方法返回 c 对象的引用
Component add(Component c,int direct)	按方位添加组件 c，方法返回 c 对象的引用
void setLayout(LayoutManager lm)	设置布局管理器
void setDefaultCloseOperation(int value)	用来设置单击窗体右上角的关闭图标后，程序会做出怎样的处理

在 JFrame 的 setDefaultCloseOperation(int value)方法中，参数 value 取值如下：

```
DO_NOTHING_ON_CLOSE          // 不做任何操作
HIDE_ON_CLOSE                // 隐藏当前窗体
DISPOSE_ON_CLOSE             // 隐藏当前窗体，并释放窗体占有的其他资源
EXIT_ON_CLOSE                // 结束窗体所在的应用程序
```

【例 12-1】创建并显示 JFrame 的窗体。　（源代码：TestJFrame1.java）

```
package ch12;
import javax.swing.*;
public class TestJFrame1{
    public static void main(String []args){
        JFrame f = new JFrame("JFrame 测试");
```

```
        f.setSize(300, 200);                      // 设置 JFrame 大小
        f.setLocation(200,200);                   // 设置 JFrame 位置
        f.setVisible(true);                       // 设置窗体可见
        f.setDefaultCloseOperation(JFrame.EXIT_ON_CLOSE);
    }
}
```

图 12-2　创建并显示 JFrame 的窗体

例 12-1 直接在 main()方法中创建了 JFrame 对象并设置了窗体属性，运行效果如图 12-2 所示。

创建窗体的另一种常见方法是创建一个继承于 JFrame 的子类。

【例 12-2】继承 JFrame 的窗体。（源代码：TestJFrame2.java）

```
package ch12;
import javax.swing.*;
import java.awt.Color;
class Frame_a extends JFrame {
    public Frame_a(String name) {
        super(name);                              // 设置窗口标题
        this.getContentPane().setBackground(Color.yellow);
        this.setBounds(200, 200, 300, 200); // 设置窗口位置和大小
        this.setVisible(true);                    // 设置窗口可见
    }
}
public class TestJFrame2 {                        // 测试类
    public static void main(String[] args) {
        new Frame_a("JFrame 测试");
    }
}
```

setBackground(Color c)方法是 JFrame 的间接父类 Component 的方法。为 JFrame 设置背景时，直接设置背景颜色是无效的，必须使用 getContentPane()方法获得内容面板，然后再设置背景颜色。例 12-2 还使用了 java.awt.Color 类的颜色常量，运行结果除了背景颜色，其余部分与例 12-1 的结果一致。

例 12-2 没有应用 setDefaultCloseOperation(JFrame.EXIT_ON_CLOSE)方法。程序运行时，单击窗体的“关闭”按钮，只是隐藏了窗体，窗体并没有关闭，程序仍在运行。

12.2.2　JPanel

JPanel

JPanel 是常用的中间容器，也称 JPanel 面板。JPanel 本身不能显示，依托于顶层容器才能显示，可以向 JPanel 中添加其他组件或中间容器。JPanel 的常用方法如表 12-2 所示。

表 12-2　JPanel 的常用方法

方法	功能
JPanel()	构造方法，创建 JPanel
JPanel(LayoutManager layout)	构造方法，创建 JPanel，并设置布局管理器
void setLayout(LayoutManager lm)	设置布局管理器
Component add(Component comp)	继承于 Container 类，用于添加组件

12.2.3　JScrollPane

JScrollPane

JScrollPane 是一个带滚动条的中间容器，适用于在较小的窗体中显示较多的内容。但 JScrollPane 只能放置一个组件，并且不能使用布局管理器。如果需要在 JScrollPane 中放置多个组件，需要将多个组件放置在 JPanel 上，然后将 JPanel 作为一个整体组件添加到 JScrollPane 中。JScrollPane 的常用方法如表 12-3 所示。

表 12-3　JScrollPane 的常用方法

方法	功能
ScrollPane()	创建一个空的 JScrollPane，水平和垂直滚动条在需要时可显示
JScrollPane(Component view)	创建一个显示指定组件 view 内容的 JScrollPane，当组件的内容超过视图大小就会显示水平和垂直滚动条
Component add(Component comp)	继承于 Container 类，用于添加组件

【例 12-3】在 JFrame 中添加 JScrollPane。（源代码：TestJScrollPane.java）

```
package ch12;
import javax.swing.*;

class Frame_b extends JFrame {
    public Frame_b(String name) {
        super(name);
        JTextArea jta = new JTextArea(12, 28);
        jta.setText("文本编辑窗口……");
        JScrollPane jsp = new JScrollPane(jta);
        this.add(jsp);
        this.setBounds(200, 200, 300, 200);
        this.setVisible(true);
    }
}
public class TestJScrollPane {
    public static void main(String[] args) {
        new Frame_b("JScrollPane 测试");
    }
}
```

例 12-3 中创建了一个 JFrame 的窗体，创建了一个文本区组件 JTextArea 并指定了文本区的大小；创建了一个 JScrollPane 的对象 jsp 并将文本区组件对象添加到其中，最后用 add()方法将 jsp 对象放置于窗体中。运行结果如图 12-3 所示。

图 12-3　在 JFrame 中添加 JScrollPane

12.3　常用组件

12.3.1　JButton

JButton 是按钮组件，常用方法如表 12-4 所示。

表 12-4　JButton 的常用方法

方法	功能
JButton(String text)	构造方法，创建指定文本为 text 的按钮
void setText(String text)	重新设置当前按钮的文本
String getText()	获取当前按钮的文本
void addActionListener(ActionListener list)	给按钮增加事件监听器

12.3.2　JLabel

JLabel 是用于创建标签对象的组件，以显示信息，但不具有编辑功能。常用方法如表 12-5 所示。

表 12-5　JLabel 的常用方法

方法	功能
JLabel(String s)	构造方法，创建指定文本为 s 的标签，s 在标签中左对齐
JLabel(String s, int align)	构造方法，参数 align 标明标签 s 的对齐方式，由常量 JLabel.LEFT、JLabel.CENTER、JLabel.RIGHT 确定

续表

方法	功能
void setText(String text)	设置当前标签的文本
String getText()	获取当前标签的文本

12.3.3 JTextField

JTextField 是文本框组件，用于输入或编辑单行文本，常用方法如表 12-6 所示。

表 12-6 JTextField 的常用方法

方法	功能
JTextField()	构造方法，创建空文本框
JTextField(int cols)	构造方法，创建具有指定列数的空文本框
JTextField(String text)	构造方法，创建显示指定初始字符串的文本框
JTextField(String text, int cols)	构造方法，创建具有指定列数并显示指定初始字符串的文本框
void setText(String text)	设置当前文本框的内容
String getText()	获取当前文本框的内容
void setEditable(boolean flag)	设置文本框是否可编辑

12.3.4 JTextArea

JTextArea 是文本区组件，用于输入或编辑多行文本，常用方法如表 12-7 所示。

JTextArea

表 12-7 JTextArea 的常用方法

方法	功能
JTextArea()	构造方法，创建空文本区
JTextArea(String text)	构造方法，创建显示指定初始字符串的文本区
JTextArea(int rows, int cols)	构造方法，创建具有指定行数和列数的空文本区
JTextArea(String text, int rows, int cols)	构造方法，构造具有指定行数和列数并显示指定初始字符串的文本区
void setText(String text)	设置当前文本区的内容
String getText()	获取当前文本区的内容
void setEditable(boolean flag)	设置文本区是否可编辑

【例 12-4】向 JFrame 中添加中间容器 JPanel，并给 JPanel 添加标签、文本框和按钮。

（源代码：TestComponent1.java）

```
package ch12;
import javax.swing.*;
class Frame_c extends JFrame {
    public void init() {
        JLabel label = new JLabel("请输入数值: ");
        JTextField tf = new JTextField("0", 12);
        JButton btn = new JButton("计算平方");
        JPanel panel = new JPanel();   // 创建 Jpanel
        panel.add(label);
        panel.add(tf);                 // 给 JPanel 添加文本框
        panel.add(btn);                // 给 JPanel 添加按钮
        this.setTitle("组件测试");
        this.add(panel);               // 在顶层容器中添加中间容器
        this.setSize(400, 160);
        this.setVisible(true);
```

```
            this.setDefaultCloseOperation(JFrame.EXIT_ON_CLOSE);
        }
    }
    public class TestComponent1 {
        public static void main(String[] args) {
            new Frame_c().init();
        }
    }
```

程序运行结果如图 12-4 所示。

可以看出，Java 图形用户界面主要是通过应用 add()方法向容器中添加组件构建而成的。如果向窗体或中间容器中添加多个组件，会涉及多个组件如何摆放的问题，这是布局管理的内容。

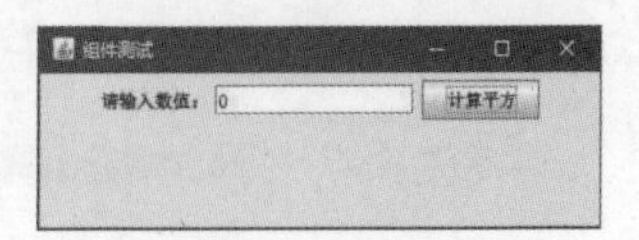

图 12-4　向窗体中添加面板及组件

12.3.5　JCheckBox 和 JRadioButton

JCheckBox 和 JRadioButton 两个组件提供两种状态：选中或未选中，用户可通过单击该组件切换状态。构造方法形式与 JButton 类似，其主要方法是 boolean isSelected()方法，返回按钮的当前状态，true 表示选中，false 表示未选中。

多个同类型按钮可以组成按钮组。创建按钮组需要使用 ButtonGroup 类，按钮组中的多个按钮最多有一个被选中。下述程序把按钮 b1、b2 合并为一个组：

JCheckBox 和 JRadioButton

```
    JRadioButton b1 = new JRadioButton ("button1");
    JRadioButton b2 = new JRadioButton ("button2");
    ButtonGroup g = new ButtonGroup();
    g.add(b1); g.add(b2);
```

【例 12-5】向 JFrame 中添加 JCheckBox 和 JRadioButton。　　（源代码：TestButtonGroup.java）

```
    package ch12;
    import java.awt.*;
    import javax.swing.*;
    import javax.swing.border.*;
    class Frame_d extends JFrame {
        JCheckBox c1 = new JCheckBox("复选框 1");
        JCheckBox c2 = new JCheckBox("复选框 2");
        JRadioButton r1 = new JRadioButton("单选按钮 1");
        JRadioButton r2 = new JRadioButton("单选按钮 2");
        JRadioButton r3 = new JRadioButton("单选按钮 3");
        JTextField tf = new JTextField(20);                     // 用于显示结果的文本框
        public void init() {
            JPanel p1 = new JPanel();
            JPanel p2 = new JPanel();
            JPanel p3 = new JPanel();
            p1.add(c1);
            p1.add(c2);
            Border etched = BorderFactory.createEtchedBorder();  // 定义边框风格
            Border border = BorderFactory.createTitledBorder(etched, "独立按钮");
            p1.setBorder(border);                                // 设置边框
            p2.add(r1);
            p2.add(r2);
            p2.add(r3);
            border = BorderFactory.createTitledBorder(etched, "按钮组");
            p2.setBorder(border);                                // 设置边框
            ButtonGroup g = new ButtonGroup();// 创建 ButtonGroup 按钮组，并在组中添加按钮
            g.add(r1);
            g.add(r2);
            g.add(r3);
            p3.add(tf);
            border = BorderFactory.createTitledBorder(etched, "选择结果");
            p3.setBorder(border);
            setLayout(new GridLayout(0, 1));
            this.add(p1);
```

```
        this.add(p2);
        this.add(p3);
        pack();
        setVisible(true);
    }
}
public class TestButtonGroup {
    public static void main(String args[]) {
        new Frame_d().init();
    }
}
```

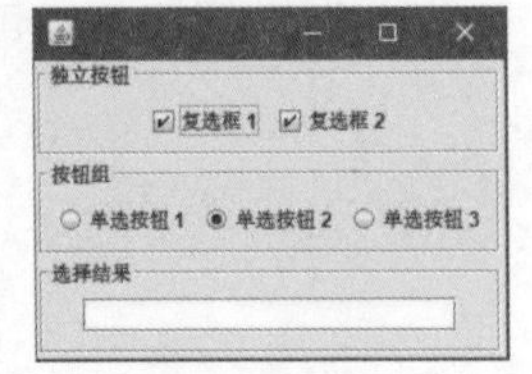

图 12-5 向 JFrame 中添加 JCheckBox 和 JRadioButton

程序运行结果如图 12-5 所示。

12.3.6 JComboBox

JComboBox 是组合框组件，它有不可编辑和可编辑两种形式。对于不可编辑的 JComboBox，用户只能在已有的选项中选择；而对于可编辑的 JComboBox，用户既可以在已有选项中选择，也可以输入新的内容。JComboBox 常用的构造方法如表 12-8 所示。

JComboBox

表 12-8 JComboBox 常用的构造方法

方法	功能
JComboBox()	创建一个没有任何可选项的组合框
JComboBox(Object[] items)	根据 Object 数组创建组合框，数组中的元素即组合框中的可选项
JComboBox(Vector<?> items)	根据 Vector 对象创建组合框，Vector 类中的元素即组合框中的可选项

JComboBox 还有 addItem(Object anObject)、removeItem(Object anObject)、insertItemAt (Object anObject,int index)等方法，通常用在事件处理中。

【例 12-6】编写程序，要求实现如下功能：用户在组合框中选择时，被选中的选项（字符串）显示在右侧的文本框中。（源代码：TestJComboBox.java）

```
package ch12;
import javax.swing.*;
class Frame_e extends JFrame {
    JComboBox jcb1;
    JTextField tf = new JTextField(10);
    public void init() {
        String[] itemList = {"One", "Two", "Three", "Four", "Five"};
        jcb1 = new JComboBox(itemList);
        JPanel p = new JPanel();
        p.add(jcb1);
        p.add(tf);
        this.add(p);
        this.setTitle("组合框测试");
        this.setSize(240,160);
        this.setVisible(true);
    }
}
public class TestJComboBox {
    public static void main(String args[]) {
        new Frame_e().init();
    }
}
```

图 12-6 向窗体中添加 JComboBox

例 12-6 只实现了组合框测试的窗口界面，单击组合框选项的事件处理在 12.5 节完成。程序运行结果如图 12-6 所示。

12.4 布局管理器

向容器中添加组件时，需要给出组件的坐标位置。当容器大小变化后可能还要重新计算组件的位置，以适应窗口的变化。Java 支持这种界面生成方法，但更多的是使用布局管理器，由 JDK 的布局类根据规则自动计算各个组件的位置。Java 常用的布局管理器有流布局（FlowLayout 类）、边界布局（BorderLayout 类）、网格布局（GridLayout 类）、卡片布局（CardLayout 类）、盒布局（BoxLayout）等。

使用布局管理器添加组件的一般步骤如下。

① 创建布局管理器对象。

② 通过 setLayout()方法为容器设置布局管理器。

③ 向容器内添加各种组件。

流布局

12.4.1 流布局

FlowLayout 类创建的对象称为流布局。这种布局的基本规则是：将组件逐个安放在容器中的一行上，一行放满后就另起一个新行。它不强行设定组件的大小，而是允许组件拥有它们自己所希望的尺寸。JPanel 的默认布局管理器就是 FlowLayout 类。FlowLayout 类的常用方法如表 12-9 所示。

表 12-9 FlowLayout 类的常用方法

方法	功能
FlowLayout()	构造方法
FlowLayout(int align)	构造方法，参数 align 是对齐方式的可选项，取值有 FlowLayout.LEFT、FlowLayout.RIGHT 和 FlowLayout.CENTER 等 3 种形式
FlowLayout(int align, int hgap, int vgap)	构造方法，参数 align 含义同上，参数 hgap 和 vgap 用于设定组件的水平间距和垂直间距
void setHgap(int hgap)	设定组件的水平间距
void setVgap(int vgap)	设定组件的垂直间距

【例 12-7】FlowLayout 类的应用。（源代码：TestFlowLayout.java）

```
package ch12;
import java.awt.*;
import javax.swing.*;
public class TestFlowLayout extends JFrame {
    public static void main(String[] args) {
        new TestFlowLayout().init();
    }
    public void init() {
        FlowLayout f = new FlowLayout(FlowLayout.CENTER, 10, 10);
        setLayout(f);                          // 为 JFrame 设置布局
        add(new JTextField("Red"));            // 添加 5 个 JTextField
        add(new JTextField("Yellow"));
        add(new JTextField("Blue"));
        add(new JTextField("White"));
        add(new JTextField("Black"));
        setSize(200, 100);
        setVisible(true);
    }
}
```

程序运行结果如图 12-7 所示。应用流布局时，组件大小不随窗口大小的改变而改变。

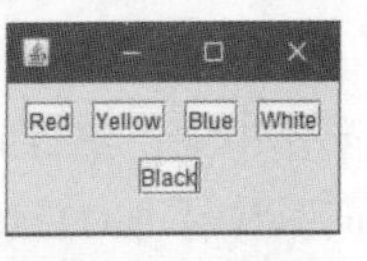

图 12-7 流布局

12.4.2 边界布局

BorderLayout 类创建的布局对象称为边界布局。这种布局的基本规则是：将窗口按照地图的方位分为东、南、西、北、中 5 个方向，这样可以指定将组件放在哪个方向。BorderLayout 类是 JFrame 的默认布局管理器，常用的构造方法如下：

```
BorderLayout();
BorderLayout(int hgap, int vgap);
```

其中，参数 hgap 和 vgap 分别表示组件左右、上下间隔多少像素。

【例 12-8】 BorderLayout 类的应用。（源代码：TestBorderLayout1.java）

```
package ch12;
import javax.swing.*;
import java.awt.*;
public class TestBorderLayout1 extends JFrame {
    public static void main(String[] args) {
        new TestBorderLayout().init();
    }
    public void init() {
        setLayout(new BorderLayout());                          // 设置布局管理器
        add(new JTextField("Black"), BorderLayout.NORTH);       // 添加到北部
        add(new JTextField("Red"), BorderLayout.SOUTH);         // 添加到南部
        add((new JTextField("Yellow")), BorderLayout.WEST);     // 添加到西部
        add(new JTextField("Blue"), BorderLayout.EAST);         // 添加到东部
        add(new JTextField("White"), BorderLayout.CENTER);      // 添加到中部
        setSize(300, 200);
        setVisible(true);
    }
}
```

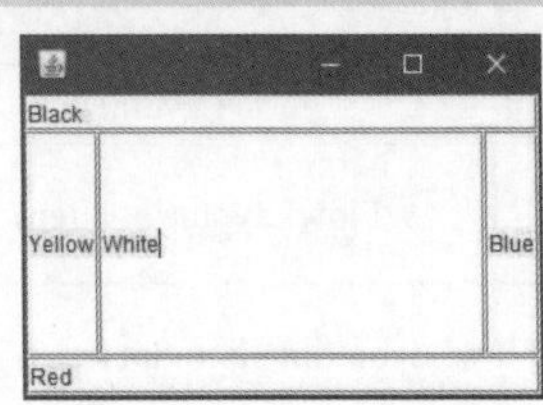

图 12-8　边界布局

程序运行结果如图 12-8 所示。在边界布局管理器中，组件大小会随窗口大小的改变而改变。如果某一个方向没有放置组件，其相邻的组件将会扩展并占据其空间。由于 Borderlayout 类是 JFrame 的默认布局管理器，所以删除 init()方法中的第一行后，程序的运行结果与未删除时是相同的。

【例 12-9】 应用边界布局实现聊天窗口。（源代码：TestBorderLayout2.java）

```
import java.awt.*;
import javax.swing.*;
class Frame_f extends JFrame {
    public Frame_F(String name) {
        super(name);
    }
    public void init() {
        JPanel p = new JPanel();                                // 中间容器 JPanel
        p.add(new JTextField(10));
        p.add(new JButton("发送"));
        this.add(new JTextArea(), BorderLayout.CENTER);
        this.add(p, BorderLayout.SOUTH);
        this.setSize(300, 200);
        this.setVisible(true);
    }
}
public class TestBorderLayout2 {
    public static void main(String[] args) {
        new Frame_f("聊天窗口程序").init();
    }
}
```

图 12-9　聊天窗口程序界面

例 12-9 中，为顶层容器 JFrame 设置边界（默认）布局，JTextArea 加在窗体中央，JPanel 容器置于窗口下方，JPanel 的布局为流布局（默认），向其中添加 JTextField 及 JButton。程序运行结果如图 12-9 所示。

在构建图形用户界面时，如果无法直接用一个布局管理器完成整个界面设计，可以先用中间容器及组件按某个布局管理器完成一级界面，然后完成二级界面、三级界面……直到最后完成完整的界面。

12.4.3 网格布局

GridLayout 类创建的布局对象称为网格布局。其基本规则是将窗口分为 *m* 行 *n* 列的网格，按照从左至右、自上而下的方式依次放入组件。GridLayout 类的常用方法如表 12-10 所示。

表 12-10 GridLayout 类的常用方法

方法	功能
GridLayout()	构造方法，创建一个只有一行的网格，网格的列数根据实际需要而定
GridLayout(int rows, int cols)	构造方法，rows 和 cols 两个参数分别指定网格的行数和列数。rows 和 cols 中的一个值可以为 0，但不能两个都是 0。如果其中一个值为 0，那么网格行（列）数将根据实际需要而定
GridLayout(int rows, int cols, int hgap, int vgap)	构造方法，参数 hgap 和 vgap 分别表示网格的水平间距和垂直间距
void setRows(int rows)	设定网格行数
void setColumns(int cols)	设定网格列数
void setHgap(int hgap)	设定网格水平间距
void setVgap(int vgap)	设定网格垂直间距

例如，把例 12-7 中的 init()方法：

```
FlowLayout f = new FlowLayout(FlowLayout.CENTER, 10, 10);
```

修改为：

```
GridLayout f = new GridLayout(2, 3);
```

则建立了 2 行 3 列的网格布局，程序运行结果如图 12-10 所示。应用网格布局管理器时，组件大小随窗口大小的改变而改变。

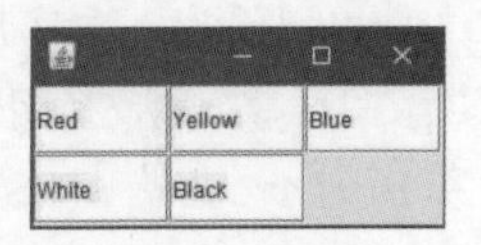

图 12-10 2 行 3 列的网格布局

12.4.4 卡片布局

CardLayout 类创建的布局对象称为卡片布局。这种布局的基本规则是：将各个界面叠加在一起，每添加一个组件，都用字符串为其指定一个名字。CardLayout 类的常用方法如下。

① CardLayout()方法，用于建立卡片布局对象。

② void show(Container c,String name)方法，用于在容器 c 上显示名称为 name 的卡片。

【例 12-10】卡片布局的应用。（源代码：TestCardLayout.java）

```
package ch12;
import javax.swing.*;
import java.awt.*;
public class TestCardLayout extends JFrame {
    public static void main(String[] args) {
        new TestCardLayout().init();
    }
    public void init() {
        CardLayout card = new CardLayout();          // 创建卡片布局管理器
        setLayout(card);                             // 为 JFrame 设置布局管理器
        add(new JTextField("Red"), "red");           // 添加组件
        add(new JButton("Green"), "green");
        add(new JLabel("Blue"), "blue");
        card.show(this.getContentPane(), "green");   // 显示名字为“green”的卡片
        setSize(200, 240);
        setVisible(true);
    }
}
```

程序运行结果如图 12-11 所示。需要注意的是，显示名字为“green”的卡片语句是 card.show(this.getContentPane(),"green")，不是 card.show(this,"green")。这是因为 JFrame 包括标题区容器和内容面板区容器两部分，所加的子控件是加在内容面板上的，因此必须用 getContentPane()方法获取内容面板容器。

切换到其他卡片页面需要通过事件处理来完成。

图 12-11　卡片布局界面

12.4.5　盒布局

BoxLayout 类创建的布局对象称为盒布局。这种布局的基本规则是：将容器中的组件按水平方向排成一行或按垂直方向排成一列。当组件排成一行时，每个组件可以有不同的宽度；当组件排成一列时，每个组件可以有不同的高度。BoxLayout 类常用的构造方法为 BoxLayout(Container c, int axis)方法，用于在容器 c 上建立 x 轴或 y 轴方向上的盒布局，参数 axis 可以是常量 BoxLayout.X_AXIS 或 BoxLayout.Y_AXIS。

盒布局

例如，把例 12-7 中的 init()方法第 1 行：

```
FlowLayout f = new FlowLayout(FlowLayout.CENTER, 10, 10);
```

修改为如下程序：

```
BoxLayout f = new BoxLayout(this.getContentPane(),BoxLayout.X_AXIS);
```

其余程序不变，运行结果如图 12-12 所示。

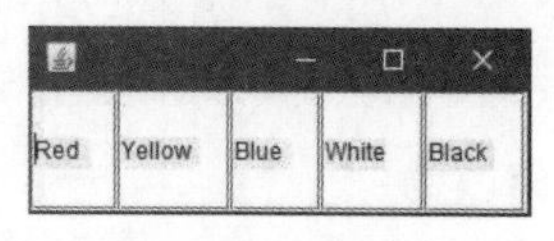

图 12-12　盒布局

可以看出，盒布局类似于流布局，但有下面特点。

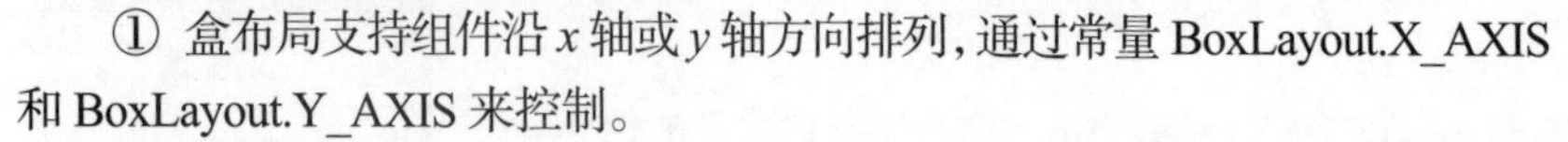

① 盒布局支持组件沿 x 轴或 y 轴方向排列，通过常量 BoxLayout.X_AXIS 和 BoxLayout.Y_AXIS 来控制。

② 盒布局的组件互相靠在一起，BoxLayout 类里没有明显操作组件水平间距或垂直间距的方法。

为此，JDK 提供了更完善的盒布局容器，其中包括设置组件间相对距离的方法，常用方法如表 12-11 所示。

表 12-11　盒布局容器的常用方法

方法	功能
static Box createHorizontalBox()	创建水平盒布局容器
static Box createVerticalBox()	创建垂直盒布局容器
Component createHorizontalStrut(int width)	创建不可见的高为 0、宽为 width 的组件
Component createVerticalStrut(int height)	创建不可见的高为 height、宽为 0 的组件

【例 12-11】盒布局容器的应用。（源代码：TestBoxLayout2.java）

```
package ch12;
import javax.swing.*;
public class TestBoxLayout2 extends JFrame {
    public static void main(String[] args) {
        new TestBoxLayout2().init();
    }
    public void init() {
        Box box = Box.createHorizontalBox();                    // 创建水平盒布局容器
        box.add(new JTextField("Red"));
        box.add(box.createHorizontalStrut(10));
        box.add(new JTextField("Yellow"));
        box.add(box.createHorizontalStrut(10));
        box.add(new JTextField("BOXlue"));
        box.add(box.createHorizontalStrut(10));
        box.add(new JTextField("White"));
```

```
        box.add(box.createHorizontalStrut(20));
        box.add(new JTextField("BOXlack"));
        this.add(box);                              // 将水平盒布局容器加到 JFrame 中
        this.setSize(300, 100);
        setVisible(true);
    }
}
```

例 12-11 的运行结果如图 12-13 所示。需要指出，Box 是 BoxLayout 类的盒布局容器，不是布局管理器。因此例 12-11 中的 box.createHorizontalStrut(10)不是设置组件水平间距离为 10，而是产生一个控制可视组件间距离的不可见容器，因此必须加到盒布局容器中才起作用，所以是 box.add(box.createHorizontalStrut(10))。

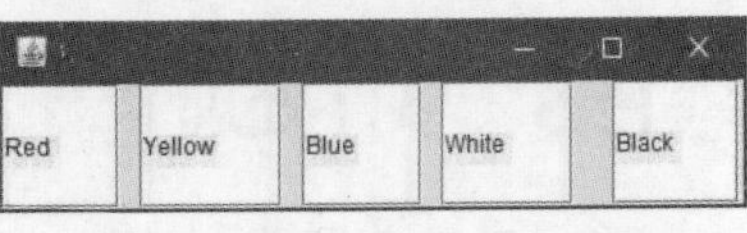

图 12-13　使用盒布局容器的布局

【例 12-12】使用盒布局实现信息输入页面。（源代码：TestBoxLayout3.java）

```
package ch12;
import java.awt.*;
import javax.swing.*;
class Frame_g extends JFrame {
    public void init() {
        Box box1 = Box.createVerticalBox();
        box1.add(new JLabel("学号 "));
        box1.add(box1.createVerticalStrut(10));
        box1.add(new JLabel("姓名 "));
        box1.add(box1.createVerticalStrut(8));
        box1.add(new JLabel("性别 "));
        box1.add(box1.createVerticalStrut(8));
        box1.add(new JLabel("专业 "));
        box1.add(box1.createVerticalStrut(8));
        Box box2 = Box.createVerticalBox();
        box2.add(new JTextField(10));
        box2.add(box2.createVerticalStrut(10));
        box2.add(new JTextField(10));
        box2.add(box2.createVerticalStrut(8));
        box2.add(new JTextField(10));
        box2.add(box2.createVerticalStrut(8));
        box2.add(new JTextField(10));
        box2.add(box2.createVerticalStrut(8));
        this.setLayout(new FlowLayout());
        this.add(box1);
        this.add(box2);
        this.setTitle("信息输入");
        this.setSize(240, 200);
        setVisible(true);
    }
}
public class TestBoxLayout3 {
    public static void main(String[] args) {
        new Frame_g().init();
    }
}
```

例 12-12 将顶层容器 JFrame 设置为流布局，两个垂直盒布局容器 box1 和 box2 依次加入 JFrame。box1 容器加入 4 个 JLabel，box2 加入 4 个 JTextField，程序运行结果如图 12-14 所示。

null 布局

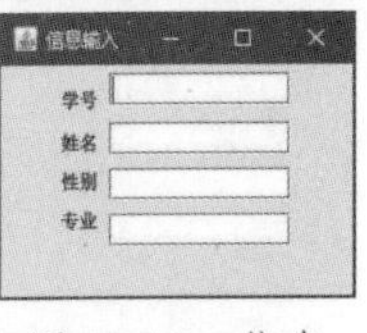

图 12-14　信息输入界面

12.4.6　null 布局

除了以上 5 种布局方式，还可以把容器的布局设置为 null 布局（空布局）。null 布局要求准确地定位组件在容器中的位置和大小。setBounds(int left, int top, int width, int height)方法是所有组件都拥有的一个方法，调用该方法可以设置组件本身的大小和在容器中的位置。参数 left 和 top 表明组件在容器中的左上角坐标，参数 width 和 height 表明组件的宽度和高度。

例如，若 p 是容器对象，添加一个按钮组件的程序如下：

```
p.setLayout(null);                        // 将 p 容器设置为空布局
JButton btn = new JButton("ok");          // 创建按钮对象
p.add(btn);                               // 给 p 容器添加按钮
btn.setBounds(100,100,100,100);           // 按钮在 p 中的坐标是(100,100)，即宽 100、高 100
```

12.5 事件处理

事件（Event）是程序与用户之间的交互行为，如用户在文本框中输入文本、选中复选框、单击按钮等。事件处理是指程序如何响应这些事件。当事件发生时，JDK 会自动捕捉该事件，并生成代表该事件的事件对象，再把事件对象传递给事件处理器（也被称为事件处理程序），从而完成事件响应。

12.5.1 事件处理机制

理解事件处理机制的关键是明确事件、事件源（Event Source）、事件监听器（Event Listener）、处理事件的接口四者的概念及它们之间的关系。

事件处理机制

（1）事件

用户对组件的操作称为事件。事件以类的形式体现，例如，键盘操作的事件是 KeyEvent，鼠标操作的事件是 MouseEvent。

（2）事件源

产生事件的组件对象被称为事件源，如按钮、文本框、组合框等。事件源必须是一个对象，而且这个对象必须是 JDK 认为能够发生事件的对象。

（3）事件监听器

Java 的事件处理遵循委托模型，事件源产生事件，委托“听众”对事件源进行监听，并对发生的事件进行处理。这里的“听众”对象就是事件监听器。事件源通过调用 addXXXListener()方法注册自己的监听器。

例如，为文本框注册监听器的方法是：

```
addActionListener(监听器)
```

为文本框注册监听器后，如果文本框获得输入焦点，用户按下回车键时，JDK 就自动用 ActionEvent 类创建一个事件对象，即发生了 ActionEvent 事件。也就是说，事件注册监听器之后，相应的操作就会触发事件发生，并通知事件监听器做出相应的处理。

（4）处理事件的接口

事件监听器负责监听在事件源上发生的事件。事件监听器是一个对象，由事件处理器来创建，用于完成事件响应。为了让事件处理器能正确处理在事件源上发生的事件，事件处理器必须实现相应的接口，即必须在类中重写接口中的所有方法。这样，当事件源上发生事件时，事件监听器就会自动调用被类重写的接口方法。

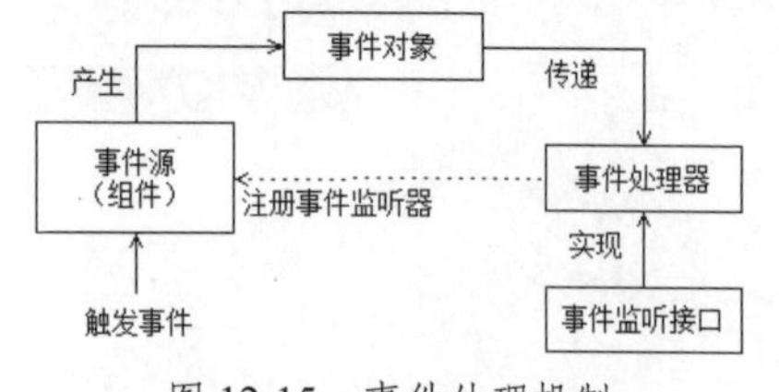

图 12-15 事件处理机制

事件监听器必须和专用于处理事件的方法绑定。为了达到此目的，要求事件处理器必须实现 JDK 规定的接口，该接口定义了处理事件的方法。

Java 的事件处理机制如图 12-15 所示。

12.5.2 事件处理的类、接口及响应方法

事件处理的类、接口及响应方法

事件处理框架是由 JDK 完成的，JDK 对消息的响应形式是固定的。不同事

件源会产生多种事件，JDK 对这些事件进行分类，每个类对应特定的方法，定义在不同的接口中，用户只要按规则实现接口中定义的方法就可以了。事件处理的类、接口及响应方法如表 12-12 所示。

表 12-12　事件处理的类、接口及响应方法

事件类别	接口名称	方法
Action 事件	ActionListener	actionPerformed(ActionEvent)
Item 事件	ItemListener	itemStateChanged(ItemEvent)
Mouse 事件	MouseListener	mousePressed(MouseEvent)
		mouseReleased(MouseEvent)
		mouseEntered(MouseEvent)
		mouseExited(MouseEvent)
		mouseClick(MouseEvent)
Mouse Motion 事件	MouseMotionListener	mouseDragged(MouseEvent)
		mouseMoved(MouseEvent)
Key 事件	KeyListener	keyPressed(KeyEvent)
		keyReleased(KeyEvent)
		keyTyed(KeyEvent)
Focus 事件	FocusListener	focusGained(FocusEvent)
		focusLost(FocusEvent)
Adjustement 调整	AdjustmentListener	adjustmentValueChanged(AdjustmentEvent)
Window 事件	WindowListener	windowClosing(WindowEvent)
		windowOpened(WindowEvent)
		windowIconified(WindowEvent)
		windowDeiconified(WindowEvent)
		windowClosed(WindowEvent)
		windowActivated(WindowEvent)
		windowDeactivated(WindowEvent)
Component 事件	ComponentListener	componentMoved(ComponentEvent)
		componentHidden(ComponentEvent)
		componentResized(ComponentEvent)
		componentShown(ComponentEvent)
Container 事件	ContainerListener	componentAdded(ContainerEvent)
		componentRemoved(ContainerEvent)
Text 事件	TextListener	textValueChanged(TextEvent)

12.5.3　事件处理器

事件处理器就是事件处理程序，可以由外部类实现，也可以由内部类、匿名类实现。下面介绍如何使用内部类、匿名类和外部类分别实现事件处理器。

【例 12-13】用 JFrame 设计一个窗口，采用流布局向窗口中添加一个“关闭”按钮；当用户单击“关闭”按钮时，关闭应用程序。　（源代码：TestListener1.java）

事件处理器由内部类实现。

事件处理器

```
package ch12;
import java.awt.*;
import java.awt.event.*;
import javax.swing.*;
class Frame_1 extends JFrame {
    public void init() {
        setLayout(new FlowLayout());                    // 设置流布局管理器
        JButton btn = new JButton("关闭");
        BtnMonitor btnMonitor = new BtnMonitor();    // 创建监听器
```

```
        btn.addActionListener(btnMonitor);                    // 给按钮加监听器
        this.add(btn);
        this.setSize(200, 100);
        setVisible(true);
        this.setDefaultCloseOperation(JFrame.EXIT_ON_CLOSE);
    }
    class BtnMonitor implements ActionListener {              // 内部类
        public void actionPerformed(ActionEvent e) {          // 按钮消息响应方法
            System.exit(0);                                   // 关闭应用程序
        }
    }
}
public class TestListener1 {
    public static void main(String[] args) {
        new Frame_1().init();
    }
}
```

按钮主要响应 Action 事件。为 JButton 对象添加监听对象的方法是：

```
void addActionListener(ActionListener);
```

该方法的参数是实现 ActionListener 接口的对象。在例 12-13 中，为按钮 btn 添加监听器的程序如下：

```
btn.addActionListener(btnMonitor);
```

参数 btnMonitor 是内部类 BtnMonitor 的对象，该对象实现了 ActionListener 接口，并在接口中重写了 actionPerformed(ActionEvent)方法。

由于事件处理器实现起来相对简单，并且只使用一次，使用匿名类来实现也是比较好的选择。

【例 12-14】使用匿名类实现例 12-13 中的事件处理器。（源代码：TestListener2.java）

```
package ch12;
import java.awt.*;
import java.awt.event.*;
import javax.swing.*;
class Frame_2 extends JFrame {
    public void init() {
        setLayout(new FlowLayout());                          // 设置流布局管理器
        JButton btn = new JButton("关闭");
        btn.addActionListener(new ActionListener() {          // 匿名类，给按钮加监听器
            public void actionPerformed(ActionEvent e) {
                System.exit(0);
            }
        });
        this.add(btn);
        this.setSize(200, 100);
        setVisible(true);
        this.setDefaultCloseOperation(JFrame.EXIT_ON_CLOSE);
    }
}
public class TestListener2 {
    public static void main(String[] args) {
        new Frame_2().init();
    }
}
```

【例 12-15】使用外部类实现例 12-13 中的事件处理器。（源代码：TestListener3.java）

只要将例 12-13 中的内部类 BtnMonitor 移动到类的外部，就是用外部类实现事件处理。

```
package ch12;
import javax.swing.*;
import java.awt.*;
import java.awt.event.A*;
class Frame_3 extends JFrame {
    public void init() {
```

```
        …// 同例 12-13
    }
}
class BtnMonitor implements ActionListener {          // 外部类
    public void actionPerformed(ActionEvent e) {
        System.exit(0);
    }
}
public class TestListener3 {
    public static void main(String[] args) {
        new Frame_3().init();
    }
}
```

对于使用内部类、匿名类实现的事件处理器来说，它们都共享当前类的所有成员；如果使用外部类实现事件处理器，要解决当前类与外部类之间的通信问题。因此选择哪种实现方法要具体问题具体分析。

12.5.4 事件监听方式

在图形用户界面中，当用户触发事件时，事件监听器对象负责监听和处理。可以使用一个监听器对象监听多个事件源，一个事件源也可以被不同的监听器来监听。

【例 12-16】为两个按钮注册一个监听器。（源代码：CopyText1.java）

图 12-16 的窗口中包括两个按钮，分别是“Copy”和“Clear”，两个文本框用于输入初始文本和复制后的目标文本，文本框的名称表明了文本框的功能。单击“Copy”按钮，实现文本复制功能；单击“Clear”按钮，清除文本框内容。为两个按钮组件创建一个监听器 Monitor，该监听器是由内部类实现的。

事件监听方式

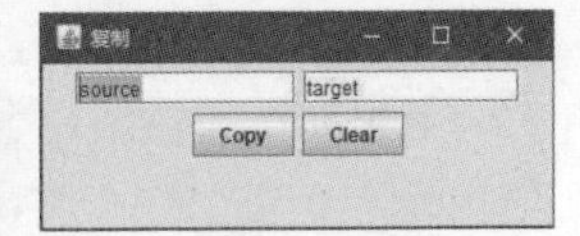

图 12-16 文本框内容复制和清除

```
package ch12;
import javax.swing.*;
import java.awt.*;
import java.awt.event.*;
public class CopyText1 extends JFrame {
    JTextField tf1;
    JTextField tf2;
    CopyText1(String title) {
        super(title);
        JButtonb tn1 = new JButton("Copy");
        JButtonb tn2 = new JButton("Clear");
        tf1 = new JTextField(12);
        tf1.setText("source");
        tf2 = new JTextField(12);
        tf2.setText("target");
        add(tf1);
        add(tf2);
        add(btn1);
        add(btn2);
        this.setSize(320, 160);
        this.setLocation(200, 200);
        this.setLayout(new FlowLayout());
        this.setDefaultCloseOperation(JFrame.EXIT_ON_CLOSE);
        this.setVisible(true);
        ActionListener a1 = new Monitor1();             // 创建监听器对象
        btn1.addActionListener(a1);                     // 为按钮创建监听器
        btn2.addActionListener(a1);
    }
    class Monitor1 implements ActionListener {          // 监听器，实现 ActionListener 接口
        @Override
        public void actionPerformed(ActionEvent e) {
            String s = e.getActionCommand();            // 获得按钮标签
```

```
            if (s.equals("Clear")) {
                tf1.setText("");
                tf2.setText("");
            }
            if (s.equals("Copy")) {
                tf2.setText(tf1.getText());
            }
        }
    }
    public static void main(String[] args) {
        new CopyText1("复制");
    }
}
```

在例 12-16 中，还要注意下面的知识点。

（1）getActionCommand()方法和 getSource()方法

“Copy”和“Clear”的功能都在 actionPerformed()方法中实现，这就要求程序员在该方法内分离出“Copy”和“Clear”功能。这个要求可以通过 ActionEvent 类中 getActionCommand()方法的返回值来实现。

getActionCommand()方法的返回值是按钮上显示的文本，也称命令字符串。例 12-16 就是通过 getActionCommand()方法返回的命令字符串来判断按钮功能的。可以看出，如果多个组件都对应相同的 actionPerformed()方法，那么该方法内需要有很多的分支语句，维护起来稍显复杂。

如果两个按钮的命令字符串相同（在编程时有可能出现），那么 getActionCommand()方法返回值相同，会无法区分“Copy”和“Clear”两个按钮，这时可以使用 setActionCommand()方法显式地设置按钮的命令字符串，格式如下所示：

```
btn1.setActionCommand("Copy");     // 设定 btn1 的命令字符串为 Copy
btn1.setActionCommand("Clear");    // 设定 btn2 的命令字符串为 Clear
```

这样，就可以在 actionPerformed()方法中应用 getActionCommand()方法了。例 12-16 中，按钮上显示的文本就是默认的命令字符串，不需要显式地为按钮设定命令字符串。

要区分事件源对象，还可以使用 getSource()方法，该方法返回 Object 类型的事件源对象。使用 getSource()方法的程序如下：

```
public void actionPerformed(ActionEvent e) {
    JButton o1=(JButton) e.getSource();
    if (o1.getText().equals("Clear")) {
        tf1.setText(""); tf2.setText("");
    }
    if (o1.getText().equals("Copy")) {
        tf2.setText(tf1.getText());
    }
}
```

（2）使用多个监听器监听不同的事件源

为每个组件创建一个监听器，不同的监听器对应不同的事件源，层次清晰，也是一种常用的实现方法。例 12-16 为两个按钮分别设计监听器，减少了事件处理器的分支判断。

（3）将组件定义为成员变量

图形用户界面程序不需要把所有组件都定义为成员变量。例 12-16 包括两个按钮和两个文本框，但只将文本框定义为成员变量，这是因为文本框在 init()、actionPerformed()方法中被访问。也就是说，只有那些在多个方法中都可能被用到的组件，才适合被定义为成员变量。

【例 12-17】为一个文本框创建两个监听器。　　　　（源代码：CopyText2.java）

```
package ch12;
import java.awt.*;
import java.awt.event.*;
```

```
import javax.swing.*;
public class CopyText2 extends JFrame {
    JTextField tf1;
    JTextField tf2;
    CopyText2(String title) {
        super(title);
        tf1 = new JTextField(12);
        tf1.setText("source");
        tf2 = new JTextField(12);
        tf2.setText("target");
        JButton btn = new JButton("Copy");
        add(tf1);
        add(tf2);
        add(btn);
        this.setSize(320, 160);
        this.setLocation(200, 200);
        this.setLayout(new FlowLayout());
        this.setDefaultCloseOperation(JFrame.EXIT_ON_CLOSE);
        this.setVisible(true);
        ActionListener a1 = new Monitor1();
        btn.addActionListener(a1);
        tf1.addActionListener(a1);
        tf1.addMouseListener(new Monitor2());
    }
    class Monitor1 implements ActionListener {
        @Override
        public void actionPerformed(ActionEvent e) {
            tf2.setText(tf1.getText());
        }
    }
    class Monitor2 implements MouseListener {
        @Override
        public void mouseClicked(MouseEvent e) {
        }
        @Override
        public void mousePressed(MouseEvent e) {
        }
        @Override
        public void mouseReleased(MouseEvent e) {
        }
        @Override
        public void mouseEntered(MouseEvent e) {
            tf2.setBackground(Color.lightGray);
        }
        @Override
        public void mouseExited(MouseEvent e) {
            tf2.setBackground(Color.white);
        }
    }
    public static void main(String[] args) {
        new CopyText2("复制");
    }
}
```

例 12-17 为文本框 tf1 创建了 ActionListener 和 MouseListener 两个监听器。ActionListener 监听器的作用是：当在 tf1 中输入文本并按下回车键后，tf1 中的内容会复制到 tf2 中。MouseListener 监听器的作用是，当鼠标进入 tf1 时，tf2 背景为浅灰色；当鼠标离开 tf1 时，tf2 背景恢复为白色。程序运行结果如图 12-17 所示。

图 12-17　为文本框创建两个监听器

12.6　其他组件

创建图形用户界面还经常使用 JList、JTable、JMenu 等组件，下面分别介绍。

12.6.1 JList

1．JList 的方法

JList 用于创建列表，常用方法如表 12-13 所示。

表 12-13 JList 的常用方法

方法	功能
JList()	构造方法，创建空列表
JList(E[] listData)	构造方法，创建列表，列表的选项由数组 listData 指定
JList(ListModel<E> dataModel)	构造方法，使用 ListModel 创建列表
JList(Vector<? extends E> listData)	构造方法，创建列表，列表的选项由 Vector 型参数 listData 指定
int getSelectedIndex()	返回选中项的索引值
void setSelectedIndex(int index)	设置某个选项被选中
E getSelectedValue()	返回选中项的对象
void setListData(E[] listData)	用数组设置列表数据
List<E> getSelectedValuesList()	返回多个选项的列表
void setSelectionMode(int mode)	设置列表的选择模式

在 setSelectionMode(int mode) 方法中，参数 mode 取值如下：

```
ListSelectionModel.SINGLE_SELECTION                // 只能进行单项选择
ListSelectionModel.SINGLE_INTERVAL_SELECTION       // 可多项选择，但多个选项必须是连续的
ListSelectionModel.MULTIPLE_INTERVAL_SELECTION     // 可多项选择，多个选项可以是间断的。
                                                      这是选择模式的默认值
```

在 JList 上执行选择操作将引发 ListSelectionEvent 事件，对应的接口是 ListSelectionListener，该接口定义了一个方法：

```
public void valueChanged(ListSelectionEvent e)
```

需要注意的是，ListSelectionEvent 类、ListSelectionListener 接口均在 javax.swing.event 包下，并不是 java.awt.event 包。

【例 12-18】JList 组件的应用。 （源代码：TestJList.java）

```
package ch12;
import javax.swing.*;
import javax.swing.event.*;
import java.awt.*;
class Frame_h extends JFrame {
    JList list;
    JTextField tf = new JTextField(10);
    public void init() {
        String[] itemList = {"Monday", "Tuesday", "Wednesday", "Thursday"};
        list = new JList(itemList);
        JPanel panel = new JPanel();
        panel.add(list);
        tf.setBackground(Color.lightGray);
        panel.add(tf);
        this.setTitle("JList 组件");
        this.add(panel);
        this.pack();
        this.setVisible(true);
        this.setDefaultCloseOperation(JFrame.DISPOSE_ON_CLOSE);
```

```
        this.setSize(300, 160);
        this.setLocationRelativeTo(null);
        ListSelectionListener al = new MonitorList();
        list.addListSelectionListener(al);
    }
    class MonitorList implements ListSelectionListener {
        @Override
        public void valueChanged(ListSelectionEvent e) {
            String item = (String) list.getSelectedValue();
            tf.setText(item);
        }
    }
}
public class TestJList {
    public static void main(String args[]) {
        new Frame_h().init();
    }
}
```

用户可在列表框中选择文本，被选中的选项（字符串）会显示在右侧的文本框中，运行效果如图 12-18 所示。

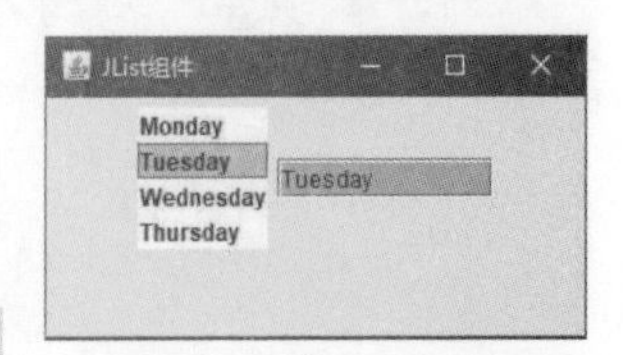

图 12-18　JList 的应用

2．ListModel 接口

JList 有一个构造方法：

```
public JList(ListModel<E> dataModel)
```

该方法的参数 dataModel 是实现了 ListModel 接口的对象。ListModel 接口提供的方法可以很方便地对数组对象或 Vector 对象进行管理（增、删、改），从而实现 JList 选项的增、删、改操作。

如果希望 JList 的选项是可以动态改变的，可以在创建 JList 时提供一个 ListModel 对象。DefaultListModel 是 ListModel 的实现类，它给出了 ListModel 接口的默认实现。在创建 JList 对象时通常使用 DefaultListModel 类，DefaultListModel 类定义在 Swing 包中。

【例 12-19】在 JList 中应用 ListModel 对象。（源代码：TestJListModel.java）

```
package ch12;
import javax.swing.*;
import java.awt.event.*;
import java.awt.*;
class Frame_i extends JFrame {
    JList jlist;
    DefaultListModel dm = new DefaultListModel();    // 数据模型
    ActionListener a = new ActionListener() {        // a 是匿名类的对象，用作监听器
        public void actionPerformed(ActionEvent e) {
            int index = jlist.getSelectedIndex();
            System.out.println(index);
            dm.remove(index);                        // 通过数据模型删除数据
        }
    };
    public void init() {
        String[] itemList = {"Monday", "Tuesday", "Wednesday", "Thursday"};
        for (int i = 0; i < itemList.length; i++)    // 建立模型数据
            dm.addElement(itemList[i]);
        jlist = new JList(dm);
        JButton btn = new JButton("删除");
        setLayout(new FlowLayout());
        add(jlist);
        add(btn);
        this.setSize(280,160);;
        this.setTitle("ListModel 的应用");
        setVisible(true);
        btn.addActionListener(a);
```

```
        }
    }
    public class TestJListModel {
        public static void main(String args[]) {
            new Frame_i().init();
        }
    }
```

例 12-19 的运行结果如图 12-19 所示，选择列表项，再单击删除按钮可以将列表中的数据删除。

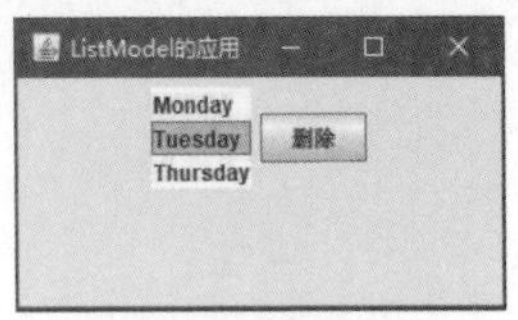

图 12-19　在 JList 中应用 ListModel 对象

【例 12-20】利用 DefaultListModel 类建立数据模型，实现添加和遍历数据。（源代码：TestDefaultListModel.java）

DefaultListModel 实际上是一个数据集合管理类，不要求其必须与 JList 组件在一起应用。

```
package ch12;
import javax.swing.*;
class Person {
    String name;
    int age;
    String sex;
    public Person(String name, int age, String sex) {
        this.name = name;
        this.age = age;
        this.sex = sex;
    }
}
public class TestDefaultListModel {
    public static void main(String args[]) {
        DefaultListModel<Person> dm = new DefaultListModel();      // 建立数据模型
        Person s1 = new Person("zhang", 20, "boy");
        Person s2 = new Person("feng", 22, "girl");
        dm.addElement(s1);                                         // 向数据模型添加数据
        dm.addElement(s2);
        for (int i = 0; i < dm.getSize(); i++) {                   // 遍历数据模型
            Person s = dm.elementAt(i);
            System.out.println("姓名:" + s.name + "\t年龄:" + s.age + "\t性别:" + s.sex);
        }
    }
}
```

例 12-20 是一个在命令行窗口运行的程序，运行结果如下：

```
姓名:zhang    年龄:20    性别:boy
姓名:feng     年龄:22    性别:girl
```

可以看出，例 12-20 与 JList 无关，可以在命令行窗口中使用 DefaultListModel 类实现删除、修改、查询功能。

12.6.2　JTable

JTable

JTable 是 Swing 包中用于显示二维表格的组件。二维表格是一个由多行、多列组成的显示区域，其主要构造方法如表 12-14 所示。

表 12-14　JTable 的主要构造方法

方法	功能
JTable()	创建一个空表格
JTable(int rows, int cols)	创建一个指定行数和列数的表格
JTable(Object[][]data, Object[] colNames)	创建一个表格，表格显示二维数组的所有数据和每一列的名称

续表

方法	功能
JTable(Vector[][]data, Object[] colNames)	创建一个表格，表格显示二维向量的所有数据和每一列的名称
JTable(TableModel tm)	使用指定的数据模型创建一个表格，该数据模型由 TableModel 接口定义

使用表 12-14 的构造方法，可以将二维数据包装成表格。二维数据既可以是二维数组，也可以是二维向量。为了给表格列设置标题，还要传入一维数组作为表格的列标题。

JTable 可响应较多的事件，主要有 MouseEvent、MouseMotionEvent、KeyEvent 等。

【例 12-21】JTable 的应用。 （源代码：TestJTable.java）

```
package ch12;
import javax.swing.*;
class Frame_m extends JFrame {
    Object data[][] = {{"10011", "Java", 48, true}, {"10037", "Python", 52, false},
{"10022", "HTML", 48, false}};
    String titles[] = {"课程号", "课程名", "学时", "考核方式"};  // 列名称
    public void init() {
        JTable t = new JTable(data, titles);
        JScrollPane scrollPane = new JScrollPane(t);
        scrollPane.setAutoscrolls(true);                        // 超出大小后自动出现滚动条
        add(scrollPane);
        this.setTitle("课程信息");
        this.setSize(360, 200);
        this.setLocationRelativeTo(null);
        this.setDefaultCloseOperation(JFrame.EXIT_ON_CLOSE);
        setVisible(true);
    }
}
public class TestJTable {
    public static void main(String args[]) {
        Frame_m frame = new Frame_m();
        frame.init();
    }
}
```

程序运行结果如图 12-20 所示。

例 12-21 为 JFrame 添加了一个表格，表格包括标题和内容两部分。程序定义了表格内容和标题的两个字符串数组，在创建 JTable 时将两组数据以参数的形式传入，利用 JTable 展示了二维数据。这是 JTable 类最基本的应用。

图 12-20　JTable 的应用

与 JList 可以使用 ListModel 接口类似，JTable 也支持 TableModel 接口。一个类只须实现 TableModel 接口，就可以定义自己的表格模型。由于 TableModel 接口定义的方法比较多，为了简化，抽象类 AbstractTableModel 实现了 TableModel 接口。用户使用 TableModel 接口创建表格时，只需创建一个 AbstractTableModel 类的子类，重写所需的方法，并传递给 JTable 的构造方法，就可以创建并操作表格对象了。

菜单组件

12.6.3 菜单组件

菜单是重要的 GUI 组件。每个菜单组件包括一个菜单条，称为 MenuBar；每个菜单条包含多个菜单项，称为 Menu；每个菜单项又包含若干个菜单子项，称为 MenuItem。在 Swing 包中，用户可以使用 JMenuBar、JMenu、JMenuItem 等创建菜单。

JFrame 的 setJMenuBar(JMenuBar menu)方法将菜单置于窗口的上方。菜单组件的主要方法如表 12-15 所示。

表 12-15　菜单组件的常用方法

方法	功能
JMenuBar()	建立一个菜单条
JMenu(String title)	建立一个菜单项
JMenuItem(String text)	构造只显示文本的菜单子项，文本由参数 text 指定
JMenuItem(String text, int mnemonic)	构造一个显示文本并且有快捷键的菜单子项，文本由参数 text 指定，快捷键由参数 mnemonic 指定
void addSeparator()	在当前最后位置添加一个分隔符
void insertSeparator(int index)	在指定索引位置添加分隔符

当菜单条中的菜单项被选中时，将会引发 ActionEvent 事件，因此通常需要为菜单项注册 ActionListener 对象，以便对事件作出反应并执行相应的操作。

【例 12-22】菜单组件的应用。　　（源代码：TestMenu.java）

```
package ch12;
import javax.swing.*;
import java.awt.event.*;
class Frame_k extends JFrame {
    public void init() {
        JMenuBar bar = new JMenuBar();                      // 创建菜单条
        JMenu menu1 = new JMenu("文件");                    // 创建菜单项
        JMenuItem mitem0 = new JMenuItem("选择文件…");      // 创建菜单子项
        JMenuItem mitem1 = new JMenuItem("另存为…", KeyEvent.VK_S);
        JMenuItem mitem2 = new JMenuItem("保存");
        JMenuItem mitem3 = new JMenuItem("退出");
        menu1.add(mitem0);                                  // 为菜单项添加菜单子项
        menu1.add(mitem1);
        menu1.add(mitem2);
        menu1.addSeparator();
        menu1.add(mitem3);
        bar.add(menu1);                                     // 为菜单条添加菜单项
        this.setJMenuBar(bar);                              // 将菜单放在 JFrame 上
        this.setBounds(200,200,360,240);
        this.setTitle("菜单组件");
        this.setVisible(true);
        this.setDefaultCloseOperation(JFrame.DISPOSE_ON_CLOSE);
        mitem3.addActionListener(new ActionListener() {  // 添加监听器
            public void actionPerformed(ActionEvent e) {
                System.exit(0);
            }
        });
    }
}
public class TestJMenu {
    public static void main(String args[]) {
        new Frame_k().init();
    }
}
```

运行效果如图 12-21 所示。

图 12-21　菜单组件的应用

12.7　对话框

对话框是常用的数据操作窗口，它和 JFrame 一样，都是顶层容器，可以独立显示。对话框分为无模式和有模式两种情况。无模式对话框是指当该对话框出现后，仍可切换到其他界面进行操作，可以理解为“并行”操作；有模式对话框也被称为模式对话框，是指当该对话框出现后，不能切换到其他界面，只能在该界面操作结束后，才能进行其他界面的操作，可以理解为“串行”操作。对话框被封装在 JDialog 类中。JDialog 对象可以是有模式，也可以是无模式的，JFrame 对象一般只能是无模式的。

创建用户对话框

12.7.1 创建用户对话框

JDialog 类用于创建自定义对话框，常用的构造方法如下：

```
JDialog(Frame owner, String title, boolean modal);
```

其中，参数 title 指明对话框的标题，boolean 型参数 modal 指明对话框是否为有模式的，参数 owner 是对话框所依赖的窗口。如果 owner 的值为 null，对话框依赖一个默认不可见的窗口。当这个默认不可见的窗口被清除时，对话框也会被清除。

【例 12-23】有模式对话框的应用。（源代码：TestJDialog.java）

```
package ch12;
import javax.swing.*;
import java.awt.*;
import java.awt.event.*;
public class TestJDialog {                                    // 测试类
    public static void main(String[] args) {
        new Frame_n();
    }
}
class Frame_n extends JFrame {                                // 主窗体
    Frame_n() {
        super("MainFrame");
        JButton btn = new JButton("显示对话框");
        this.add(btn);
        this.setSize(360, 240);
        this.setLocationRelativeTo(null);
        this.setVisible(true);
        this.setLayout(new FlowLayout());
        this.setDefaultCloseOperation(JFrame.EXIT_ON_CLOSE);
        btn.addActionListener(new ActionListener() {      // 匿名类，启动对话框
            @Override
            public void actionPerformed(ActionEvent e) {
                new MyDialog(null, "输入数据", true).setVisible(true);
            }
        });
    }
}
class MyDialog extends JDialog {                              // 对话框类
    JTextField pwd = new JTextField(10);
    public MyDialog(Frame f, String s, boolean b) {
        super(f, s, b);
        JPanel p1 = new JPanel();
        p1.add(new JLabel("请输入验证码："));
        p1.add(pwd);
        JButton btn1 = new JButton("提交");
        this.add(p1);
        this.add(btn1);
        this.setLayout(new FlowLayout());
        this.setSize(280, 160);
        this.setLocationRelativeTo(f);
        btn1.addActionListener(new StuMonitor());
    }
    class StuMonitor implements ActionListener {              // 内部类
        @Override
        public void actionPerformed(ActionEvent e) {
```

```
                JOptionPane.showMessageDialog(null, pwd.getText(), "验证码",
                        JOptionPane.INFORMATION_MESSAGE);
            }
        }
}
```

程序的功能是用户在对话框中输入验证码并单击“提交”按钮后，在弹出的消息对话框中显示用户输入的验证码，对话框启动界面如图 12-22 所示。

图 12-22　对话框启动界面

例 12-23 中，主界面 Frame_n 类继承了 JFrame，输入数据对话框 MyDialog 类继承了 JDialog 类。这两个类各自拥有自己的成员，层次清晰，易于维护。

消息对话框由 javax.swing.JOptionPane 类的静态方法 showMessageDialog() 创建，具体程序如下：

```
showMessageDialog(null,result,"输入数据", JOptionPane.INFORMATION_MESSAGE)
```

消息对话框显示了用户输入的验证码数据。

需要注意的是，由于 MyDialog 类是有模式对话框，因此按钮“显示对话框”的消息响应程序应当在对话框显示之前，也就是 setVisible()方法之前。

系统对话框

12.7.2　系统对话框

系统对话框主要包括 JOptionPane 类提供的消息对话框、输入对话框、确认对话框，以及 JFileChooser 类定义的文件对话框和 JColorChooser 类定义的颜色对话框。

1．JOptionPane 类

JOptionPane 类提供了一系列重载方法，用于创建消息对话框、输入对话框和确认对话框，3 类对话框均是有模式对话框。创建对话框的主要方法如下：

```
static void showMessageDialog(Component parentComponent, Object message,
                              String title, int messageType);    // 消息对话框
public static String showInputDialog(Component parentComponent,Object message,
                              String title, int messageType)     // 输入对话框
static int showConfirmDialog(Component parentComponent, Object message,
                              String title, int optionType)      // 确认对话框
```

上述方法均为静态方法。通常，消息对话框在用户进行一些重要操作之前弹出，确认对话框在用户进行一些操作之后弹出，输入对话框用于相对简单的数据输入。

（1）方法参数

创建对话框的 showXXX()方法中，参数 parentComponent 指定对话框可见时的位置。如果为 null，对话框会在屏幕中央显示；如果不为 null，会在组件 parentComponent 内居中显示。参数 title 用于显示对话框标题，参数 message 是显示的消息。

消息对话框和输入对话框的参数 messageType 指明消息类型，取值是 JOptionPane 的类常量，包括 WARNING_MESSAGE、INFORMATION_MESSAGE、ERROR_MESSAGE、QUESTION_MESSAGE、PLAIN_MESSAGE。

确认对话框的参数 optionType 的值是 JOptionPane 的类常量，包括 YES_NO_CANCEL_OPTION、YES_NO_OPTION、OK_CANCEL_OPTION。这些类常量用来确定对话框的外观。

（2）方法返回值

消息对话框仅给提示信息，无返回值；输入对话框的返回值是输入的字符串；确认对话框的返回值是 JOptionPane 的静态常量 YES、NO 或 CANCEL。

【例 12-24】输入对话框和消息对话框的应用。　　　（源代码：TestInputDialog.java）

```
package ch12;
import java.awt.event.*;
```

```
import java.awt.*;
import javax.swing.*;
public class TestInputDialog {
    public static void main(String args[]) {
        Frame_p win = new Frame_p();
        win.setTitle("输入对话框");
        win.setBounds(180, 180, 300, 240);
    }
}
class Frame_p extends JFrame implements ActionListener {
    Frame_p() {
        JButton btn = new JButton("弹出输入对话框");
        add(btn, BorderLayout.CENTER);
        btn.addActionListener(this);
        setVisible(true);
        setDefaultCloseOperation(JFrame.EXIT_ON_CLOSE);
    }
    public void actionPerformed(ActionEvent e) {
        String str = JOptionPane.showInputDialog(this, "输入数字,计算平方", "输入对话框",
                JOptionPane.PLAIN_MESSAGE);
        if (str != null) {
            double t = Double.parseDouble(str) * Double.parseDouble(str);
            String message = str + " 平方= " + t;
            JOptionPane.showMessageDialog(this,message,"结果",
 JOptionPane.PLAIN_MESSAGE);
        }
    }
}
```

在例 12-24 中，用户单击按钮弹出输入对话框，在输入对话框中输入一个数字后，如果单击输入对话框上的“确定”按钮，程序将计算该数字的平方，并通过消息对话框显示计算结果。例 12-24 的运行结果如图 12-23 所示。

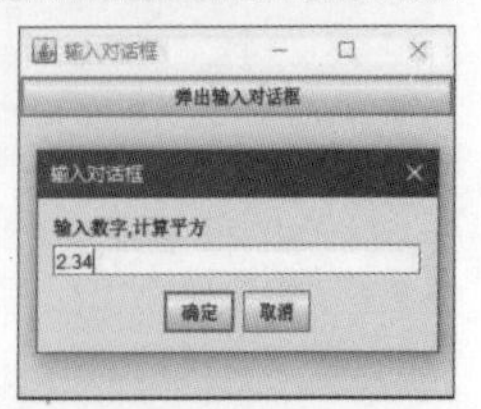

图 12-23　例 12-24 的运行结果

2．JFileChooser 类

javax.swing 包中的 JFileChooser 类用于创建不可见的有模式文件对话框。文件对话框是一个选择文件的界面，JFileChooser 类的常用方法如表 12-16 所示。

表 12-16　JFileChooser 类的常用方法

方法	功能
JFileChooser()	初始目录是操作系统的默认目录
JFileChooser(File current)	初始目录是 current
int showOpenDialog(Component parent)	显示打开文件对话框
int showSaveDialog(Component parent)	显示保存文件对话框
int showDialog(Component parent，String s)	显示命名为 s 的文件对话框
File getSelectedFile()	返回选中的文件对象

显示文件对话框的 showXXX()方法的返回值是 JFileChooser 定义的静态类常量之一：APPROVE_ OPTION 或 CANCEL_OPTION。

如果要设定文件对话框的显示文件类型，如扩展名是.txt 的文本文件，可以使用 FileNameExtensionFilter 类事先创建一个对象。例如：

```
FileNameExtensionFilter filter = new FileNameExtensionFilter("文本文件","txt") ;
```

文件对话框对象调用 setFileFilter(FileNameExtensionFilter filter)方法，设置文件类型为参数指定的类型即可，例如：

```
chooser.setFileFilter(filter);
```

【例 12-25】使用文件对话框打开文件。（源代码：TestFileDialog.java）

```
package ch12;
import javax.swing.*;
import javax.swing.filechooser.FileNameExtensionFilter;
import java.awt.*;
import java.awt.event.*;
import java.io.*;
import java.util.Scanner;
public class TestFileDialog {
    public static void main(String args[]) {
        Frame_q win = new Frame_q();
    }
}
class Frame_q extends JFrame implements ActionListener {
    JFileChooser fileDialog;
    JButton btnSave, btnOpen;
    JTextArea text;
    Frame_q() {
        init();
        setTitle("使用文件对话框读写文件");
        setSize(300, 400);
        setVisible(true);
        setDefaultCloseOperation(JFrame.EXIT_ON_CLOSE);
    }
    void init() {
        btnSave = new JButton("保存对话框");
        btnOpen = new JButton("打开对话框");
        JPanel panel = new JPanel();
        panel.add(btnOpen);
        panel.add(btnSave);
        text = new JTextArea(10, 10);
        text.setFont(new Font("楷体_gb2312", Font.PLAIN, 14));
        this.add(panel, BorderLayout.NORTH);
        add(new JScrollPane(text), BorderLayout.CENTER);
        btnSave.addActionListener(this);
        btnOpen.addActionListener(this);
        fileDialog = new JFileChooser();
        FileNameExtensionFilter filter = new FileNameExtensionFilter("文本文件", "txt");
        fileDialog.setFileFilter(filter);
    }
    public void actionPerformed(ActionEvent e) {
        if (e.getSource() == btnSave) {
            int state = fileDialog.showSaveDialog(this);
            if (state == JFileChooser.APPROVE_OPTION) {
                File dir = fileDialog.getCurrentDirectory();
                String name = fileDialog.getSelectedFile().getName();
                text.setText(null);
                text.append("目录: " + dir.getAbsolutePath() + "\n");
                text.append("文件名: " + name);
            }
        } else if (e.getSource() == btnOpen) {
            int state = fileDialog.showOpenDialog(this);
            if (state == JFileChooser.APPROVE_OPTION) {
                text.setText(null);
                try {
                    File dir = fileDialog.getCurrentDirectory();
                    String name = fileDialog.getSelectedFile().getName();
                    File file = new File(dir, name);
                    Scanner sc = new Scanner(file);
                    while (sc.hasNextLine()) {
                        text.append(sc.nextLine() + "\n");
                    }
                } catch (IOException ee) {
                    ee.printStackTrace();
```

```
                }
            }
        }
    }
}
```

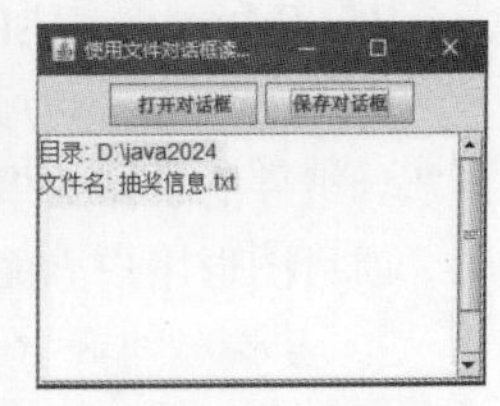

图 12-24 例 12-25 的运行结果

例 12-25 中，单击“打开对话框”按钮执行打开文件操作时，默认打开文本文件，并显示在白色的文本区中；单击“保存对话框”按钮执行保存文件操作时，将选择的文件目录和文件名显示在文本区中。运行结果如图 12-24 所示。

3．JColorChooser 类

javax.swing 包中的 JColorChooser 类使用静态方法创建一个有模式的颜色对话框，方法描述如下：

```
public static Color showDialog (Component component,String title,Color initialColor)
```

其中，参数 component 指定颜色对话框可见时的位置，参数 title 指定对话框的标题，参数 initialColor 指定颜色对话框返回的初始颜色。

用户通过颜色对话框选择颜色后，如果单击“确定”按钮，那么颜色对话框将消失，showDialog() 方法返回对话框所选择的颜色对象；如果单击“撤销”按钮或关闭图标，那么颜色对话框将消失，showDialog()方法返回 null。

12.8 项目实践：可视化随机抽奖系统的图形用户界面

本章主要完成可视化随机抽奖系统的图形用户界面，设计完成的界面如图 12-25 所示。其中，中部的获奖者电话号码由事件处理器生成。可视化随机抽奖系统的事件处理功能将在第 14 章实现。

项目实践：可视化随机抽奖系统的图形用户界面

程序中使用了嵌套的页面布局，设计了页面背景及字体属性，并应用了 FileChooser、ImageIcon、Font 等类。

1．页面布局

抽奖页面采用边界布局，并嵌套了网格布局和流布局，如图 12-26 所示。BorderLayout.NORTH 部分显示中奖信息和抽奖电话号码；BorderLayout.CENTER 部分显示“继续”和“暂停”两个按钮；BorderLayout.SOUTH 部分显示一些提示信息。

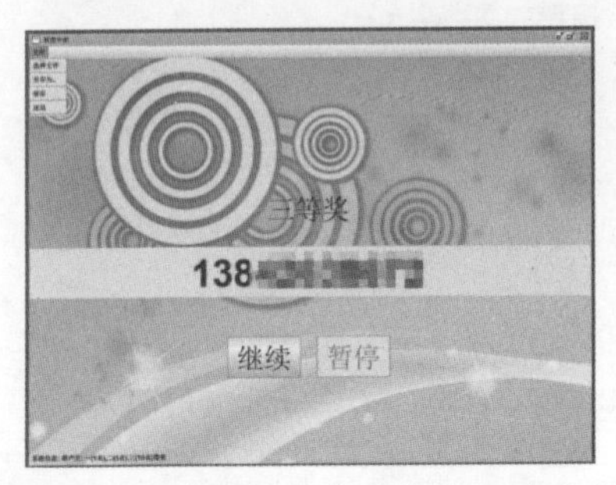

图 12-25 可视化随机抽奖系统的图形用户界面

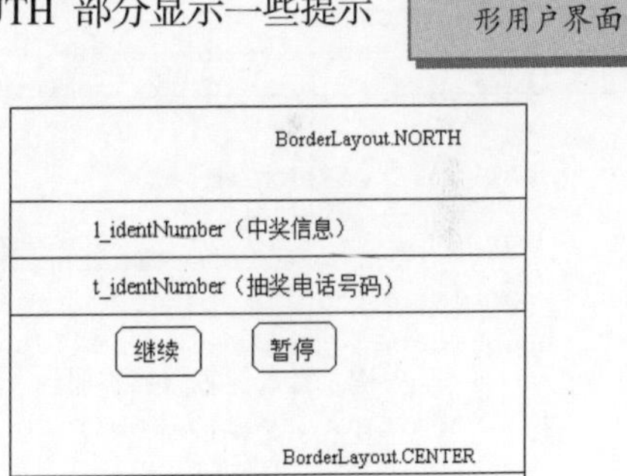

图 12-26 页面布局结构

2．设置页面背景

为页面设置背景图片，可使用 javax.swing.ImageIcon 类。将背景图片放在 JLabel 中，再将该 JLabel 添加到 JFrame 的 LayeredPane 面板上，最后设置 JLabel 的位置，程序如下：

```
ImageIcon img = new ImageIcon("bg.jpg");    // 背景图片
JLabel imgLabel = new JLabel(img);          // 将背景图片放在 JLabel 中
// JLabel 需要添加到 JFrame 的 LayeredPane 面板上
this.getLayeredPane().add(imgLabel, new Integer(Integer.MIN_VALUE));
imgLabel.setBounds(0, 0, img.getIconWidth(), img.getIconHeight());
```

3．JMenu、JFileChooser、Font 等类的应用

应用 JMenu 类为页面添加菜单，应用 JFileChooser 类来加载抽奖的数据文件，使用 Font 类设计部分组件的字体效果。

项目图形用户界面 ChooseAward.java 的完整程序如下：

```
// 显示获奖电话号码标签
package ch12;
import javax.swing.*;
import java.awt.*;
import java.awt.event.*;
import java.io.*;
import java.util.*;
public class ChooseAward extends JFrame {
    JButton b_start = new JButton("开始");
    JButton b_stop = new JButton("停止");
    JPanel p_north = new JPanel();
    JPanel p_center = new JPanel();
    JPanel p_south = new JPanel();
    JMenuBar menubar = new JMenuBar();                  // 菜单条
    JMenu fileMenu = new JMenu("文件");                 // 菜单项和菜单子项
    private JMenuItem[] filem = {new JMenuItem("选择文件"), new JMenuItem("另存为.."),
           new JMenuItem("保存"), new JMenuItem("退出")
    };
    JTextField t_identNumber = new JTextField();        // 电话号码文本框
    /* 处理抽奖事件的集合类，在事件处理中应用
    Vector v_identNumber = new Vector();                // 存放抽奖电话号码
    Vector v_name = new Vector();                       // 存放抽奖者姓名
    Vector v_printident = new Vector();                 // 存放获奖者电话号码
    */
    JLabel l_information = new JLabel();                // 信息提示标签
    JLabel l_identNumber = new JLabel();                // 获奖者电话号码标签
    JLabel l_sysinformation = new JLabel("系统信息:");
    /* 处理抽奖事件所需变量，在事件处理中应用
    JFileChooser filechooser = new JFileChooser();      // 文件选择器
    // 随机抽奖线程
    public ChooseThread awardThread = null;
    int chooseTime = 0; // 抽奖次数（单击“停止”按钮的次数）
    */
    public ChooseAward() {
        super("祝君中奖");
        t_identNumber.setEditable(false);
        ImageIcon img = new ImageIcon("bg.jpg");        // 背景图片
        JLabel imgLabel = new JLabel(img);              // 将背景图片放在标签中
        // 关键，背景标签需要添加到 jframe 的 LayeredPane 面板上
        this.getLayeredPane().add(imgLabel, new Integer(Integer.MIN_VALUE));
        imgLabel.setBounds(0, 0, img.getIconWidth(), img.getIconHeight());
        // 设置背景标签的位置
        Container contentPane = getContentPane();
        ((JPanel) contentPane).setOpaque(false);
        contentPane.setLayout(new BorderLayout(40, 40));
        /*
         * 给按钮和子菜单添加监听器，事件处理功能在第 14 章完成
         */
        filem[0].addActionListener(new ActionListener() {   // 加载抽奖数据
            public void actionPerformed(ActionEvent e) {
                // b_loadident_ActionPerformed(e);
            }
        });
        b_start.addActionListener(new ActionListener() {     // 开始按钮
            public void actionPerformed(ActionEvent e) {
```

```
            // b_start_ActionPerformed(e);
        }
    });
    b_stop.addActionListener(new ActionListener() {         // 暂停按钮
        public void actionPerformed(ActionEvent e) {
            // b_stop_ActionPerformed(e);
        }
    });
    filem[2].addActionListener(new ActionListener() {      // 另存为菜单项
        public void actionPerformed(ActionEvent e) {
           // b_printaward_ActionPerformed(e);
        }
    });
    addWindowListener(new WindowAdapter() {
        public void windowClosing(WindowEvent e) {
            System.exit(0);
        }
    });
    // 菜单子项加入菜单
    for (int i = 0; i < filem.length; i++) {
        fileMenu.add(filem[i]);
        fileMenu.addSeparator();                                // 菜单子项间加入分隔线
    }
    // 将菜单条加入 frame 中
    menubar.add(fileMenu);
    this.setJMenuBar(menubar);
    p_south.setLayout(new FlowLayout(FlowLayout.LEFT));
    ((JPanel) p_south).setOpaque(false);
    l_information.setForeground(Color.blue);
    p_south.add(l_sysinformation);
    p_south.add(l_information);
    contentPane.add(p_south, BorderLayout.SOUTH);
    /*
     * 设置字体、大小等显示方式
     */
    Font myfont = new Font("null", Font.PLAIN, 50);
    l_identNumber.setFont(myfont);
    l_identNumber.setHorizontalAlignment(0);          // 文本居中对齐
    l_identNumber.setText("手机号");
    t_identNumber.setFont( new Font("null", Font.BOLD, 70));
    // 设置字体颜色
    t_identNumber.setForeground(Color.red);
    t_identNumber.setHorizontalAlignment(0);
    b_start.setFont(myfont);
    b_start.setHorizontalAlignment(0);
    b_start.setText("开始");
    b_stop.setFont(myfont);
    // 文本居中对齐
    b_stop.setHorizontalAlignment(0);
    b_stop.setText("暂停");
    // 设置 JPanel 布局
    p_north.setLayout(new GridLayout(4, 1, 30, 20));
    ((JPanel) p_north).setOpaque(false);
    p_north.add(new JLabel());
    p_north.add(new JLabel());
    p_north.add(l_identNumber);
    p_north.add(t_identNumber);
    contentPane.add(p_north, BorderLayout.NORTH);
    p_center.setLayout(new FlowLayout(FlowLayout.CENTER, 30, 30));
    ((JPanel) p_center).setOpaque(false);
    p_center.add(b_start);
```

```
        p_center.add(b_stop);
        contentPane.add(p_center, BorderLayout.CENTER);
    }
}
```

程序中加删除线的部分将在事件处理中使用，在第 14 章介绍。

项目测试类 TestChooseAward.java 的程序如下：

```
package ch12;
import javax.swing.*;
public class TestChooseAward {
    public static void main(String[] args) {
        JFrame.setDefaultLookAndFeelDecorated(true);
        ChooseAward award = new ChooseAward();
        award.setSize(1200, 800);
        award.setLocationRelativeTo(null);      // 窗体居中显示
        award.setVisible(true);
        award.setAlwaysOnTop(true);             // 窗体置顶
        award.setDefaultCloseOperation(JFrame.EXIT_ON_CLOSE);
    }
}
```

本章小结

Java 处理图形用户界面的类库主要在 java.awt 包和 javax.swing 包中，本章具体涉及的内容如下所示。

① javax.swing 包中既提供容器，又提供组件。顶层容器包括 JFrame 和 JDialog，中间容器包括 JPanel 和 JScrollPane；独立的组件需要在容器中显示，包括 JTextField、JButton、JLabel 等。

② 设计图形用户界面的工作包括构建页面和响应事件等步骤。

③ Java 中常用的布局管理器有流布局、边界布局、网格布局、卡片布局以及盒布局等。

④ 事件是用户对组件的操作。产生事件的组件对象被称为事件源。Java 的事件处理采用委托模型，对发生的事件做出响应的对象就是事件监听器。

⑤ 创建图形用户界面还经常使用 JList、JTable、Jmenu、对话框等组件。

习题

1. 选择题

（1）下列关于 Swing 组件的描述中，不正确的是（　　）。

A. Swing 组件是轻量级组件　　B. Swing 组件支持图形用户界面

C. JPanel 是 Panel 的子类　　D. Container 是 Swing 组件和 AWT 组件的父类

（2）Window、JDialog 和 JFrame 的默认布局是（　　）。

A. 流布局　　B. 卡片布局　　C. 边界布局　　D. 网格布局

（3）改变当前容器布局方式的描述中，正确的是（　　）。

A. 调用方法 setLayout()

B. 容器一旦生成，它的布局方式就不能改变

C. 调用方法 setLayoutManager()

D. 调用方法 updateLayout()

（4）用鼠标单击 JFrame 窗口右上角的关闭按钮，生成的事件是（　　）。

A. ItemEvent　　B. WindowEvent

C. MouseMotionEvent　　D. ActionEvent

（5）ActionEvent 类返回按钮的命令字符串的方法是（　　）。

A. getActionCommand()　B. getModifiers()　C. paramString()　D. getID()

（6）每个事件对象都有的方法是（　　）。

A. getSource()　B. getActionCommand()　C. getTimeStamp()　D. getWhen()

（7）在对 obj.addActionListener(this)语句的解释中，不正确的是（　　）。

A. obj 是事件源对象，如 JButton 对象

B. this 表示当前容器

C. ActionListener 是动作事件的监听器

D. 该语句的功能是为 obj 对象注册 this 为其监听器

（8）在 java.awt 包中，所有事件的父类是（　　）。

A. ActionEvent　B. AWTEvent　C. KeyEvent　D. MouseEvent

（9）下面选项正确的是（　　）。

A. 如果多个事件监听器被注册到一个组件上，只有最后一个事件监听器会起作用

B. 如果多个事件监听器被注册到一个组件上，只有第一个事件监听器会起作用

C. 如果多个事件监听器被注册到一个组件上，这些事件监听器一般都会起作用

D. 多个事件监听器被注册到一个组件会引起编译错误

（10）下列关于事件和事件处理的描述中，不正确的是（　　）。

A. 每个事件源只能发出一种类型的事件　B. 事件对象是指某个事件的对象

C. 事件监听器是某个监听器类的对象　D. 可以注册当前容器为事件对象的监听器

2. 简答题

（1）JFrame 与 JPanel 各自的特点是什么？

（2）流布局、边界布局、网格布局各有什么特点？

（3）JTextField 主要有哪些方法？

（4）java.awt.event.ActionListener 接口包括哪些方法？

（5）ListModel 接口的作用是什么？

（6）JFileChooser 类用于创建文件对话框时主要使用哪些方法？

3. 编程题

（1）实现如图 12-27 所示的窗口界面，单击"退出"按钮可以关闭程序。

（2）实现如图 12-28 所示的图形用户界面程序。窗口中包含一个文本区和一个按钮。当用户单击"另存为"按钮时，弹出保存文件对话框；输入文件名后，可把文本区中的内容保存到指定的文件中。

（3）实现如图 12-29 所示的图形用户界面程序。课程信息（课程号、课程名、学时、课程性质）保存在文本文件 course.txt 中，该文件每行保存一门课的课程信息，每个课程信息项之间用逗号分隔，将课程信息用 JTable 显示。course.txt 内容如下：

```
100213,Pyhton,72,必修
121003,English,64,必修
100333,PE,36,选修
110011,Physics,48,选修
```

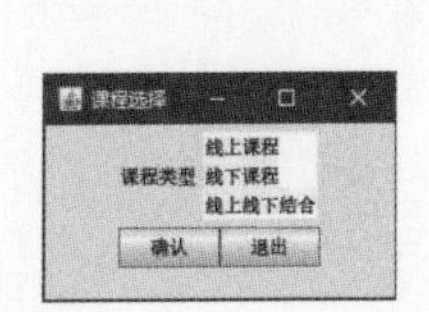

图 12-27　程序运行效果

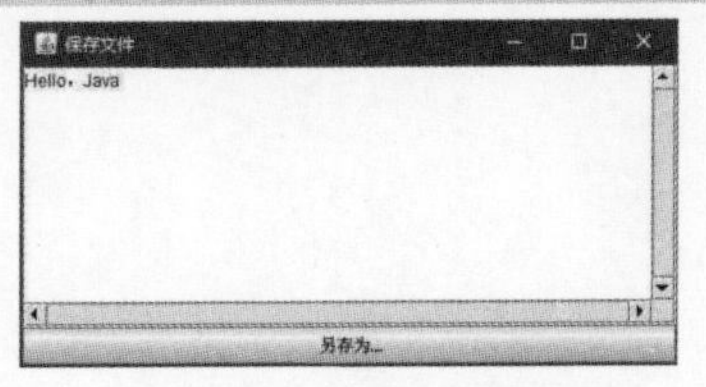

图 12-28　程序运行效果

课程信息

课程号	课程名	学时	课程性质
100213	Pyhton	72	必修
121003	English	64	必修
100333	PE	36	选修
110011	Physics	48	选修

图 12-29　程序运行效果

上机实验

实验 1：布局管理器的应用。

使用不同的布局管理器，完成图形用户界面程序。

（1）将窗口设置为流布局，向其中加入 5 个按钮，调整窗口大小，查看运行效果。

（2）将窗口设置为边界布局，向其中加入 5 个按钮，调整窗口大小，查看运行效果。

（3）将窗口设置为 3 行 3 列的网格布局，向其中加入 8 个按钮，调整窗口大小，查看运行效果。

实验 2：事件处理方式的应用。

使用不同的事件处理方式，完成图形用户界面程序。

（1）窗口包括 1 个按钮和 1 个文本框。当单击按钮时，把窗口的标题设置为文本框中的内容。该程序的事件处理使用外部类完成。

（2）窗口包含 3 个单选按钮和 1 个标签，单选按钮的信息分别为“红色”“绿色”和“蓝色”。当单击某个单选按钮时，将标签对象的前景颜色设为按钮标签指定的颜色。该程序的事件处理使用内部类完成。

（3）窗口包括 1 个按钮和 1 个标签，当单击按钮时，标签上显示“a button was clicked!”。该程序的事件处理使用匿名类完成。

第13章 Java的数据库编程

【本章导读】

应用系统中的数据通常保存在数据库中，Java使用JDBC（Java Data Base Comectirity，Jave数据库连接）技术访问数据库。JDBC由操作数据库的类和接口组成，只要厂商提供不同数据库的JDBC驱动程序，就可以在应用系统中使用。

MySQL是开源的关系型数据库管理系统，适用于多种操作系统平台。本章将介绍MySQL数据库、JDBC的概念、JDBC的工作原理和在Java程序中访问MySQL数据库的方法。

【本章实践能力培养目标】

通过本章内容的学习，读者应能将可视化随机抽奖系统的获奖数据保存到MySQL数据库中，要求：获奖数据由程序生成，保存在Vector对象中；将Vector对象中的数据写入数据库。

13.1 MySQL数据库

MySQL是Oracle公司的关系型数据库管理系统，数据保存在关系型数据库中的多个表中，通过SQL操作。

MySQL数据库安装和配置

13.1.1 MySQL数据库安装和配置

MySQL分为社区版和企业版。社区版是开源免费的，但没有官方的技术支持。企业版提供数据仓库应用，支持事务处理，需要付费使用。MySQL因体积小、速度快、成本低、开源等特点，成为大量信息系统开发的优选数据库。

1．下载和安装MySQL数据库

MySQL 8.0是目前的主流版本。在Windows操作系统下安装MySQL社区版，推荐使用MSI安装方式。但要注意，安装MySQL时，用户需要有系统管理员的权限。

（1）安装包下载

可从MySQL官网下载MySQL 8.0安装包。

在MySQL官网主页选择“DEVELOPER ZOEN”菜单，进入MySQL Community下载页面；在“Select Operating System”下拉列表中选择“Microsoft Windows”，如图13-1所示。可以选择在线安装版本或离线安装（建议选择离线安装），单击“Download”按钮即可进入下载页面。

下载页面会弹出是否注册的链接，跳过该链接直接下载即可。

（2）安装和配置MySQL数据库

用户在Windows 10操作系统下安装MySQL 8.0时，双击下载mysql-installer-community-8.0.33.0.msi文件，打开向导，根据提示安装即可。这个过程包括确认“License Agreement（用户许可协议）”选择“Choosing a Setup Type（选择安装类型）”等步骤。

安装完成后，根据向导提示配置数据库。在这个过程中，需要注意下面几点。

一是在“Type and Networking（类型与网络）”界面，在“Config Type（配置类型）”的下拉列表中选择“Development Computer（开发机器）”，该选项可以使MySQL服务器占用的系统资源最少，建议选择该项；同时，默认选择TCP/IP网络，使用默认端口3306；选择“Open Windows

Firewall port for network access（打开 Windows 防火墙端口进行网络访问）”复选框，保证防火墙允许用户通过该端口访问数据库。如图 13-2 所示。

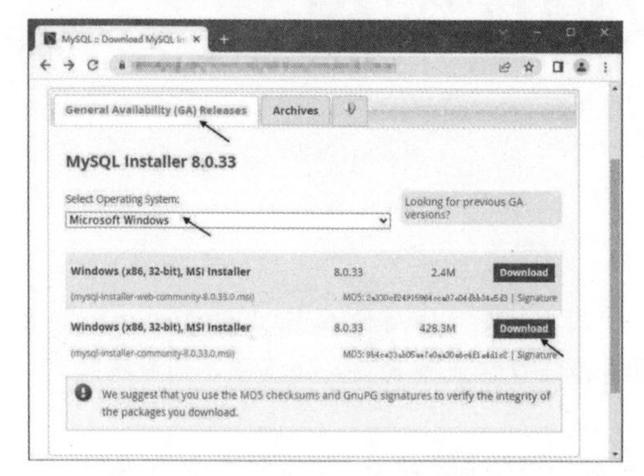

图 13-1　MySQL 下载页面

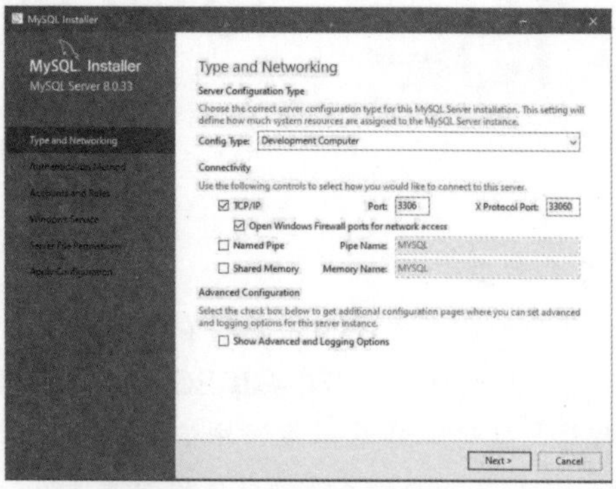

图 13-2　选择类型与网络

二是在“Authentication Method（授权方式）”界面，选择传统的授权方式，保留 5.x 版本的兼容性。

三是在“Accounts and Roles（账户与角色）”界面，输入两次同样的密码，如图 13-3 所示；再进入“Windows Service（Windows 服务）”界面，设置服务器名称（例如 MySQL80）。

2．启动 MySQL 服务器

MySQL 安装和配置完成后，还需要启动服务器进程，用户才能通过客户端登录数据库。

在 Windows10 任务栏的“搜索”框中输入“services.msc”命令并回车，会出现“服务”窗口，如图 13-4 所示。可以看出，MySQL 服务器（服务器名为 MySQL80）正在运行，可以单击左侧的“停止”“暂停”“重启动”等链接来改变 MySQL 服务器的状态。

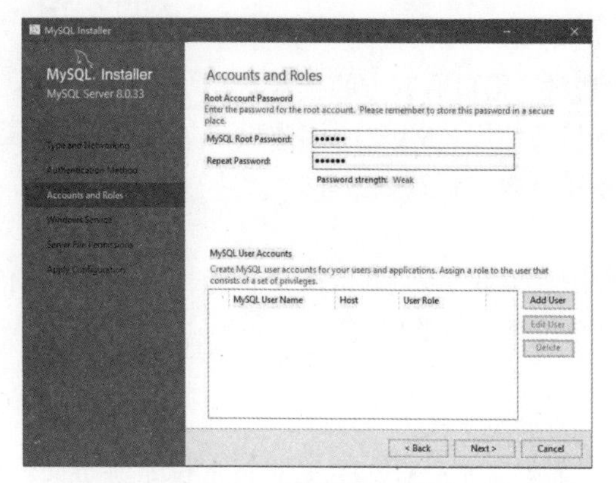

图 13-3　设置账户与角色

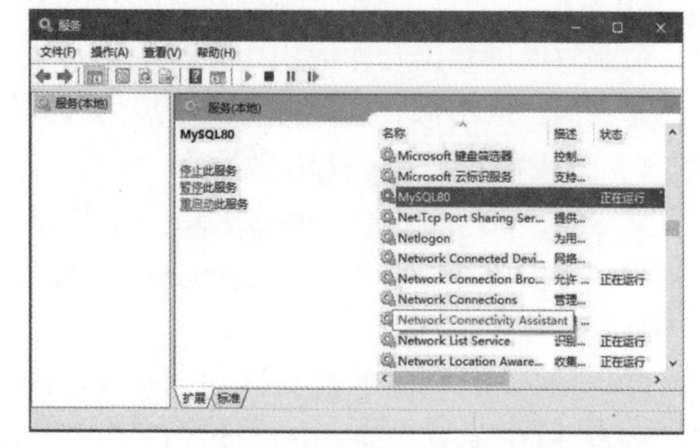

图 13-4　Windows 10 的服务窗口

3．连接 MySQL 服务器

安装 MySQL 时，命令行客户端会被自动配置到计算机上，可以使用“开始”菜单连接 MySQL 服务器。

在 Window 10 操作系统中，执行“开始”→“MySQL”→“MySQL 8.0 Command Line Client”命令，进入命令行窗口；输入数据库管理员密码（安装 MySQL 时设置），当出现“mysql〉”提示符时，表示已经成功登录 MySQL 服务器，如图 13-5 所示。

在命令行窗口中，可以使用 MySQL 命令操作数据库或者使用 SQL 命令创建数据库、表，进行数据的增、删、改、查等操作。

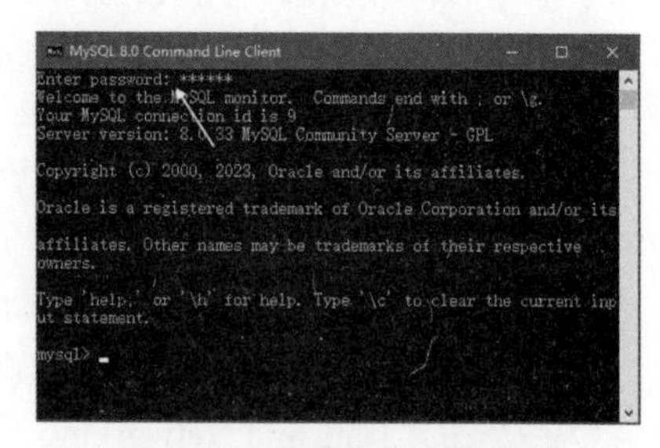

图 13-5　通过命令行客户端连接 MySQL 服务器

13.1.2 SQL

操作 MySQL 数据库需要使用 SQL。SQL 的含义是结构化查询语言，是通用的关系型数据库操作语言，可以实现数据定义、数据操纵和数据控制等功能。

SQL 命令不区分大小写。为方便阅读，本书的 SQL 命令均使用了大写形式。此外，在 MySQL 命令行窗口运行 SQL 命令时，需要在 SQL 语句后加英文分号后再按下回车执行。

SQL

1．创建数据库和表

本章使用 JDBC 操作 MySQL 中 mydb 数据库的 student 表，完成插入、修改、删除数据和查询数据等功能。表 student 的结构如表 13-1 所示。

表 13-1　表 student 的结构

序号	字段名称	字段说明	数据类型	长度	属性
1	sid	学号	INT	8	非空，主键
2	sname	姓名	VARCHAR	40	
3	sex	性别	CHAR	2	非空，默认值“男”
4	birthday	出生日期	DATE		
5	major	专业	VARCHAR	16	
6	award	奖学金	FLOAT	8,2	

MySQL 的初始用户为 root，在安装时设置 root 用户的密码为“123456”。连接到 MySQL 数据库后，就可以创建数据库或操作数据库中的数据了。

创建数据库 mydb 使用 CREATE DATABASE 语句，然后进入 mydb 数据库，程序如下：

```
CREATE DATABASE IF NOT EXISTS mydb;
USE mydb;
```

在 mydb 数据库中，使用 CREATE TABLE 语句创建表 student，程序如下：

```
CREATE TABLE IF NOT EXISTS student(
sid INT(8) NOT NULL PRIMARY KEY,
sname VARCHAR(40),
sex CHAR(2) DEFAULT "男" NOT NULL ,
birthday date,
major VARCHAR(16),
award FLOAT(8,2)
);
```

2．向 student 表中插入数据

使用 INSERT 语句向表中插入数据，插入数据的 SQL 语句如下：

```
INSERT INTO student VALUES(156004,'丁美华','女','2005-03-17','计算机',3200);
INSERT INTO student VALUES(226005,'吴小迪','女','2005-12-14','数学',2980.5);
INSERT INTO student VALUES(156006,'陈娜','女','2005-07-28','计算机',3000.5);
INSERT INTO student VALUES(151001,'耿子强','男','2004-02-08','计算机',2820);
```

13.2 使用 JDBC 访问数据库

JDBC 的概念

13.2.1 JDBC 的概念

在 Java 中操作数据库需要通过 JDBC 实现。JDBC 是 Java 用来规范程序访问数据库方式的 API，提供了查询和更新数据库中数据的方法。JDBC API 是 Java 标准库自带的，主要存在于 java.sql 包中，具体的 JDBC 驱动程序需要由数据库厂商提供，如 MySQL 数据库的 JDBC 驱动程序由 Oracle 公司提供。因此，要访问某个具体的数据库，需要引入该厂商提供的 JDBC 驱动程序，然后通过 JDBC API 来访问。应用程序通过 JDBC 操作不同数据库的流程如图 13-6 所示。

JDBC 只是一种数据访问规范，依赖于数据库厂商提供的 JDBC 驱动程序来实现具体的操作。因此，在实现具体的数据库应用时，一定要下载并导入不同的 JDBC 驱动程序。

图 13-6　使用 JDBC 操作数据库的流程

13.2.2　JDBC API

JDBC API 提供的接口和类包括 Driver 接口、DriverManager 类、Connection 接口、Statement 接口、PreparedStatement 接口、ResultSet 接口等。

1. Driver 接口

java.sql.Driver 接口定义了数据库驱动对象应具备的功能，所有支持 Java 连接的数据库都会实现该接口。不同的数据库驱动类的类名有所区别。例如，MySQL 数据库驱动类的类名为 com.mysql.cj.jdbc.Driver，Oracle 数据库驱动类的类名为 oracle.jdbc.driver.OracleDriver。

Class 类的 forName(String className)方法用于加载数据库，参数 className 指明待加载的驱动程序的类名称，程序如下：

```
Class.forName("com.mysql.cj.jdbc.Driver");
```

2. DriverManager 类

DriverManager 类是数据库驱动管理类，用于注册驱动以及创建程序与数据库之间的连接。下面的程序使用 DriverManager 类创建 Connection 对象：

```
Connection conn = DriverManager.getConnection(url, user, pwd);
```

这段程序创建到指定数据库 url 的连接（相当于打开文件），用户名为 user，密码为 pwd，返回值是 Connection 对象。

3. Connection 接口

Connection 接口表示 Java 程序和数据库的连接对象，只有获得该连接对象后，才能访问数据库并操作数据表。Connection 接口的常用方法如表 13-2 所示。

表 13-2　Connection 接口的常用方法

方法	功能描述
Statement createStatement()	创建 Statement 接口对象，将 SQL 语句发送到数据库
PreparedStatement prepareStatement(String sql)	创建 PreparedStatement 接口对象，将参数化的 SQL 语句发送到数据库
DatabaseMetaData getMetaData()	返回表示数据库元数据的 DatabaseMetaData 对象
void close()	关闭数据库连接

4. Statement 接口

Statement 是 Java 执行 SQL 语句的接口，Statement 对象通过 Connection 接口对象的 createStatement()语句创建。Statement 接口的常用方法如表 13-3 所示。

表 13-3　Statement 接口的常用方法

方法	功能描述
boolean execute(String sql)	用于执行 SQL 语句，如果返回值为 true，表示所执行的 SQL 语句有查询结果
int executeUpdate(String sql)	用于执行 INSERT、UPDATE、DELETE 语句以及数据定义等 SQL 语句，返回值为受影响的行数
ResultSet executeQuery(String sql)	用于执行产生结果集的 SQL 语句，如 SELECT 语句，返回值是一个结果集
void close()	关闭 Statement 对象

下面的程序表示创建 Statement 对象：

```
Statement stmt = conn.createStatement();
```

5．PreparedStatement 接口

PreparedStatement 接口是 Statement 接口的子接口。PreparedStatement 接口的对象用于执行预编译的 SQL 语句，可以将参数化的 SQL 语句发送到数据库。

创建 PreparedStatement 对象需要使用 Connection 对象的 PreparedStatement()方法，程序如下：

```
PreparedStatement pstmt = conn.prepareStatement(strSQL);
```

带有或不带有输入参数的 SQL 语句都可以被预编译并存储在 PreparedStatement 对象中，然后使用该对象来多次执行 SQL 语句。PreparedStatement 接口的常用方法如表 13-4 所示。

表 13-4 PreparedStatement 接口的常用方法

方法	功能描述
boolean execute (String sql) int executeUpdate(String sql) ResultSet executeQuery(String sql)	同 Statement 接口中的功能描述
void setInt(int pos, int value)	为指定位置的参数设置 int 类型值
void setString(int pos, String value)	为指定位置的参数设置 String 类型值
void setDate(int pos, Date value)	为指定位置的参数设置 Date 类型值
void setBinaryStream(int pos, InputStream x,int length)	将二进制的输入流写入指定的二进制字段中

需要注意的是，使用 setXXX()方法时，输入参数类型必须与已定义的 SQL 数据表的字段类型兼容。

6．ResultSet 接口

ResultSet 接口用于保存 SELECT 查询得到的结果集，结果集记录的行号从 1 开始。ResultSet 接口具有一个指向当前记录的指针，指针的开始位置在第 1 行之前。调用 ResultSet 接口的 next()方法可以将当前记录的指针移到下一行，调用 ResultSet 接口的 getXXX()方法可以获得当前行某个字段的值。

ResultSet 接口的常用方法如表 13-5 所示。

表 13-5 ResultSet 接口的常用方法

方法	功能描述
boolean next()	将指针移到当前行的下一行
boolean previous()	将指针移到当前行的上一行
int getInt(int ColumnIndex)	返回当前行指定字段的 int 值，ColumnIndex 表示字段的索引
int getInt(int ColumnName)	返回当前行指定字段的 int 值，ColumnName 表示字段名
String getString(int ColumnIndex)	返回当前行指定字段的 String 值，ColumnIndex 表示字段的索引
String getString (int ColumnName)	返回当前行指定字段的 String 值，ColumnName 表示字段名

13.2.3 使用 JDBC API 操作数据库

使用 JDBC API
操作数据库

Java 程序连接和操作 MySQL 数据库使用 JDBC API，主要包括以下 3 个操作：添加 MySQL 驱动程序；操纵表中数据；查询表中数据。

1．添加 MySQL 驱动程序

使用 JDBC 操作 MySQL 数据库，要将 MySQL 的驱动程序添加到项目中去，具体步骤如下。

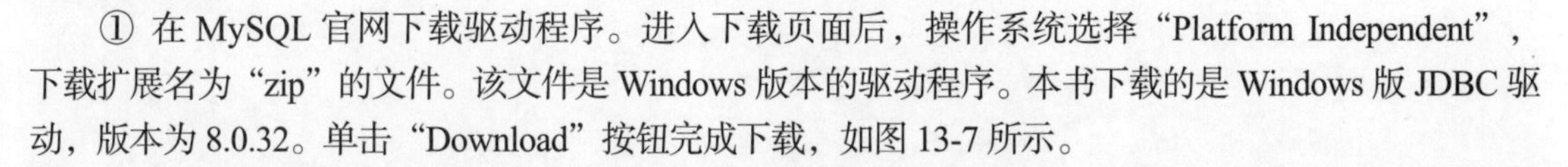

① 在 MySQL 官网下载驱动程序。进入下载页面后，操作系统选择“Platform Independent”，下载扩展名为“zip”的文件。该文件是 Windows 版本的驱动程序。本书下载的是 Windows 版 JDBC 驱动，版本为 8.0.32。单击“Download”按钮完成下载，如图 13-7 所示。

② 解压下载的文件。找到已下载好的 MySQL 数据库驱动程序（mysql-connector-j- 8.0.32.jar）

并进行解压。

③ 启动 IntelliJ IDEA 环境，在窗口中执行“File”→“Project Structure”命令，出现“Project Structure”对话框；选择“Modules”模块的“Dependencies”选项卡，单击其中的“+”按钮，选择下拉列表中的“JARs or Directories…”项，如图 13-8 所示。

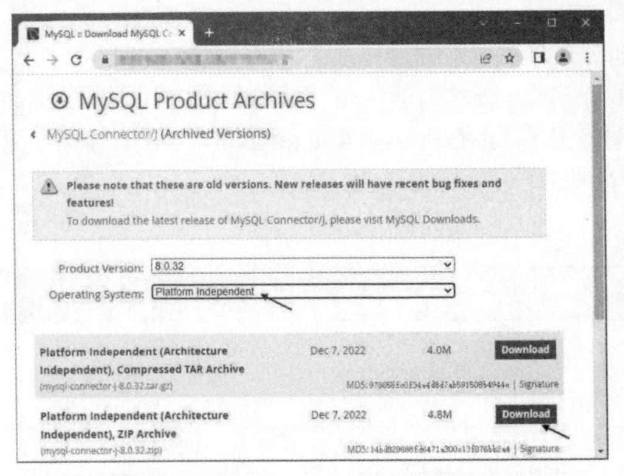

图 13-7　MySQL 驱动程序下载页面

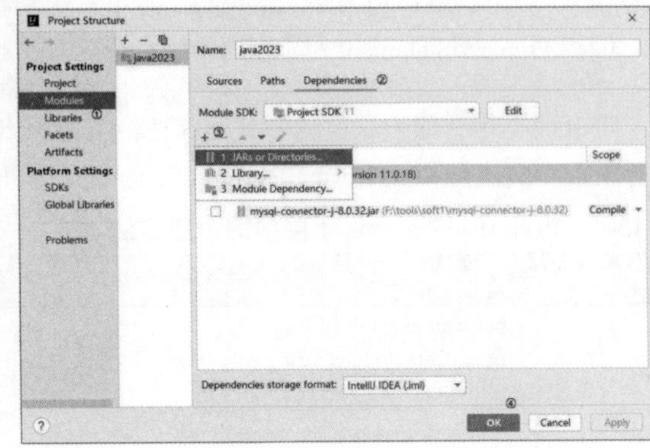

图 13-8　添加驱动程序到项目

④ 在出现的“Attach Files or Directories”对话框中，找到数据库驱动程序（mysql-connector-j-8.0.32.jar），单击 “OK”按钮完成添加操作。

此时，可以看到“Modules”模块中多出了一个 MySQL 的驱动程序，表示已将 MySQL 的驱动程序添加到当前项目中了。

2．操纵表中数据

操纵表中数据主要使用 SQL 的 INSERT、UPDATE、DELETE 等 SQL 命令。可以使用 Statement 接口或 PreparedStatement 接口中的 executeUpdate(String sql) 方法实现，这里建议使用 PreparedStatement 接口中的方法。

PreparedStatement 接口的对象表示预处理的 SQL 语句对象，允许 SQL 语句中包含未知参数；然后通过 setXXX()方法（如 setShort()、setInt()、setString()等方法）设置参数值。需要注意的是，setXXX()方法的输入参数类型必须与已定义的 SQL 类型兼容。例如，如果输入参数具有类型 Integer，那么应该使用 setInt()方法。

PreparedStatement 接口中的 executeUpdate(String sql)方法的返回值是一个整数，表示受影响的行数。

【例 13-1】使用 PreparedStatement 对象向表中插入记录。　　（源代码：TestInsert.java）

```
package ch13;
import java.sql.*;
public class TestInsert {
    public static void main(String[] args) {
        TestInsert t = new TestInsert();
        t.addRecord(221002,"李思璇","女","2004-01-30","数学",4530);
        t.addRecord(341003,"韩俊凯","男","2004-06-29","会计",2980.5f);
    }
    boolean addRecord(int id, String name, String sex, String birthday, String major,
    float award) {
        Connection conn = null;
        PreparedStatement pstmt = null;
        ResultSet rst = null;
        String driver = "com.mysql.cj.jdbc.Driver";
        String url = "jdbc:mysql:// localhost:3306/mydb";
        String user = "root";
        String pwd = "123456";
        try {
            Class.forName(driver);
```

```
            conn = DriverManager.getConnection(url, user, pwd);
            String strSQL = "INSERT INTO student VALUES(?,?,?,?,?,?)";
            pstmt = conn.prepareStatement(strSQL);
            pstmt.setInt(1, id);
            pstmt.setString(2, name);
            pstmt.setString(3, sex);
            pstmt.setString(4, birthday);
            pstmt.setString(5, major);
            pstmt.setFloat(6, award);
            int i = pstmt.executeUpdate();
            pstmt.close();
            conn.close();
            if (i == 1) {
                System.out.println("插入记录成功");
                return true;
            }
        } catch (Exception e) {
            e.printStackTrace();
        }
        return false;
    }
}
```

例 13-1 中定义了 addRecord()方法，该方法连接 MySQL 数据库，并创建 PreparedStatement 对象向表中插入记录，插入记录成功后，给出提示信息。在 main()方法中，调用 addRecord()方法实现记录插入。

【例 13-2】使用 PreparedStatement 对象更新表中记录。（源代码：TestUpdate.java）

```
package ch13;
import java.sql.*;
import java.util.*;

public class TestUpdate {
    Connection conn = null;
    PreparedStatement pstmt = null;
    ResultSet rst = null;
    String driver = "com.mysql.cj.jdbc.Driver";
    String url = "jdbc:mysql:// localhost:3306/mydb";
    String user = "root";
    String pwd = "123456";
    void update() {                 // 接收输入数据
        System.out.print("请输入要修改的学号: ");
        Scanner sc = new Scanner(System.in);
        int aid = sc.nextInt();
        int index = find(aid);
        if (index == -1) {
            System.out.println("-----无此学生信息-----");
        }
        System.out.print("姓名: ");
        String aname = sc.next();
        System.out.print("性别: ");
        String asex = sc.next();
        System.out.print("出生日期: ");
        String abirthday = sc.next();
        if (updateRecord(aid, aname, asex, abirthday))
            System.out.println("更新成功");
    }
    // 更新表中记录
    public boolean updateRecord(int id, String name, String sex, String birthday) {
        String query = "UPDATE student SET sname=?,sex=?,birthday=? where sid=?";
        try {
            pstmt = conn.prepareStatement(query);
            pstmt.setString(1, name);
            pstmt.setString(2, sex);
            pstmt.setString(3, birthday);
```

```
            pstmt.setInt(4, id);
            if (pstmt.executeUpdate() > 0)
                return true;
        } catch (Exception e) {
            System.out.println(e.getMessage());
        }
        return false;
    }
    public int find(int id) {      // 根据 id 值，判断记录是否存在
        String query = "SELECT * FROM student WHERE sid=" + id;
        try {
            Class.forName(driver);
            conn = DriverManager.getConnection(url, user, pwd);
            Statement stmt = conn.createStatement();
            ResultSet rs = stmt.executeQuery(query);
            if (rs.next()) {
                return rs.getRow();
            }
        } catch (Exception e) {
            System.out.println("Error: " + e);
        }
        return -1;
    }
    public static void main(String[] args) {
        TestUpdate t = new TestUpdate();
        t.update();
    }
}
```

例 13-2 中定义了 update()方法，该方法接收用户的输入数据；调用 find()方法根据 id 值判断记录是否存在，再调用 updateRecord()方法更新表中记录；记录更新成功后，给出提示信息。

3．查询表中数据

查询数据可以使用 Statement 接口或 PreparedStatement 接口中的 executeQuery()方法实现。例 13-3 查询 student 表中的数据，使用 Statement 接口中的 executeQuery()方法实现。

【例 13-3】查询 student 表中的数据。（源代码：TestSelect1.java）

```
package ch13;
import java.sql.*;

public class TestSelect1 {
    public static void main(String[] args) throws Exception {
        String driver = "com.mysql.cj.jdbc.Driver";
        String url = "jdbc:mysql:// localhost:3306/mydb";
        String user = "root";
        String pwd = "123456";
        // 用程序连接数据库
        Class.forName(driver);
        Connection conn = DriverManager.getConnection(url, user, pwd);
        String strSQL = "SELECT * FROM student";
        Statement stmt = conn.createStatement();
        // 以下是查询遍历程序
        ResultSet rst = stmt.executeQuery(strSQL);         // 获得记录集
        System.out.println("学号\t 姓名\t 性别\t 出生日期\t\t 专业\t 奖学金");
        while (rst.next()) {                               // 遍历记录集
            int sid = rst.getInt(1);
            String sname = rst.getString(2);
            String sex = rst.getString(3);
            String birthday = rst.getString(4);
            String major = rst.getString("major");
            float award = rst.getFloat("award");
            System.out.println(sid + "\t" + sname + "\t" + sex + "\t" + birthday +
            "\t" + major + "\t" + award);
```

```
        }
        // 查询遍历程序结束
        rst.close();
        stmt.close();
        conn.close();
    }
}
```

程序运行结果如下：

```
    学号    姓名    性别  出生日期        专业    奖学金
  151001  耿子强   男   2004-02-08    计算机   2820.0
  156004  丁美华   女   2005-03-17    计算机   3200.0
  156006  陈娜     女   2005-07-28    计算机   3000.5
  221002  李思璇   女   2004-01-30    数学     4530.0
  226005  吴小迪   女   2005-12-14    数学     2980.5
  341003  韩俊凯   男   2004-06-29    会计     2980.5
```

【例 13-4】查询 student 表中出生日期晚于"2004-5-1"的学生记录，并显示在 JTable 中。

（源代码：TestSelect2.java）

创建 PreparedStatement 对象，使用 PreparedStatement 接口中的 executeQuery()方法来查询满足条件的记录，包括下面 4 点要求。

① 考虑面向对象的需要，将查询到的每条记录信息封装到 Student 对象中。

② 将所有的记录信息保存到 Vector 类的对象 v 中。

③ 将对象 v 转换为 String 类型的二维数组 data。

④ 创建存储表头的一维数组 title，将二维数组 data 和一维数组 title 传递给 JTable 对象，并在 JFrame 中显示。

```
package ch13;
import javax.swing.*;
import java.sql.*;
import java.util.*;
// Student 类
class Student {
    int sid;
    String sname;
    String sex;
    java.util.Date birthday;
}
// 窗体
class MyFrame extends JFrame {
    String title[] = {"学号", "姓名", "性别", "出生日期"};  // 字段名称
    Vector<Student> v = new Vector();
    public void getData() {                              // 获得查询数据，保存到Vector类中
        Connection conn = null;
        PreparedStatement pstmt = null;
        ResultSet rst = null;
        String driver = "com.mysql.cj.jdbc.Driver";
        String url = "jdbc:mysql:// localhost:3306/mydb";
        String user = "root";
        String pwd = "123456";
        try {
            Class.forName(driver);
            conn = DriverManager.getConnection(url, user, pwd);
            String strSQL = "SELECT sid,sname,sex,birthday FROM student WHERE
            birthday>= ?";
            pstmt = conn.prepareStatement(strSQL);
            pstmt.setString(1, "2004-5-1");
            // 以下是查询遍历程序
            rst = pstmt.executeQuery();                  // 获得记录集
            while (rst.next()) {                         // 遍历记录集
                Student s = new Student();
```

```
                s.sid = rst.getInt(1);
                s.sname = rst.getString(2);
                s.sex = rst.getString(3);
                s.birthday = rst.getDate(4);
                v.add(s);
            }
            rst.close();
            pstmt.close();
            conn.close();
        } catch (Exception e) {
            System.out.println(e.getMessage());
        }
    }
    public void init() {
        getData();
        String data[][] = new String[v.size()][5];
        for (int i = 0; i < v.size(); i++) {
            Student st = v.elementAt(i);
            data[i][0] = "" + st.sid;
            data[i][1] = st.sname;
            data[i][2] = st.sex;
            data[i][3] = "" + st.birthday;
        }
        JTable t = new JTable(data, title);
        JScrollPane scrollPane = new JScrollPane(t);
        this.add(scrollPane);
        this.setTitle("显示学生信息");
        this.setSize(360, 180);
        this.setLocationRelativeTo(null);
        this.setDefaultCloseOperation(JFrame.EXIT_ON_CLOSE);
        this.setVisible(true);
    }
}
// 测试类
public class TestSelect2 {
    public static void main(String args[]) {
        new MyFrame().init();
    }
}
```

程序运行结果如图 13-9 所示。

图 13-9　程序运行结果

13.3　DatabaseMetaData 接口和 ResultSetMetaData 接口

DatabaseMetaData 和 ResultSetMetaData 是用于描述元数据的接口，元数据是描述数据的数据。

13.3.1　DatabaseMetaData 接口

Connection 接口的 getMetaData()方法返回一个 DatabaseMetaData 接口的对象，该对象包含 Connection 对象所连接数据库的元数据，其常用方法如表 13-6 所示。

表 13-6　DatabaseMetaData 接口的常用方法

方法	功能描述
ResultSet getCatalogs()	返回 ResultSet 对象。返回集仅 1 列，属性名称为字符串常量“TABLE_CAT”，每一行是一个有效数据库名称
ResultSet getSchemas()	获取可在此数据库中使用的模式名称。返回集共有两列，列名称为“TABLE_CATALOG”和“TABLE_SCHEM”
ResultSet getTableTypes()	获取数据库中可使用的表类型。返回集共有 1 列，列名称为“TABLE_TYPE”
ResultSet getTables(String catalog,String schema, String tableName, String[] types)	获取可在给定类别中使用的表的描述。仅返回与类别、模式、表名称和类型标准匹配的表描述

表 13-6 中的方法均会抛出 SQLException 异常，这些方法的一些补充说明如下。

① getTableTypes()方法典型的返回值类型为 TABLE、VIEW、SYSTEM TABLE、GLOBAL TEMPORARY、LOCAL TEMPORARY、ALIAS 和 SYNONYM 等。

② 在 getTables(String catalog,String schema,String tableNamePattern, String[] types) 方法中，参数 catalog 是目录名称，一般为空；参数 schema 是数据库名；参数 tablename 是表名称；参数 types 是表的类型，表的类型可以是 TABLE 或 VIEW。

③ getTables()方法返回每个表的描述，包括 TABLE_CAT（表类别，可为 null）、TABLE_SCHEM（表模式，可为 null）、TABLE_NAME（表名称）、TABLE_TYPE（表类型）等，详细描述请参考 JDK 文档。需要注意的是，有些数据库可能不返回上述所有信息。

13.3.2 ResultSetMetaData 接口

ResultSetMetaData 接口

ResultSet 接口的 getMetaData()方法返回 ResultSetMetaData 接口的对象，ResultSetMetaData 接口提供了结果集对象中字段的相关信息。ResultSetMetaData 接口的常用方法如表 13-7 所示，这些方法均会抛出 SQLException 异常。

表 13-7 ResultSetMetaData 接口的常用方法

方法	功能描述
int getColumnCount()	返回此 ResultSet 对象中的字段数
String getColumnName(int column)	获取指定字段的名称，第 1 列是 1，依次递增，增量为 1
int getColumnType(int column)	获取指定字段的数据类型
String getTableName(int column)	获取指定字段的表名

【例 13-5】输出 MySQL 的所有数据库、支持的表类型以及 mydb 数据库中包含的表。

（源代码：DBInfo1.java）

```
package ch13;
import java.sql.*;

public class DBInfo1 {
    public static void main(String[] args) {
        try {
            String driver = "com.mysql.cj.jdbc.Driver";
            String url = "jdbc:mysql:// localhost:3306/mydb";
            String user = "root";
            String pwd = "123456";
            Class.forName(driver);
            Connection conn = DriverManager.getConnection(url, user, pwd);
            DatabaseMetaData dbmd = conn.getMetaData();
            // MySQL 中的数据库
            ResultSet rs1 = dbmd.getCatalogs();
            System.out.print("MySQL 数据库:");
            while (rs1.next()) {
                System.out.print(rs1.getString("TABLE_CAT") + ",");
            }
            System.out.println();
            // MySQL 表的类型
            ResultSet rs2 = dbmd.getTableTypes();
            System.out.print("MySQL 表类型:");
            while (rs2.next()) {
                System.out.print(rs2.getString("TABLE_TYPE") + ",");
            }
            System.out.println();
            // mydb 数据库中的表信息
            String s[] = {"table"};
```

```
            System.out.print("mydb 数据库包含表: ");
            ResultSet rs3 = dbmd.getTables("mydb", null, null, s);
            while (rs3.next()) {
                System.out.print(rs3.getString("TABLE_NAME") + ",");
            }
            System.out.println();
            conn.close();
        } catch (Exception e) {
            e.printStackTrace();
        }
    }
}
```

程序运行结果如下，不同数据库管理系统的运行结果可能是不同的：

```
MySQL 数据库: information_schema, mydb,mysql,performance_schema,sakila,sys,world,
MySQL 表类型:LOCAL TEMPORARY,SYSTEM TABLE,SYSTEM VIEW,TABLE,VIEW,
mydb 数据库中包含的表: student,
```

【例 13-6】编写数据库表显示程序，要求输入表名后显示该表中的数据信息。（源代码：DBInfo2.java）

不同表对应的 SELECT 语句不同，显示的字段数不同。获取字段数是数据库表显示程序的关键。通过字段数，利用循环就可以完成表中数据的显示。

```
package ch13;
import java.sql.*;
import java.util.*;

public class DBInfo2 {
    public static void main(String[] args) {
        try {
            String driver = "com.mysql.cj.jdbc.Driver";
            String url = "jdbc:mysql:// localhost:3306/test";
            String user = "root";
            String pwd = "123456";
            Class.forName(driver);
            Connection conn = DriverManager.getConnection(url, user, pwd);
            Scanner in = new Scanner(System.in);
            while (true) {
                System.out.println("请输入表名,bye 结束输入:");
                String strTable = in.nextLine();
                if (strTable.equals("bye"))                    // 当输入 bye 时程序结束
                    break;
                String strSQL = "SELECT * from " + strTable; // 动态生成 SELECT 语句
                Statement stmt = conn.createStatement();
                ResultSet rst = stmt.executeQuery(strSQL);    // 获取记录集
                ResultSetMetaData rsmd = rst.getMetaData();  // 获取字段属性
                int count = rsmd.getColumnCount();            // 获取字段数量
                String strCol = "";
                for (int i = 0; i < count - 1; i++) {         // 显示表头信息
                    strCol = rsmd.getColumnName(i + 1);
                    System.out.print(strCol + "\t");
                }
                System.out.println();
                String strValue = "";                         // 显示数据信息
                while (rst.next()) {
                    for (int i = 0; i < count - 1; i++) {
                        strValue = rst.getString(i + 1);
                        System.out.print(strValue + "\t");
                    }
                    System.out.println();
                }
                rst.close();
                stmt.close();
            }
            conn.close();
```

```
        } catch (Exception e) {
            e.printStackTrace();
        }
    }
}
```

例 13-6 的设计思路如下。

① 首先生成查询语句变量 strSQL；然后获取与之对应的记录集 ResultSet 接口的对象 rst，由 rst 获得 ResultSetMetaData 接口的对象 rsmd，由 rsmd 可以获得记录集的字段数和字段名；最后利用循环即可完成表中数据信息及记录的输出。

② 在显示数据信息的循环中只用到了 getString()方法，但表记录中的字段不可能都是 String 类型。可以这样理解：getString()方法的返回值是字符串。由于 Java 中任何数据类型都可用 toString()方法转化为字符串，所以一般来说可用 getString()方法获得任意类型字段的数据值。

13.4 项目实践：将获奖数据保存到数据库中

项目实践：将获奖数据保存到数据库中

本章将可视化随机抽奖系统的获奖数据保存到 MySQL 数据库中。获奖数据由程序模拟生成，保存在 Vector 类中，然后再将 Vector 类中的数据写入数据库。

1．创建 awards 表

在 MySQL 的 mydb 数据库中创建表，程序如下：

```
USE mydb;
CREATE TABLE IF NOT EXISTS awards(
grade CHAR(3),phonecode CHAR(20),name VARCHAR(10)
);
```

2．初始化获奖数据

使用 initData()方法模拟产生若干获奖数据，保存在 Vector 类的对象 v_printident 中。v_printident 中的每个元素仍是 Vector 对象，保存了一条获奖信息。

获奖等级和获奖者电话号码由 Random 类的 nextInt()方法生成。

3．保存获奖数据到数据库

定义 saveData()方法，用于连接 mydb 数据库；循环读取 Vector 类的对象 v_printident 中的数据，使用 INSERT INTO 命令将数据插入到 awards 表中。

完整的程序（ChooseAward.java）如下：

```
package ch13;
import java.sql.*;
import java.util.*;
public class ChooseAward {
    Connection conn = null;
    PreparedStatement pstmt = null;
    String driver = "com.mysql.cj.jdbc.Driver";
    String url = "jdbc:mysql:// localhost:3306/mydb";
    String user = "root";
    String pwd = "123456";
    Vector v_printident = new Vector();
    public void initData() {  // 模拟产生获奖数据，保存在Vector类中
        Random random = new Random();
        for (int i = 1; i <= 10; i++) {
            String grade = (random.nextInt(3) +1)+ "等奖";
            long phoneNum = random.nextInt(10000000) + 13000000000L;
            String name = "Name" + i;
            Vector winner = new Vector();
            winner.addElement(grade);
            winner.addElement(phoneNum);
            winner.addElement(name);
            v_printident.addElement(winner);
        }
```

```
    }
    public void saveData() {              // 将获奖数据保存到数据库中
        try {
            Class.forName(driver);
            conn = DriverManager.getConnection(url, user, pwd);
            String strSQL = "INSERT INTO awards VALUES(?,?,?)";
            for (int i = 0; i < v_printident.size(); i++) {
                pstmt = conn.prepareStatement(strSQL);
                Vector v = (Vector) v_printident.get(i);
                pstmt.setString(1, (String) v.get(0));
                pstmt.setString(2, ""+v.get(1));
                pstmt.setString(3, (String) v.get(2));
                int n = pstmt.executeUpdate();
                if (n == 1) {
                    System.out.println("插入记录成功");
                }
            }
            pstmt.close();
            conn.close();
        } catch (Exception e) {
            e.printStackTrace();
        }
    }
    public static void main(String[] args) {
        ChooseAward chooseAward = new ChooseAward();
        chooseAward.initData();
        chooseAward.saveData();
    }
}
```

本章小结

本章具体涉及的内容如下所示。

① Java 使用 JDBC 来访问 MySQL 数据库。

② JDBC 是 Java 用来规范程序访问数据库方式的 API，主要存在于 java.sql 包中。JDBC API 提供的接口和类包括 Driver 接口、DriverManager 类、Connection 接口、Statement 接口、ResultSet 接口、PreparedStatement 接口等。

③ 使用 JDBC 操作 MySQL 数据库，要向项目中添加 MySQL 的驱动程序。

④ 操纵数据库中的数据可以使用 Statement 接口或 PreparedStatement 接口中的 executeUpdate (String sql)方法；查询数据可以使用 Statement 接口或 PreparedStatement 接口中的 executeQuery()方法。

⑤ DatabaseMetaData 和 ResultSetMetaData 是用于描述元数据的接口。

习题

1．选择题

（1）对于 Connection 对象 conn，创建 Statement 对象的程序是（　　）。

A. Statement stmt = conn.statement();

B. Statement stmt = Connection.createStatement();

C. Statement stmt = conn.createStatement();

D. Statement stmt = connection.create();

（2）对于 PrepareStatement 对象 pstmt，正确执行查询的程序是（　　）。

A. pstmt.execute("SELECT * FROM Student ");

B. pstmt.executeQuery("SELECT * FROM Student ");

C. pstmt.executeUpdate("SELECT * FROM Student ");

D. pstmt.query("SELECT * FROM Student ");

（3）下列选项中，不属于 JDBC API 的是（　　）。

A. Connection 接口　　B. Statement 接口

C. DatabaseMetaData 接口　　D. SortedMap 接口

（4）对于 Connection 对象 conn，为 sName 设置值为“John”的程序是（　　）。

```
String strSQL="INSERT INTO Student(sName) VALUES(?)";
PreparedStatement pstmt = conn.prepareStatement(strSQL);
```

A. pstmt.setString(0, "John");　　B. pstmt.setString(1, "John");

C. pstmt.setString(0, 'John');　　D. pstmt.setString(1, 'John');

（5）Statement 接口中定义的 executeQuery()方法的返回值类型是（　　）。

A. ResultSet　　B. int　　C. boolean　　D. 受影响的行数量

（6）Statement 接口中定义的 executeUpdate()方法的返回值类型是（　　）。

A. ResultSet　　B. int　　C. boolean　　D. 1

（7）使用 JDBC API 访问数据库时，可能产生的异常类型是（　　）。

A. NullPointerException　B. SQLError　　C. SQLException　　D. IOException

（8）下列选项有关 ResultSet 接口的说法中，哪项是正确的？（　　）

A. ResultSet 接口提供了 getInt(int ColumnIndex)方法，用于返回当前行指定字段的 int 值。

B. 结果集记录的行号从 0 开始。

C. 调用 ResultSet 对象的 next()方法会将当前记录指针移到上一条记录。

D. ResultSet 接口用于保存 INSERT 查询得到的结果集。

2．简答题

（1）什么是 JDBC?

（2）JDBC 访问数据库的步骤是什么?

（3）ResultSet 接口的作用是什么？列举 ResultSet 接口常用的方法。

（4）PreparedStatement 接口的作用是什么?

3．编程题

（1）应用 JDBC API 编写程序，查询 mydb 数据库的 student 表中年龄在 20 ~ 23 之间的学生的记录，并输出查询结果。年龄计算方法是 YEAR(NOW())-YEAR(birthday)。

（2）应用 JDBC API 编写程序，删除指定专业（major）的学生的记录。

（3）应用图形用户界面，完成第（2）题。

上机实验

实验 1：安装 MySQL 数据库和 JDBC 驱动包。

（1）从 MySQL 官网下载 MySQL 安装包并安装。

（2）从 MySQL 官网下载 JDBC 驱动程序安装包，在 IntelliJ IDEA 或 Eclipse 集成开发环境下配置 JDBC 驱动。

（3）编写程序连接 MySQL 数据库，输出数据库连接对象的信息。

实验 2：使用 JDBC 访问数据库。

基于数据库 mydb 中的 student 表，编写程序完成下面操作。

（1）给定学号为 156006，查询该学生的记录。

（2）给定学号为 156006，删除该条记录，然后显示表中所有记录。

第14章 综合案例

【本章导读】

在学习了 Java 基础知识和面向对象程序设计的方法之后，本章将在前面各章项目实践内容的基础上总结、完善、扩展员工管理系统和可视化随机抽奖系统两个项目。

【本章实践能力培养目标】

第2~7章开发了员工管理系统，用于管理公司内的员工信息及薪资，本章将实现完整的项目。通过本章内容的学习，读者应能完成员工管理系统中的薪资计算功能。

14.1 员工管理系统的实现

14.1.1 系统功能分析

员工管理系统是 Java 开发的用于管理公司内部员工信息的应用系统，目的是提供一个集中的管理平台，实现员工信息的录入、查看、编辑、查询和删除功能。项目的部分内容已在第 2~7 章中介绍。

1．项目描述

完善第 2~7 章中开发的员工管理系统，实现员工信息的录入、删除、查询及薪资计算等功能。

2．项目前期工作

① 第 2 章完成薪资的计算功能。

② 第 3 章完成员工管理系统中菜单的设计与实现。

③ 第 4 章引入类的概念，完成经理类、董事类和普通员工类的设计。

④ 第 5 章在员工管理系统中引入继承的概念，优化类的设计。

⑤ 第 6 章应用抽象类与接口进一步优化类的设计。

⑥ 第 7 章应用数组存储员工信息，并实现员工信息的添加、查看等功能。

3．项目中类的功能描述

① 员工类：员工的属性包括姓名、性别、年龄、联系方式、职务、唯一的员工 ID 等，还包括计算薪资的方法以及相关的 getter()和 setter()方法。

② 经理类：员工类的子类，需要重写其工资计算方法。

③ 董事类：员工类的子类，需要重写其工资计算方法。

④ 普通员工类：员工类的子类，需要重写其工资计算方法。

⑤ 员工管理类：实现员工信息的增、删、改、查等功能。

⑥ 测试类：驱动员工管理系统运行，实现用户与系统之间的交互。

14.1.2 项目设计与实现

员工管理系统主要包括抽象父类 Employee，子类 Director、Manager、Staff，员工管理类

EmployeeManagementSystem，还包括测试类 Main。

1. Employee 类

Employee 类记录员工信息，属性包括 ID（员工 ID）、name（姓名）、position（职务）、leaveDays（请假天数）、basicSalary（基本工资）；calculateSalary()方法用于计算工资，根据基本工资、奖金比例、请假天数计算员工工资。

Employee 类的设计在第 5 章完成，请参考第 5 章的程序。

2. Manager 类

Manager 类是经理类，是 Employee 类的子类，按经理工资计算标准重写了计算工资的 calculateSalary()方法。

3. Director 类

Director 类是董事类，是 Employee 类的子类，按董事工资计算标准重写了计算工资的 calculateSalary()方法。

4. Staff 类

Staff 类是普通员工类，是 Employee 类的子类，按普通员工工资计算标准重写了计算工资的 calculateSalary()方法。

Manager 类、Director 类、Staff 类的设计均在第 5 章完成，请参考第 5 章的程序。

5. EmployeeManagementSystem 类

EmployeeManagementSystem 类实现员工信息的增、删、改、查等功能，该类具体实现过程如下。

（1）主框架部分

```
class EmployeeManagementSystem {
    private static final int MAX_EMPLOYEES = 100;
    private Employee[] employees;
    public int employeeCount=0;
    public EmployeeManagementSystem() {
        employees = new Employee[MAX_EMPLOYEES];
        employeeCount = 0;
    }
    public void addEmployee(Employee employee) {
        employees[employeeCount] = employee;
        employeeCount++;
    }
    // 以下为方法实现部分，此处添加具体功能的实现程序
    // 添加（2）~（9）的程序
}
```

（2）显示指定 ID 的员工信息

```
public void displayEmployee(int employeeID) {
    for (int i = 0; i < employeeCount; i++) {
        if (employees[i].getEmployeeID() == employeeID) {
            Employee employee = employees[i];
            System.out.println("员工 ID: " + employee.getEmployeeID());
            System.out.println("员工姓名: " + employee.getName());
            System.out.println("员工职务: " + employee.getPosition());
            System.out.println("请假天数: " + employee.getLeaveDays());
            System.out.println("基本工资: " + employee.getBasicSalary());
            System.out.println("薪资: " + employee.calculateSalary());
            return;
        }
    }
```

```
        System.out.println("未找到指定员工 ID 的信息");
    }
```

(3)编辑员工信息

```
    public void editEmployee(int employeeID) {
        for (int i = 0; i < employeeCount; i++) {
            if (employees[i].getEmployeeID() == employeeID) {
                Employee employee = employees[i];
                Scanner scanner = new Scanner(System.in);
                System.out.print("请输入员工姓名: ");
                String name = scanner.nextLine();
                employee.setName(name);
                System.out.print("请输入员工职务: ");
                String position = scanner.nextLine();
                employee.setPosition(position);
                System.out.print("请输入请假天数: ");
                int leaveDays = scanner.nextInt();
                employee.setLeaveDays(leaveDays);
                System.out.print("请输入基本工资: ");
                double basicSalary = scanner.nextDouble();
                employee.setBasicSalary(basicSalary);
                scanner.close();
                System.out.println("员工信息已成功修改");
                return;
            }
        }
        System.out.println("未找到指定员工 ID 的信息");
    }
```

(4)显示指定职务的员工信息

```
    public void displayEmployeesByPosition(String position) {
        for (int i = 0; i < employeeCount; i++) {
            if (employees[i].getPosition().equals(position)) {
                Employee employee = employees[i];
                System.out.println("员工 ID: " + employee.getEmployeeID());
                System.out.println("员工姓名: " + employee.getName());
                System.out.println("员工职务: " + employee.getPosition());
                System.out.println("请假天数: " + employee.getLeaveDays());
                System.out.println("基本工资: " + employee.getBasicSalary());
                System.out.println("薪资: " + employee.calculateSalary());
                System.out.println("----------------------");
            }
        }
    }
```

(5)显示请假天数在指定范围的员工信息

```
    public void displayEmployeesByLeaveDays(int minLeaveDays, int maxLeaveDays) {
        for (int i = 0; i < employeeCount; i++) {
            int leaveDays = employees[i].getLeaveDays();
            if (leaveDays >= minLeaveDays && leaveDays <= maxLeaveDays) {
                Employee employee = employees[i];
                System.out.println("员工 ID: " + employee.getEmployeeID());
                System.out.println("员工姓名: " + employee.getName());
                System.out.println("员工职务: " + employee.getPosition());
                System.out.println("请假天数: " + employee.getLeaveDays());
                System.out.println("基本工资: " + employee.getBasicSalary());
                System.out.println("薪资: " + employee.calculateSalary());
                System.out.println("----------------------");
            }
```

```
    }
}
```

（6）按员工 ID 删除员工信息

```
public void deleteEmployee(int employeeID) {
    for (int i = 0; i < employeeCount; i++) {
        if (employees[i].getEmployeeID() == employeeID) {
            for (int j = i; j < employeeCount - 1; j++) {
                employees[j] = employees[j + 1];
            }
            employees[employeeCount - 1] = null;
            employeeCount--;
            System.out.println("员工信息已成功删除");
            return;
        }
    }
    System.out.println("未找到指定 ID 的员工信息");
}
```

（7）增加员工薪资

```
public void increaseSalary(int employeeID, double amount) {
    for (int i = 0; i < employeeCount; i++) {
        if (employees[i].getEmployeeID() == employeeID) {
            Employee employee = employees[i];
            double currentSalary = employee.getBasicSalary();
            employee.setBasicSalary(currentSalary + amount);
            System.out.println("员工薪资已成功增加");
            return;
        }
    }
    System.out.println("未找到指定 ID 的员工信息");
}
```

（8）减少员工薪资

```
public void decreaseSalary(int employeeID, double amount) {
    for (int i = 0; i < employeeCount; i++) {
        if (employees[i].getEmployeeID() == employeeID) {
            Employee employee = employees[i];
            double currentSalary = employee.getBasicSalary();
            if (currentSalary - amount >= 0) {
               employee.setBasicSalary(currentSalary - amount);
               System.out.println("员工薪资已成功减少");
            } else {
               System.out.println("薪资减少失败，减少后的薪资不能小于 0");
            }
            return;
        }
    }
    System.out.println("未找到指定 ID 的员工信息");
}
```

（9）调整员工薪资

```
public void adjustSalary(int employeeID, double newSalary) {
    for (int i = 0; i < employeeCount; i++) {
        if (employees[i].getEmployeeID() == employeeID) {
            Employee employee = employees[i];
            employee.setBasicSalary(newSalary);
            System.out.println("员工薪资已成功调整");
            return;
        }
    }
```

```
        System.out.println("未找到指定员工 ID 的信息");
    }
```

6. Main 类

Main 类用于启动员工管理系统，显示功能菜单，并按菜单提示执行相应的操作。

（1）主框架部分

```
public class Main {
    public static void main(String[] args) {
        EmployeeManagementSystem ems = new EmployeeManagementSystem();
        Scanner scanner = new Scanner(System.in);
        int option = 0;
        do {
           System.out.println("请选择功能：");
           System.out.println("1. 员工信息录入");
           System.out.println("2. 员工信息查看和编辑");
           System.out.println("3. 员工信息查询");
           System.out.println("4. 员工信息删除");
           System.out.println("5. 薪资管理");
           System.out.println("0. 退出程序");
           System.out.print("请选择：");
           option = scanner.nextInt();
           scanner.nextLine();          // 清除缓冲区换行符
           switch (option) {
               // 根据输入的功能选择，执行相应的功能
               // 添加（2）~（6）的程序
               default:
                  break;
           }
           System.out.println();

        } while (option != 0);
        scanner.close();
        System.out.println("程序已退出");
    }
}
```

（2）录入员工信息

```
case 1:
    System.out.print("请输入员工姓名：");
    String name = scanner.nextLine();
    System.out.print("请输入员工职务：");
    String position = scanner.nextLine();
    System.out.print("请输入请假天数：");
    int leaveDays = scanner.nextInt();
    System.out.print("请输入基本工资：");
    double basicSalary = scanner.nextDouble();
    if (position.equals("经理")) {
       Employee newEmployee = new Manager(ems.employeeCount + 1, name, position,
       leaveDays, basicSalary);
       ems.addEmployee(newEmployee);
    } else if (position.equals("董事")) {
       Employee newEmployee = new Director(ems.employeeCount + 1, name, position,
       leaveDays, basicSalary);
       ems.addEmployee(newEmployee);
    } else {
       Employee newEmployee = new Staff(ems.employeeCount + 1, name, position,
leaveDays, basicSalary);
       ems.addEmployee(newEmployee);
```

```
    }
    System.out.println("员工信息录入成功");
    break;
```

（3）根据员工 ID 查看和编辑员工信息

```
case 2:
    System.out.print("请输入要查看和编辑的员工 ID：");
    int employeeID = scanner.nextInt();
    ems.displayEmployee(employeeID);
    System.out.println("按 1. 编辑员工信息");
    System.out.println("按 0. 返回上一级菜单");
    System.out.print("请选择：");
    int editOption = scanner.nextInt();
    scanner.nextLine();         // 清除缓冲区换行符
    switch (editOption) {
         case 1:
            ems.editEmployee(employeeID);
            break;
         default:
            break;
    }
    break;
```

（4）根据查询方式查询员工信息

```
case 3:
    System.out.println("请选择查询方式：");
    System.out.println("1. 按职务查询");
    System.out.println("2. 按请假天数范围查询");
    System.out.println("0. 返回上一级菜单");
    System.out.print("请选择：");
    int queryOption = scanner.nextInt();
    scanner.nextLine();         // 清除缓冲区换行符
    switch (queryOption) {
       case 1:
           System.out.print("请输入要查询的职务：");
           String positionQuery = scanner.nextLine();
           ems.displayEmployeesByPosition(positionQuery);
           break;
       case 2:
           System.out.print("请输入最小请假天数：");
           int minLeaveDays = scanner.nextInt();
           System.out.print("请输入最大请假天数：");
           int maxLeaveDays = scanner.nextInt();
           ems.displayEmployeesByLeaveDays(minLeaveDays, maxLeaveDays);
           break;
       default:
           break;
    }
    break;
```

（5）根据员工 ID 删除员工

```
case 4:
    System.out.print("请输入要删除的员工 ID：");
    int deleteEmployeeID = scanner.nextInt();
    ems.deleteEmployee(deleteEmployeeID);
    break;
```

（6）根据员工 ID 调整员工薪资

```
case 5:
    System.out.print("请输入要调整薪资的员工 ID：");
```

```
        int adjustEmployeeID = scanner.nextInt();
        scanner.nextLine(); // 清除缓冲区换行符
        System.out.println("请选择需要进行的操作: ");
        System.out.println("1. 薪资增加");
        System.out.println("2. 薪资减少");
        System.out.println("3. 薪资调整");
        System.out.println("0. 返回上一级菜单");
        System.out.print("请选择: ");
        int salaryOption = scanner.nextInt();
        scanner.nextLine(); // 清除缓冲区换行符
        switch (salaryOption) {
            case 1:
                System.out.print("请输入增加的薪资金额: ");
                double increaseAmount = scanner.nextDouble();
                ems.increaseSalary(adjustEmployeeID, increaseAmount);
                break;
            case 2:
                System.out.print("请输入减少的薪资金额: ");
                double decreaseAmount = scanner.nextDouble();
                ems.decreaseSalary(adjustEmployeeID, decreaseAmount);
                break;
            case 3:
                System.out.print("请输入调整后的薪资: ");
                double newSalary = scanner.nextDouble();
                ems.adjustSalary(adjustEmployeeID, newSalary);
                break;
            default:
                break;
        }
        break;
```

以上程序也可进行进一步改进，如下所示。

① 在学习完第 9 章后，可以为本项目增加异常处理功能。

② 在学习完第 12 章后，可以实现员工管理系统的图形用户界面。

③ 在学习完集合类的相关知识后，可使用集合类保存员工信息，并进一步将员工信息保存到文件或到数据库中。

④ 根据实际需求，可以进一步拓展系统的管理功能。

14.2 可视化随机抽奖系统的实现

14.2.1 系统功能分析

可视化随机抽奖系统是利用 Java 开发的图形用户界面应用系统，功能是模拟随机抽奖过程。项目的部分功能在第 8 ~ 13 章实现。

1. 项目描述

用图形用户界面展示随机抽奖过程，将获奖结果保存到文件或数据库中，具体要点如下。

① 程序加载后启动抽奖窗口，从文件中读取抽奖用户信息到项目的集合类中。

② 在抽奖窗口中单击“开始”（“继续”）按钮进入抽奖模式，后台线程随机将抽奖信息（电话号码）显示在窗口的 JLabel 中；在窗口中单击“暂停”按钮，得到一次获奖信息，显示获奖信息，计数并保存到集合类中。

③ 项目按照三等奖、二等奖、一等奖顺序依次抽奖，所有奖项抽取结束后，执行“文件”菜单的“保存”命令，可以保存获奖数据。

抽奖界面如图 14-1 所示。

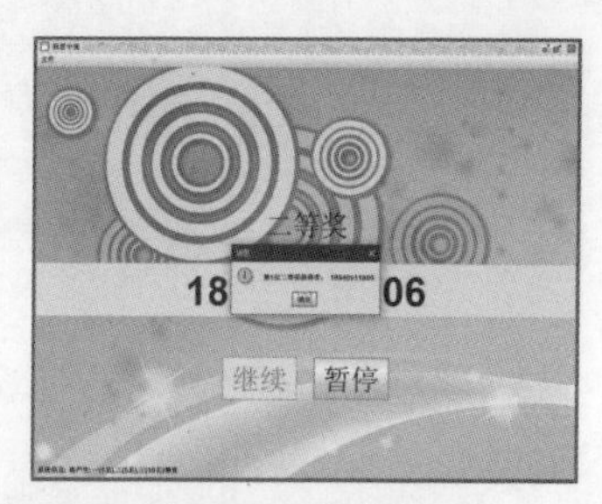

图 14-1 抽奖界面

2．项目前期工作

① 第 8 章应用集合类保存抽奖数据，并模拟随机生成获奖用户。

② 第 9 章完成抽奖过程的异常处理。

③ 第 10 章设计抽奖系统的多线程模型。

④ 第 11 章实现从文件中读取抽奖数据。

⑤ 第 12 章完成抽奖系统的图形用户界面。

⑥ 第 13 章将获奖数据保存到数据库中。

3．项目功能设计

在第 8 ~ 13 章项目实践基础上，项目功能描述如下。

① 图形用户界面：主要使用 javax.swing 包中的组件，并使用 ImageIcon 类和 Font 类美化界面。

② 数据加载功能：从文本文件中读取用户数据到应用系统的集合类中，供抽奖过程使用。

③ 实现随机抽奖：在线程类中使用控制变量来模拟抽奖过程中的“开始”（“继续”）或“停止”过程。

④ 获奖信息输出：将获奖数据写入文件中或保存到数据库中。

14.2.2 项目设计与实现

可视化随机抽奖系统主要包括图形用户界面和事件响应的 ChooseAward 类、模拟抽奖过程的 ChooseThread 类和用于启动项目的 TestChooseAward 类。

1．ChooseAward 类

ChooseAward 类用于创建图形用户界面，实现事件响应，启动并控制线程。

在使用 ChooseAward 类创建的图形用户界面中，菜单子项“选择文件”用于加载和解析抽奖数据；菜单子项“保存”用来将获奖数据保存到文件中；抽奖窗口的“开始”按钮用来启动线程 ChooseThread 并初始化页面信息；“停止”按钮用于完成一次“抽奖”过程，并给出获奖结果的提示信息。

ChooseAward 类及方法的功能描述如表 14-1 所示。

表 14-1 ChooseAward 类及方法的功能描述

类及方法	功能描述
ChooseAward 类	抽奖类，创建图形用户界面并实现事件响应
void b_loadident_ActionPerformed(ActionEvent e)	从文本文件加载数据，通过“选择文件”菜单子项调用
void b_start_ActionPerformed(ActionEvent e)	启动抽奖过程，通过“开始”按钮调用
void b_stop_ActionPerformed(ActionEvent e)	控制抽奖过程，产生获奖电话号码，通过“暂停”按钮调用
void b_printaward_ActionPerformed(ActionEvent e)	输出获奖信息并写入文件，通过“保存”菜单子项调用
Vector apart(String src, String separator)	b_loadident_ActionPerformed(ActionEvent e)方法调用，解析数据文件

（1）图形用户界面部分

图形用户界面在第 12 章完成，但需要增加用于定义抽奖数据的成员变量和抽奖线程类，详见第 12 章项目实践程序的注释部分（加删除线部分）。下面给出程序框架。

```
package ch12b;
/*导入包语句*/
public class ChooseAward extends JFrame {
    JTextField t_identNumber = new JTextField();      // 电话号码文本框
    Vector v_identNumber = new Vector();              // 存放抽奖者电话号码
```

```
    Vector v_name = new Vector();                        // 存放抽奖者姓名
    Vector v_printident = new Vector();                  // 存放获奖者电话号码
    JFileChooser filechooser = new JFileChooser();  // 文件选择器
    public ChooseThread awardThread = null;              // 随机抽奖线程
    int chooseTime = 0;                                  // 抽奖次数（单击“停止”按钮的次数）
    /*其余程序参考第 12 章项目实践*/
    public ChooseAward() {
        /*
         *图形化用户界面的组件定义及相关方法程序参考第 12 章项目实践
        /*
        /*
         * 给按钮和子菜单添加监听
         */
        filem[0].addActionListener(new ActionListener() {     // 响应“选择文件”菜单
            public void actionPerformed(ActionEvent e) {
                b_loadident_ActionPerformed(e);
            }
        });
        b_start.addActionListener(new ActionListener() {      // 响应“开始”（继续）按钮
            public void actionPerformed(ActionEvent e) {
                b_start_ActionPerformed(e);
            }
        });
        b_stop.addActionListener(new ActionListener() {       // 响应“暂停”按钮
            public void actionPerformed(ActionEvent e) {
                b_stop_ActionPerformed(e);
            }
        });
        filem[2].addActionListener(new ActionListener() {     // 响应“保存”菜单
            public void actionPerformed(ActionEvent e) {
                b_printaward_ActionPerformed(e);
            }
        });
        addWindowListener(new WindowAdapter() {
            public void windowClosing(WindowEvent e) {
                System.exit(0);
            }
        });
            /*其余程序参考第 12 章项目实践*/
    }
    /*
     *以下为事件处理方法
     */
}
```

（2）事件响应部分

事件响应部分包括 4 个响应用户动作的方法和 1 个用于处理数据格式的方法，详见表 14-1。该部分程序替换上部分程序“以下为事件处理方法”的注释部分，具体程序如下：

```
    /*
     * (1)“选择文件”事件
     */
    public void b_loadident_ActionPerformed(ActionEvent e) {
        int k = 0;
        chooseTime = 0;
        // 从字符输入流中读取文本，缓冲各个字符，从而提供字符、数组和行的高效读取
        BufferedReader reader = null;
        // 此方法会返回一个 int 值
```

```
        int i = filechooser.showOpenDialog(this);                     // 显示打开文件对话框
        if (i == JFileChooser.APPROVE_OPTION) {                       // 选择对话框上的确定按钮
            File f = filechooser.getSelectedFile();                   // 得到所选择的文件
            try {
                l_information.setText("数据加载中，请稍等…");
                reader = new BufferedReader(new FileReader(f));   // 读取字符输入流
                while (true) {
                    String data = reader.readLine();              // 读取一行
                   // System.out.println(data);                   // 开发时测试用
                    if (data == null) {
                        l_information.setText("数据加载完成！");
                        break;
                    }
                    // 解析数据，数据格式为“姓名：电话号码”，并保存到 Vector
                    Vector v = this.apart(data, "-");
                    // System.out.println(data);                  // 开发时测试用
                    if (v == null) {
                        l_information.setText("数据格式不正确，请重新加载！");
                        return;
                    }
                    try {
                        v_identNumber.add(k, v.elementAt(0));
                        v_name.add(k, v.elementAt(1));
                        k++;
                    } catch (Exception e4) {
                        System.out.println("格式中没有分隔符号");
                        l_information.setText("导入的数据格式错误！");
                        break;
                    }
                }
            } catch (Exception ex) {
                ex.printStackTrace();
            }
        }
    }
    /*
     * (2)“开始”按钮事件
     */
    public void b_start_ActionPerformed(ActionEvent e) {
        // 判断存储抽奖数据的 Vector 类是否为空
        if (v_identNumber.size() <= 0 || v_name.size() <= 0) {
            l_information.setText("数据没有加载,请加载数据!");
        } else {
            if (chooseTime > 16) {
                l_information.setText("抽奖结束,若要再进行一次须重新启动程序!");
                b_start.setEnabled(false);
                b_stop.setEnabled(false);
            } else {
                awardThread = new ChooseThread(this);              // 启动线程
                  awardThread.changeflag_start();
                l_information.setText("将产生：一(1 名),二(5 名),三(10 名)等奖");
                l_identNumber.setText("选取中…");
                b_start.setEnabled(false);
                b_stop.setEnabled(true);
            }
        }
    }
    /*
```

```
     * (3)"暂停"按钮事件
     */
    public void b_stop_ActionPerformed(ActionEvent e) {
        // 将跳转的数字置于停止状态
        awardThread.changeflag_stop();
        String awardmessage = "";
        chooseTime++;          // 累计"停止"按钮次数
        String str_name = "";
        String message = "";
        switch (chooseTime) {
            case 1:
            case 2:
            case 3:
            case 4:
            case 5:
            case 6:
            case 7:
            case 8:
            case 9:
            case 10:
                // 前10次产生三等奖
                // 寻找单击"停止"按钮时电话号码文本框中的数字，及其在向量v_identNumber中的位置
                for (int k = 0; k < v_identNumber.size(); k++) {
                    // 如有找到
                    if ((t_identNumber.getText()).equals(v_identNumber.elementAt(k))) {
                        // 取出该电话号码的对应姓名
                        str_name = (String) v_name.elementAt(k);
                        // 为防止下次抽的时候再抽到相同的电话号码，从向量v_identNumber和v_name中移除
                        v_identNumber.removeElementAt(k);
                        v_name.removeElementAt(k);
                        break;
                    }
                }
                l_identNumber.setText("三等奖");
                b_start.setText("继续");
                // 输出到文本文件的信息
                awardmessage = "三等奖  " + t_identNumber.getText() + str_name + "/r/n";
                // 将要输出的文本信息先存放到一个可变向量中
                v_printident.addElement(awardmessage);
                message = "第" + chooseTime + "位三等奖获得者:  " + str_name;
                JOptionPane.showMessageDialog(this, message);
                break;
            case 11:
            case 12:
            case 13:
            case 14:
            case 15:
                for (int k = 0; k < v_identNumber.size(); k++) {
                    if (t_identNumber.getText().equals(v_identNumber.elementAt(k))) {
                        str_name = (String) v_name.elementAt(k);
                        v_identNumber.removeElementAt(k);
                        v_name.removeElementAt(k);
                        break;
                    }
                }
                l_identNumber.setText("二等奖");
                awardmessage = "二等奖  " + t_identNumber.getText() + str_name + "/r/n";
                v_printident.addElement(awardmessage);
```

```
            int serial = chooseTime - 10;                // 第几位得主，排名序号
            message = "第" + serial + "位二等奖获得者:   " + str_name;
            JOptionPane.showMessageDialog(ChooseAward.this, message);
            break;
        case 16:
            for (int k = 0; k < v_identNumber.size(); k++) {
                if (t_identNumber.getText().equals(v_identNumber.elementAt(k))) {
                    str_name = (String) v_name.elementAt(k);
                    v_identNumber.removeElementAt(k);
                    v_name.removeElementAt(k);
                    break;
                }
            }
            l_identNumber.setText("一等奖");
            awardmessage = "一等奖  " + t_identNumber.getText() + str_name + "/r/n";
            v_printident.addElement(awardmessage);
            message = "一等奖获奖者:   " + str_name;
            JOptionPane.showMessageDialog(ChooseAward.this, message);
            break;
        default:
            JOptionPane.showMessageDialog(ChooseAward.this, "抽奖已经结束");
            b_start.setText("开始");
            awardThread.changeflag_stop();
            break;
    }
    b_start.setEnabled(true);
    b_stop.setEnabled(false);
}
/*
 * （4）“保存”菜单子项事件
 */
public void b_printaward_ActionPerformed(ActionEvent e) {
    try {
        FileOutputStream fs_out = new FileOutputStream("result.txt");
        DataOutputStream out = new DataOutputStream(fs_out);
        for (int i = 0; i < v_printident.size(); i++) {
            System.out.println(v_printident.elementAt(i)); // 测试用
            out.writeUTF((String) v_printident.elementAt(i) + "/r/n");
        }
        out.close();
        l_information.setText("文件输出成功！保存在当前目录下…");
    } catch (FileNotFoundException fe) {
        System.err.println(fe);
    } catch (IOException ioe) {
        System.err.println(ioe);
    }
}
/*
 * （5）定义方法，处理数据格式
 */
public Vector apart(String src, String separator) {
    // 使用泛型,用可变向量来存放读取到的数据
    Vector<String> v = new Vector<String>();
    StringTokenizer st = new StringTokenizer(src, separator);
    while (st.hasMoreTokens()) {
        v.addElement(st.nextToken());
    }
    return v;                                              // 返回向量
}
```

2．ChooseThread 类

ChooseThread 类是线程类，该类从 ChooseAward 类中获取数据，将随机抽奖信息（电话号码）显示在图形用户界面的文本框中。

线程的启动和停止通过标记变量 runFlag 控制，标记变量通过 ChooseAward 类的“开始”和“停止”按钮来改变。具体程序如下：

```
package ch12b;
import java.util.Random;
class ChooseThread extends Thread {
    private boolean runFlag = true;
    private ChooseAward chooseAward = null;
    private int time = 0;
    Random randomNumber = new Random();
    public ChooseThread(Object obj) {
        launch();
        chooseAward = (ChooseAward) obj;
    }
    public void launch() {
        runFlag = false;
        super.start();
    }
    public void changeflag_start() {
        runFlag = true;
        time++;
    }
    public void changeflag_stop() {
        runFlag = false;
    }
    public void run() {
        while (runFlag) {
            int num;
            num = randomNumber.nextInt(chooseAward.v_identNumber.size());
            chooseAward.t_identNumber.setText((String) chooseAward.v_identNumber
                    .elementAt(num));
            try {
                sleep(50);
            } catch (Exception e) {
                e.printStackTrace();
            }
        }
    }
}
```

3．TestChooseAward 类

测试类 TestChooseAward.java 与第 12 章项目实践部分的程序相同。程序运行界面可以参考图 14-1。

以上程序也可进行进一步改进，如下所示。

① 加载的抽奖数据和保存的获奖数据都来自文件，也可以从数据库中读取或写入数据，这一部分请读者自行调试完成。

② 限于篇幅，异常处理未严格细化。

③ 可以进一步拓展功能，通过图形用户界面设置抽奖速度、获奖数量等。

习题

1．简答题

（1）在员工管理系统中使用数组保存员工信息，可否使用集合类？

（2）在员工管理系统类中，下面属性的作用是什么？

```
private static final int MAX_EMPLOYEES = 100;
private Employee[] employees;
public int employeeCount=0;
```

（3）可视化随机抽奖系统使用 Vector 类来保存抽奖过程数据，可否使用 Map 接口？

（4）在可视化随机抽奖系统的测试类中，下面代码的功能是什么？

```
JFrame.setDefaultLookAndFeelDecorated(true);
ChooseAward award = new ChooseAward();
award.setLocationRelativeTo(null);
award.setAlwaysOnTop(true);
```

2．编程题

（1）修改员工管理系统中删除员工信息的方法，根据输入的姓名删除员工信息。

（2）修改可视化随机抽奖系统的数据加载功能，使用 Scanner 类读取文件并解析。

（3）修改可视化随机抽奖系统的保存功能，将获奖数据写入 MySQL 数据库。

上机实验

实验 1：设计学生信息管理系统。

参考员工管理系统，设计一个学生信息管理系统，使用数组和集合类实现学生信息的增、删、改、查等功能。

实验 2：设计课堂随机点名系统。

参考可视化随机抽奖系统，设计一个课堂教学随机点名系统，通过此系统随机抽取学生姓名信息，将回答问题的学生的姓名、成绩、答题时间等信息保存到文本文件中。

参考文献

[1] 千锋教育. Java 程序设计基础与实战（微课版）[M]. 北京：人民邮电出版社，2022.
[2] 赛奎春，郭鑫，宋禹蒙. Java 程序开发范例宝典[M]. 北京：人民邮电出版社，2015.
[3] 刘德山，金百东，张建华. Java 程序设计[M]. 北京：科学出版社，2012.
[4] 张焕生，崔炳德，孙晓磊，等. Java 编程基础[M]. 北京：中国水利水电出版社，2020.
[5] ECKEL B. Java 编程思想[M]. 陈昊鹏，译. 4 版. 北京：机械工业出版社，2007.
[6] 明日科技. Java 从入门到精通[M]. 7 版. 北京：清华大学出版社，2023.
[7] 耿祥义，张跃平. Java 2 实用教程[M]. 5 版. 北京：清华大学出版社，2017.
[8] 陈国君，陈磊. Java 程序设计基础[M]. 7 版. 北京：清华大学出版社，2021.
[9] 郭现杰. 21 天学通 Java[M]. 北京：电子工业出版社，2018.
[10] 罗如为. Java Web 开发技术与项目实战[M]. 北京：水利水电出版社，2019.
[11] 张永强. Java 语言程序设计[M]. 北京：北京航空航天大学出版社，2017.
[12] 刘晓英，徐红波，曾庆斌，等. Java 程序设计基础[M]. 北京：机械工业出版社，2018.
[13] 陈国君. Java 基础程序设计[M]. 5 版. 北京：清华大学出版社，2015.
[14] ECKEL B. Java 编程思想[M]. 北京：机械工业出版社，2014.
[15] 张孝祥. Java 基础教程[M]. 北京：清华大学出版社，2018.
[16] 李刚. 疯狂 Java 讲义[M]. 北京：电子工业出版社，2018.
[17] 汪文君. Java 高并发编程详解[M]. 北京：机械工业出版社，2018.